First Stage シリーズ

新訂化学工学概論

小菅　人慈　[監修]

実教出版

CONTENTS
目次

1章 化学工場と化学工学 ─── 5

1節 化学工業と化学工場 ─── 6
1. 化学工業でつくられるもの ─── 6
2. 化学工業の種類と化学工場 ─── 7
3. 化学工場の構成 ─── 9

2節 化学工場 ─── 10
1. 化学工場の特徴 ─── 10
2. プロセスとプラント ─── 12
3. 反応操作と単位操作 ─── 13
4. 機械と装置 ─── 14
5. プロセスフローシート ─── 15
6. ユーティリティー ─── 17

3節 化学工場と化学工学 ─── 18

2章 物質収支 ─── 19

1節 単位と有効数字 ─── 20
1. 単位系 ─── 21
2. 単位の換算 ─── 23
3. 測定値と有効数字 ─── 24

2節 物質の流れと物質収支 ─── 27
1. 物質の流れ ─── 27
2. 物質収支 ─── 28
3. その他の収支 ─── 30

3節 化学反応をともなわないプロセスの物質収支 ─── 31
1. 分離プロセスの物質収支 ─── 31
2. 混合プロセスの物資収支 ─── 33

4節 化学反応をともなうプロセスの物質収支 ─── 35
1. 反応プロセスにおける物質の量的関係 ─── 35
2. 反応プロセスの物質収支 ─── 36

《章末問題》 ─── 39

3章 液体と気体の流れ ─── 41

1節 液体の取り扱い ─── 42
1. 液体貯槽 ─── 42
2. 液体のかくはん（攪拌） ─── 43
3. ポンプ ─── 44

2節 気体の取り扱い ─── 46
1. 気体の貯蔵 ─── 46
2. 圧力の測定 ─── 48
3. 送風機・圧縮機と真空ポンプ ─── 48

3節 管内の液体・気体の流れ ─── 51
1. 管・管継手・バルブ・コック ─── 51
2. 管径と流速・流量 ─── 52
3. 流れの物質収支 ─── 57
4. 流れのエネルギー収支 ─── 60
5. 流れのエネルギー損失 ─── 64
6. 流体輸送の動力 ─── 68
7. 流量の測定 ─── 70

《章末問題》 ─── 75

4章 熱の取り扱い ─── 77

1節 熱の移動と熱の基礎知識 ─── 78
1. 熱の移動のしかた ─── 78
2. 熱の基礎知識 ─── 80
3. 熱媒としての水蒸気 ─── 82

2節 熱交換器 ─── 84
1. 熱交換器の構造 ─── 84
2. 熱交換器の熱収支 ─── 86

3節 伝熱の計算 ─── 89
1. 熱伝達 ─── 89
2. 熱伝導による熱流量 ─── 89
3. 熱交換器内の熱流量 ─── 92
4. 放射伝熱 ─── 96
5. 化学工業における熱の発生と利用 ─── 97

《章末問題》 ─── 98

5章 熱の出入りをともなう操作 ─── 99

1節 蒸発 ─── 100
1. 蒸発装置 ─── 100
2. 蒸発缶の物質収支と熱収支 ─── 102
3. 多重効用蒸発 ─── 108

2節 空気の調湿 ─── 109
1. 湿度 ─── 109
2. 湿り空気の性質 ─── 110
3. 湿度の測定 ─── 111
4. 湿度図表 ─── 113
5. 調湿 ─── 114

3節 水の冷却 ─── 115
1. 冷水塔 ─── 115
2. 冷水塔の取り扱い ─── 116

4節 乾燥 ─── 117
1. 乾燥器 ─── 117
2. 乾燥の機構 ─── 119

5節 ボイラー ─── 122
1. ボイラーの構成 ─── 122
2. ボイラーの種類 ─── 123
3. 燃料と燃焼 ─── 125
4. ボイラーの給水 ─── 126

6節 冷凍機 ─── 127
1. 冷凍機 ─── 127
2. ヒートポンプ ─── 130

《章末問題》 ─── 131

6章 物質の分離と精製 ─── 133

1節 蒸留 ─── 134
1. 蒸留の原理 ─── 134
2. 単蒸留 ─── 139
3. 還流と連続蒸留 ─── 140
4. 蒸留装置とその操作 ─── 142
5. 蒸留の計算 ─── 144
6. 特殊な蒸留 ─── 150

2節 吸収 ─── 153
1. 気体の溶解度 ─── 153
2. 吸収装置とその操作 ─── 157

3. 吸収プロセス ——————————158
4. ストリッピングプロセス ——————159
3節 抽出——————————160
1. 固液抽出 ——————————160
2. 液液抽出 ——————————160
3. 液液抽出の計算 ————————162
4節 その他の分離・精製法—————167
1. 吸着・イオン交換・電気透析 ——167
2. 膜分離 ——————————169
《章末問題》——————————171

7章 固体の取り扱い——————173
1節 固体と粉体————————174
1. 固体と粉体 ————————174
2. 粒径とその分布 ———————175
3. 粉体の流動性 ———————178
2節 粉砕と混合————————180
1. 粉砕 ——————————180
2. 粉体の混合 ————————182
3節 粉体の分離————————184
1. 沈降 ——————————184
2. 沪過 ——————————189
3. 集じん ——————————191
4節 粉体の層—————————194
1. 固定層 ——————————194
2. 流動層 ——————————194
《章末問題》——————————196

8章 反応装置——————————197
1節 反応装置の種類———————198
1. バッチ操作と連続操作 ————198
2. 反応装置の型式と構造 ————200
3. 反応装置と反応熱 ——————202
4. 反応装置の例 ———————203
2節 触媒反応装置————————204
1. 固定層触媒反応装置 —————204
2. 流動層触媒反応装置 —————205
3. バイオリアクター ——————206
《章末問題》——————————208

9章 計測と制御—————————209
1節 化学プラントの運転管理———210
1. 計測と制御 ————————210
2. 計装 ——————————211
2節 プロセス変量の計測と伝送——212
1. 温度の計測 ————————212
2. 圧力の計測 ————————214
3. 液位の計測 ————————215
4. 流量の計測 ————————216
5. 成分濃度の計測 ———————217
6. 測定値の変換と伝送 —————219
3節 調節計と操作部———————221

1. 調節計 ——————————221
2. 操作部 ——————————221
4節 プロセス制御————————223
1. プロセス制御 ———————223
2. プロセス制御の例 ——————228
《章末問題》——————————230

10章 化学プラントの管理————231
1節 生産計画と工程管理—————232
1. 生産計画 ————————232
2. 工程管理 ————————233
2節 品質管理—————————237
1. 品質管理の意義と目的 ————237
2. 品質と品質特性 ———————237
3. 検査 ——————————238
4. 管理図法 ————————240
《章末問題》——————————247

11章 化学工場の安全と関係法規——249
1節 労働安全—————————250
1. 労働災害 ————————250
2. 災害の防止 ————————253
2節 いろいろな労働災害—————255
1. 化学工業での災害 ——————255
2. 危険性物質・有害物質による災害 ——256
3. 酸素欠乏による災害 —————256
4. 感電による災害 ———————258
5. 保護具 ——————————258
3節 化学プラントでの災害と安全性の確保——259
1. 化学プラント災害の原因 ———259
2. 安全性の確保 ———————260
4節 化学工場の安全対策—————262
1. 化学工場の配置 ———————262
2. 化学設備 ————————262
3. 特殊化学設備 ———————265
4. 圧力安全装置 ———————267
5. ガス放出装置 ———————268
6. 引火の防止 ————————269
7. 防災システム ———————270
5節 化学工場と関係法規—————272
1. 化学工業に関する法規 ————272
2. 化学工業に関する法定資格 ——277
《章末問題》——————————281

[付録1] 単位換算率表，原子量の概数 ——283
[付録2] 量記号，接頭語，ギリシア文字 ——284
[付録3] 湿度図表（t–H 図表）————285
[付録4] 液体の粘度 ————————286
[付録5] 気体の粘度 ————————286
[付録6] 飽和水蒸気表 ———————286
[付録7] 配管用炭素鋼鋼管 —————287
[付録8] 消防法により規制されている危険物の分類 ——287
[付録9] AS樹脂製造プラントのフローシートと必要な資格の例 ——288

本書を使用するにあたって

　この教科書では，まず第1章で，化学工場とはどんな工場であるか，技術者はそこでどんな仕事をしているか，化学工学とはどのような学問であるかなどについて概観する。次に第2章で，プロセスやプラントを理解する上で欠くことのできない収支計算の基礎を学ぶ。

　第3章から第7章まででは，流体や固体の取り扱い方，熱の取り扱い方をはじめ，各種の単位操作と装置に関する学習を進め，第8章で化学プラントの中核である反応装置について学ぶ。

　第9章から第11章まででは，個々の装置や操作から化学工場全体に視点を移し，化学工場における計測や制御，化学工場の管理技術，化学工場の安全対策などを学び，化学工場の全体像が理解できるようになっている。

　この教科書を使用するにあたっては，次の諸点に留意していただきたい。

1 ── 学んだことを確認するため，随所に を設けてあるから，そのつど解きながら進むことが望ましい。なお，各章末にはやや発展的な**章末問題**を掲げた。

2 ── 本文中の や《Column》は，本文の内容の補足的な説明である。

3 ── 計算問題の中の数値や答えなどの有効数字は，原則として3けた程度としてある。

4 ── 用語は原則として，文部省・日本化学会共編「学術用語集　化学編」，文部省・日本機械学会共編「同　機械工学編」およびJISによった。また，単位は原則として国際単位系(SI)を用いた。

その他の構成要素

- 章末問題の中で，より身近な内容を取り扱っている問題。
- **STC** その章で学んだことを生かし，生徒が主体となって(Student-Centered)考えたり，実験する問題。

本書は，高等学校用教科書「工業753 化学工学」(令和6年発行)を底本として製作したものです。
本書のJISについての記述は，令和2年(2020年)12月時点のものです。
最新のJISについては，経済産業省ウェブページを検索してご参照ください。

化学工場と化学工学

第 1 章

　化学工場では，化学反応を利用して製品をつくっている。そこでは，化学反応に用いられる装置だけでなく，原料を砕いたり生成物を精製したりするなどの，化学反応以外に用いられる機械や装置も，いろいろ使われている。

　この教科書では，そのような機械や装置のことを順次学んでいくが，まず第1章では，化学工場とはどのような工場なのか，そして化学工学とはどのような学問なのか学ぶことにしよう。

石油化学工場

1節 化学工業と化学工場

この節で学ぶこと

化学工業とは何をつくる工業なのだろうか。そして，化学工業にはどのような種類があり，その工場にはどのような設備が備えられているのだろうか。ここでは，化学工業とその工場について学ぶ。

1 化学工業でつくられるもの

工業製品には，**物体**としてその形や構造が役に立つものと，形や構造と関係なく**物質**として役に立つものとがある。
object　　　　　　　　　　　　　　　　　　　　　substance, material, matter

ポリバケツという物体は，ふつう，ポリエチレンという物質でできている。図1-1に示すように，ポリバケツは半分に切ってしまうと，ポリエチレンという物質としては変化していないが，もはや物体としてはバケツの役目を果たしていない。しかし，シャンプーは一瓶を半分ずつに分けても，シャンプーという物質として役に立っている。

▲図1-1　ポリバケツとシャンプー

化学工業は，ポリエチレンやシャンプーのような「物質」を製造する[①]工業である。
chemical industry

ポリバケツを構成しているポリエチレンの原料が何であるかをさかのぼって調べてみると，図1-2のようになる。

▲図1-2　ポリバケツの原料

ポリエチレンの原料はエチレンであるが，さらにさかのぼると原油に行きつく。一般に，すべての有用物の原料をさかのぼると，どこかで天然物に行きつくことがわかる。

図1-2に示すように，原油からポリバケツまでの経路では，化学工業が大きな部分を占めているが，中間の製品であるナフサやエチレンが次の製品の原料として使われ，直接私

---

① 物質が固体の場合は，特定の形状（粉末・粒子・膜・板・棒など）に加工して出荷するので，「物体」を製造していると考えてよい場合もある。
② 石油精製工業も設備的には化学工業と同じ装置工業に属する（p.14 参照）。

たちの目に触れることはほとんどない。一般に化学工業の製品は，別の製造業の原料として使用されることが多く，私たちが家庭で直接使用することは少ないのが特徴である。

問1 物質として役立つ商品の例をあげ，その原料を天然物までさかのぼって調べてみよ。

2 化学工業の種類と化学工場

化学工業は物質を製造する工業の一つであるが，表1-1に示すように，生産される製品や原材料の種類や性質などの点からさらに細かく分類されており，無機および有機化学工業の素材分野から油脂，医薬品にいたる広い分野に関わっている。この分類は日本標準産業分類（JSIC）[①]に基づくもので，国際標準産業分類（ISIC）[②]の原則やルールに基づいて階層的に分類されているため，国際的なレベルで，生産量などの統計データを比較したり評価したりすることができるという利点がある。

▼表1-1 化学工業の分類

大分類：E 製造業	中分類：16 化学工業
小分類番号	業種名
161	化学肥料製造業
162	無機化学工業製品製造業
163	有機化学工業製品製造業
164	油脂加工製品・石けん・合成洗剤・界面活性剤・塗料製造業
165	医薬品製造業
166	化粧品・歯磨・その他の化粧用調製品製造業
169	その他の化学工業

（総務省「日本標準産業分類（平成25年10月改定）」による）

このほかにも製品の加工度に応じ，基礎化学品工業，中間化学製品工業，ファインケミカル工業などに分類する方法もある。加工度の高い医薬品や農薬などはファインケミカル工業で製造され，それらの原料となる有機化学品，合成樹脂，界面活性剤などの中間化学製品，さらにその原料となるエチレンやプロピレンなどの基礎化学品は，有機化学工業の一部である石油化学工業で製造されている。この石油化学工業とファインケミカル工業では，製造設備などに違いがみられる。

基礎化学品の多くは，別の工場でほかの製品の原料として使用されるので，関連する工場が一つの場所に集まって生産するほうが，経済的にも効率的にも有利である。このような工場の集団を**コンビナート**[③]（industrial complex）といい，日本でも各地につくられている。これが，基礎化学品工業の一つの特徴を表している。

---
① Japan Standard Industrial Classification
② International Standard Industrial Classification
③ コンビナートという語は，kombinat というロシア語からきている。

エチレンやプロピレンなどの基礎化学品は，他の製品の原料として利用され，需要が多いため，原油から大量につくられている。図1-3に，エチレン製造設備を示す。

▲図1-3　エチレン製造設備

エチレンの製造工場では，原油が連続的に製造設備に供給され，大量のエチレンが次々に生産されている。このような生産方式を，**連続式**[①]（continuous process）という。製造設備は，ふつう屋外に設置され，いろいろな装置や機械が管で連結されている。そして，コンピュータを含む制御機器で集中的に自動制御されるため，大規模な設備であるにもかかわらず，きわめて少ない人数で運転されるという特徴がある。

化学工業とやや異なる点はあるが，石油精製・都市ガス製造・火力発電・製鉄・水処理などの設備も屋外に設置され，自動制御された装置工業[②]の形態をとっており，大規模な化学工業に類似した構造をもっている。

一方，医薬品・染料・農薬・香料のような加工度の高い製品を製造するファインケミカ

▲図1-4　合成樹脂製造設備

ル工業の場合は，製造設備全体が小規模で屋内に設置されることが多く，個々の設備も**バッチ式**[③]（batch process）（**回分式**）であることが多い。図1-4はバッチ操作設備の例である。

問 2　表1-1の小分類番号162，163の各製造業の具体的な例を三つずつあげよ。

---

① p.27, 199 参照。
② p.14 参照。
③ p.27, 198 参照。

3 化学工場の構成

　都市には，ビルや住居などの建物，電気・ガス・水などの供給設備，物資の貯蔵・供給・出荷の設備などがあり，さらに病院・消防・警察などの保安機能も備わっている。化学工場も，独立して機能を果たす必要から，都市と似た構成をしている。

　化学工場の設備は，**主要製造設備**とそれ以外の**付帯設備**とに分けられる。付帯設備には，
main manufacturing equipment　incidental equipment
蒸気供給設備（ボイラー），発電設備，電力受変電設備，工業用水などの用水設備，そのほか多くの設備がある。図 1-5 は，石油化学工場の設備の配置の一例で，この程度の規模の設備をもつ工場は 100 万～200 万 m^2 の広さの敷地が必要となり，主要製造設備よりも付帯設備により多くの土地が使用されている。一方，石油精製工場では，この例よりさらにタンク設備の占める敷地面積が大きくなっており，設備の配置や敷地の広さなどは業種によって異なるのがふつうである。

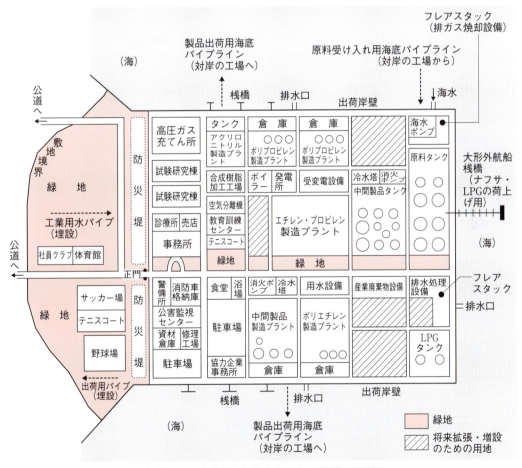

▲図 1-5　大規模な石油化学工場の設備の配置例

問 3　都市と化学工場の機能を比較し，似ているものの組み合わせをつくってみよ。

2節 化学工場

この節で学ぶこと

化学工場の特徴は何だろう。ここでは，化学工場と自動車製造工場のような機械工場との違いについて学ぶ。

1 化学工場の特徴

化学工業にも，また機械工業にも，いろいろな種類があるので，それらの工場の特徴を一口に述べることはむずかしい。ここでは，石油化学工業の工場(石油化学工場)と自動車工業の工場(自動車工場)とを比較しながら考えてみよう。

表1-2は両工業の特徴を比較したものである。両者の最も大きな違いは，石油化学工業が装置工業①であるのに対して，自動車工業が組立工業であることである。

▼表1-2　大規模石油化学工業と大規模自動車工業の比較

事　項	石油化学工業	自動車工業
1) 工業のタイプ	装置工業	組立工業
2) 工場立地 注1	海に近く人家が少ないところ	交通の便のよいところ
3) コンビナート	形成する	必然性はない
4) 工場設備		
製造設備	装置(p.14参照)が多い	機械(p.14参照)が多い
工程条件	高温高圧部分が多い	動く部分が多い
自動化	工程条件を自動制御	溶接・組立てのロボット化
中間製品の輸送手段	管が多い	コンベヤーが多い
屋外形か屋内形か	おもに屋外形	おもに屋内形
特徴のある設備	タンクの占める面積が大	屋外走行テストコース
5) 原材料・製品		
原材料 注2	天然物および加工度の低い化学製品(物質)	鉄鋼・プラスチックなどの基礎材料を他の工場で加工した部品(おもに加工物体)
製品	他工業用の中間製品(物質)が多い	最終製品(加工物体)である
6) ユーティリティー 注3	消費量が多い	消費量が少ない
7) 労働		
要員数	少ない	多い
作業	点検・監視作業が多い	組立作業が多い
勤務形態	24時間操業，交替勤務が多い	週5日，2交代，深夜は休業することが多い

注　1. 立地とは，工場などをつくる場所を選ぶことをいう。
　　2. 製品をつくるもとになる原料や材料。物質として利用されるもの(たとえば石油や鉄鉱石)は原料とよばれ，形のある物体として利用されるもの(たとえば鉄板)は材料とよばれることが多いが，この区別は厳密なものではない。
　　3. 工場の運転に必要な用水・燃料・電力など(p.17参照)。

① p.14参照。

石油化学工場では図1-6のように，銀色に塗られた塔や槽などが屋外に設置され，その間が管で縦横に結ばれ，広い敷地にタンクが立ち並ぶ。自動車工場では図1-7のように，左右の建物からなる工場の中央に大面積の自動車走行テストコースが見られる。

▲図1-6　石油化学工場とタンク群　　▲図1-7　自動車工場と走行テストコース

　石油化学工場は，海岸につくられることが多い。その理由としては，原料の入荷や製品の出荷に大型タンカーを使うこと，冷却水として海水を使用できること，万一の漏れ事故に備えて近くに人家がないことなどがあげられる。一方，自動車工場にはこのような制約はないので，むしろ交通の便のよいところにつくられる。

　石油化学工場の製品は，ほかの工場の原料に使われることが多く，また製品は気体や液体が多いので，配管を通じて工場間を結んだコンビナートを形成する。自動車工場にはこのような必然性はない。

　石油化学工場では，温度や圧力などの工程条件の制御が高度に自動化されており，運転員の仕事は点検・監視が主体である。運転員の人数はきわめて少なく，正常運転時のプラントにまったく人影が見られないこともしばしばである。図1-8は，工程途中の流体や製品の性状が正しく保たれているかを点検するための，サンプリング作業（サンプルを採る点検作業）の一つである。

　自動車工場での組立ては複雑な作業なので，人力による組立て作業がまだ行われているところもあり，この点では石油化学工場と異なる。しかし近年，組立てはロボット技術によることも多くなり（図1-9），自動化が進んだ部分では，作業員の仕事は石油化学工場と同様の点検監視業務が主体となりつつある。

問 4　化学工業のほかにどんな装置工業があるか調べてみよ。

▲図1-8 石油化学工場のサンプリング作業

▲図1-9 自動車工場の溶接作業

2 プロセスとプラント

　化学工業では，**原料**に化学変化や物理変化を起こさせて，成分や組成が原料と異なる物質，すなわち**製品**をつくりだす。その手順(工程)を**プロセス**[①]という。その意味で，化学工業のような工業を**プロセス工業**ということもある。
　化学工業のプロセスで，化学反応を利用してある物質を製造するためには，化学反応を起こさせる操作すなわち**反応操作**のほかに，いろいろな物理的な操作[②]を必要とする。この物理的な操作を**単位操作**という。
　反応操作と単位操作のための機器(装置・機械)[③]を組み合わせてできあがった工場規模の設備のことを，**化学プラント**またはたんに**プラント**という。
　化学工場の中心をなすのは化学プラントである。化学プラントでは，製造される物質が異なっても，使われる機器は同種のものであることが多い。図1-10にその例を示す。
　化学プラントは，屋外に設置される場合(屋外型プラント)と，屋内に設置される場合(屋内型プラント)とがある。
　加工度の低い大量生産品を製造するプロセスでは，大型の機器が多く用いられるため，屋外型プラントとすることが多い。これは，大型の機器を建物に収容するのは費用がかかりすぎるし，ほとんどの機器は屋外に設置しても稼動させることが可能だからである。
　加工度の高い少量生産品を製造するプロセスでは，用いる機器が小型であり，生産品によっては機器の周囲の環境をとくに清浄に保つ必要もあるので，屋内型プラントとすることが多い。

---

① **化学プロセス**(chemical process)，または**製造プロセス**(manufacturing process)ともいう。
② 混合・加熱・冷却・分離など。p.14 参照。
③ p.14 参照。

（a）熱交換器

（b）ポンプ

（c）冷却塔

▲図 1-10　化学プラントで使われる機器の例

問 5　次の製品を製造するプロセスでは，屋内型プラント・屋外型プラントのどちらが適当か。また，それはなぜか。
(1) 医薬品　　(2) アンモニア

3　反応操作と単位操作

　化学工業のプロセスでは，図 1-11 のように，反応操作の前に原料を混合したり加熱したり，反応操作の後に生成物を濃縮したり未反応物を分けて原料に戻したりすることが多く，反応操作よりも単位操作（物理的な操作）のほうが多い。

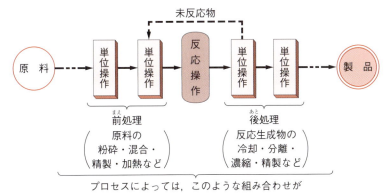

▲図 1-11　反応操作と単位操作との関係

2 節　化学工場　13

おもな単位操作を表 1-3 に示す。

▼表 1-3　おもな単位操作

目　的	単位操作名
物質の位置を移動させる	流体輸送（気体輸送・液体輸送）・固体輸送・粉体輸送
熱を移動させる	熱移動（伝熱） 加熱／冷却
固体を処理する	粉砕・ふるい分け・混合・造粒
固体と液体（または液体と液体）を 分ける／混ぜる	沪過・沈降・乾燥／かくはん（かき混ぜ）・ねり混ぜ
固体と気体を 分ける／混ぜる	集じん／流動化
気体・液体または固体の中のある成分を取り出す	蒸発・晶析・吸収・抽出・吸着・蒸留

これらの単位操作は，反応を起こしやすくするための**前処理**（pretreatment）と，反応で生じた物質を分離したり濃度や純度を適当な値にするための**後処理**（after-treatment）の役目を果たす。

したがって，反応操作がプロセスの中心ではあるが，単位操作もまた，プロセスを組み立てるためになくてはならない要素となっている。

4　機械と装置

送風機や押出機のように，外部からエネルギーを得て，物質を輸送したり物の形や大きさを変えたりする働きをする設備を，**機械**（machine）という。一方，熱交換器や蒸留塔のように，目的に合わせて機械や道具を備え付け，内部や周囲の物質に温度・圧力・組成などの変化を起こさせる設備を**装置**（apparatus, equipment）という[①]。

化学工業や石油精製工業・製鉄業・都市ガス製造業などのプラントでは，装置の働きがとくに重要な役割を果たすので，これらの工業を**装置工業**（process industry）とよぶことがある。

なお，機械と装置をまとめて**機器**（instrument）という。おもな機器の種類とそれらの代表的な機能を表 1-4，1-5 に示す。

---

① 設備の中には，機械か装置か区別のつけにくいものもある。

▼表 1-4 おもな機械の種類と機能

おもな機械	機能	記号の例
ポンプ（pump）	液体の輸送	
圧縮機（compressor） 送風機（fan）	気体の圧縮・輸送	
コンベヤー（conveyor）	固体の輸送	
押出機（extruder）	高粘度の液体（融解したプラスチックなど）の押出し・輸送	
混合機（mixer） かくはん機（agitator）	固体の粉末の混合，液体のかくはん	
粉砕機（crusherまたはgrinder）	固体の粉砕	

▼表 1-5 おもな装置の種類と機能

おもな装置	機能	記号の例
塔（tower または column）	物質どうしの接触（蒸留・反応・ガス吸収・洗浄・抽出など）	
槽（tank, drum または vessel）	物質の貯蔵・静置・沈降・分離・混合・反応など	
熱交換器（heat exchanger）	物質の加熱・冷却，熱の回収利用	
加熱炉（furnace）	燃料の燃焼熱による物質の加熱 （高温を要するとき）	
配管（piping）	流体の輸送（管・管継手など）と遮断（バルブ）	

5 プロセスフローシート

　表 1-4 や表 1-5 に示すような機器の記号を用いて，プロセスを流れ図の形式で図面に表したものを，**プロセスフローシート**またはたんに**フローシート**という。
process flow sheet

　化学工場では，実験室で行われている操作の一つ一つが，機械や装置を使って大規模に行われている。たとえば，ポリエチレンの製造に必要なおもな工程は表 1-6 のようであって，これらを実行するにはいくつもの方式があるが，図 1-12 にそのフローシートの一例を示す。また，ポリエチレン製造プラントの中のおもな機器を，図 1-13 に示す。

▼表1-6 ポリエチレン製造のおもな工程

重合工程	❶ 圧縮機で原料のエチレンを昇圧し，反応器に供給する。 ❷ 重合開始剤を入れ，反応器の中でエチレンを重合させると，溶融したポリエチレンが生成する。
回収工程	❸ 生成したポリエチレンと未反応ガスを分離器で分離する。 ❹ 未反応ガスと連鎖移動剤は冷却後ワックスと分離され，蒸留塔にて精製される。
造粒工程	❺ 添加剤を加え，押出造粒機で融解・造粒する。ポリエチレンのペレットができる。 ❻ 空気輸送にて発生する粉じんは回収する。 ❼ 製品サイロで貯蔵し，出荷する。

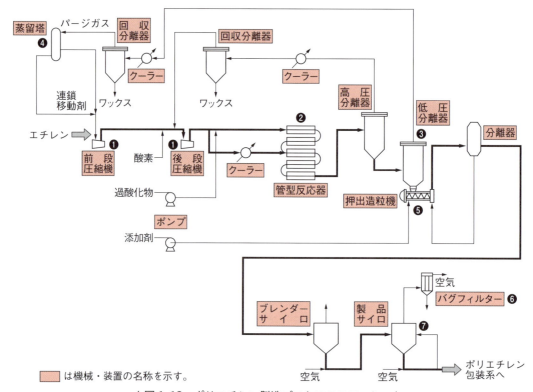

▲図1-12 ポリエチレン製造プロセスのフローシート

問6 表1-6の❶〜❼の中で，反応操作が含まれているのはどれか。

問7 図1-12の中の，名称を□で囲んだ機器を，機械と装置に分けてみよ。

圧縮機

反応器（高圧法）

反応器（気相法）

溶剤回収用の蒸留塔

押出造粒機

製品サイロ

▲図1-13　ポリエチレン製造プラントの中のおもな機器

6　ユーティリティー

　化学工場では，原料のほかに，触媒や溶剤，補助的な薬品などもいろいろ使われる。一方，プラントを運転するためには，用水・燃料・蒸気・電力・圧縮空気なども必要で，これらを**ユーティリティー**(用役)という。これは，われわれの生活に水・電気・ガスなどが必要なのと同様である。表1-7に，おもなユーティリティーを示す。

▼表1-7　おもなユーティリティー

用水	海水	火力発電所・大型化学プラントの冷却用。
	淡水	冷却用・洗浄用など。河川水や地下水を用いる。回収して繰り返し使うことも多い。
	純水	ボイラー水の補給用，洗浄用。
燃料		加熱炉・ボイラー・自家発電装置などの熱源用，非常動力用など。重油・天然ガスなどを用いる。
蒸気		加熱用，蒸気タービン駆動用など。
電力		照明用，動力用，自動制御システム・コンピュータなどの電源用。
圧縮空気		自動制御信号用，調節弁の作動用など。

問 8　図1-5の中で，ユーティリティーに関する設備はどれか。

3節 化学工場と化学工学

この節で学ぶこと

ここでは，化学工学とはどのような学問なのかについて学ぶ。

化学工場では，いろいろな機械や装置を用いて，原料に物理変化や化学変化を起こさせ，品質のよい製品を，最も経済的に生産しようとする。

そのためには，そこで扱われる物質の諸性質（たとえば密度・反応性）や，機械や装置の適切な構造・寸法・材質・組み合わせ方・操作条件（たとえば温度・圧力・流量）などをあきらかにする必要がある。それらを研究する学問が**化学工学**である。図1-14に化学工学 chemical engineering が扱う範囲をまとめて示す[1]。

```
         ┌ 単位操作……┌ 物質・エネルギーの移動，
         │           │ 固体・液体・気体の取り扱い，
         │           └ 分離操作など
化学工学 ┤ 反応操作……化学反応・反応装置など
         │
         └ 化学工場の管理・運営……計画・設計・建設・運転・保全[2]・安全管理
```

▲図1-14 化学工学が扱う範囲

化学工学の内容としては，プロセスに出入りする物質やエネルギーの収支計算，各種の単位操作，および反応操作などが重要である。これらについては，第2章以降で学ぶ。

化学工場の計画・設計の仕事は，過去の技術の蓄積と化学工学の理論とを駆使して行われる。そして，計画・設計の仕事の結果が，建設の段階や，さらに運転の段階にまで，きわめて大きな影響を及ぼす。したがって，計画と設計は十分に時間をかけて，綿密・慎重に進められる。建設時には機器が搬入・すえつけされ，配管工事が行われるが，この期間においても化学工学技術者によって，それらが正常に働くかどうかチェックが続けられる。

運転時には機器の内部の状態をみることはできないが，液位・温度・圧力などの値を計測し化学工学の知識を活用すれば，内部の状態を予測・診断・制御することができ，プラントを安全に管理・運転することができる。また，プラントの保全や安全管理も化学工学の知識を活用して行うことができる。

これらのことは，たんに主要な化学プラントについて必要とされるだけでなく，環境保全設備，防災設備その他の付帯設備全般にわたっても必要とされ，化学工学の役割はきわめて幅広いものである。

---

[1] 狭い意味の化学工学は，単位操作と反応操作だけを扱う。
[2] 保全（maintenance）とは，工場の機械・装置などの機能を正常に維持することである。

18 第1章 化学工場と化学工学

物質収支 第 2 章

収支とは，もともと収入と支出，つまりお金の出入りを意味することばで，1000円の収入があって700円の支出があれば，残高は300円である。装置に出入りする物質の量も同じように取り扱うことができ，物質の収支関係を利用して，原料の量から製品の量などを計算することができる。しかし，物質の収支はお金の出入りよりもいくらか複雑で，エネルギーの収支関係はさらに複雑になる。

この章では，物質の収支関係と，それに関係の深い「単位」について学ぶ。

アンモニア工場

1節 単位と有効数字

この節で学ぶこと

物質の大きさを表すには，いろいろな量を用いる。ここでは，量と密接に関係する単位と量，有効数字について学ぶ。

化学工学ではいろいろな**量**を取り扱う。量は数値と単位から成り立っている。

ある管の長さが 16.5 m であるといえば，それは，その管の長さが 1 m という基準の長さの 16.5 倍であるという意味である。この 16.5 を**数値**，m を**単位**という（図 2-1）。量を取り扱ったり量を用いて計算したりする場合には，数値だけでなく単位にも注意を払わなければならない。

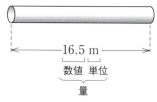

▲図 2-1 数値と単位

> ### Column　量の表し方
>
> 量の表し方には，以下のルールがある[①]。
>
> (1) 量は，数値の後に半角の空白を入れて単位を書く。このとき，半角の空白は「積」を表す。数値と単位の間に，半角の空白を入れない唯一の例外は，「平面角」だけである。
>
> 【例】 2.56kg　　正しくは　2.56 kg
>
> (2) 量を文字で表す「量記号」は斜体で書く。
>
> 【例】 $f = ma$,　$W = Fs$
>
> (3) 単位を表す「単位記号」は立体で書く。
>
> 【例】 $g = 9.806 \text{ m/s}^2$
>
> (4) 組立単位などの 2 個以上の単位記号の積や商は，次のように書く。ただし，斜線（/）は，原則として 1 回だけ使用する。
>
> 【例】 N·m　または　N m[②]　　m/s　または　m·s^{-1}
> 　　　 m/s^2　または　m·s^{-2}　　J/(kg·K)　または　J·kg^{-1}·K^{-1}
>
> (5) 接頭語と単位記号とを結合してつくる記号は，新しい単位記号とみなす。
>
> 【例】 $1 \text{ km}^2 = (10^3 \text{ m})^2 = 10^6 \text{ m}^2$

[①] 国際文書第 8 版(2006)国際単位系(SI)あるいは「IUPAC 物理化学で用いられる量・単位・記号第 3 版」（グリーンブック）参照。

[②] 積を意味する中点(·)を用いないときは空白（スペース）を入れる。

1 単位系

A 国際単位系（SI）

長さ・質量・面積・体積などの単位は，以前は国ごとにあるいは地方ごとに異なっていた。しかし，それでは不便なので，共通の単位系としてメートル法が提案され，しだいに各国で採用されるようになった。さらに 1960 年には，国際度量衡総会において**国際単位系**（略称 SI）[①]が制定された。

SI はメートル法を基礎にした単位系で，7 個の基本単位と，それらを組み合わせてできる多くの組立単位と接頭語で構成されている（図 2-2）。

$$
\text{SI} \begin{cases} \text{SI 単位} \begin{cases} 7\text{個の基本単位（表 2-1）} \\ \text{多数の組立単位（表 2-2, 表 2-3, 表 2-4）} \\ \text{（固有の名称をもつものを含む）} \end{cases} \\ \text{SI 単位の 10 の整数乗倍の接頭語（表 2-5）} \end{cases}
$$

▲図 2-2　SI の構成

▼表 2-1　基本単位

量	単位の名称	単位記号
長さ	メートル	m
質量	キログラム	kg
時間	秒	s
電流	アンペア	A
熱力学温度	ケルビン	K
物質量	モル	mol
光度	カンデラ	cd

▼表 2-2　組立単位の例

量	単位の名称	単位記号
面積	平方メートル	m^2
体積	立方メートル	m^3
速度	メートル毎秒	m/s
加速度	メートル毎秒毎秒	m/s^2
密度	キログラム毎立方メートル	kg/m^3
電流密度	アンペア毎平方メートル	A/m^2
モル濃度	モル毎立方メートル	mol/m^3

▼表 2-3　組立単位の例（固有の名称をもつもの）

量	単位の名称	単位記号	定義
平面角	ラジアン	rad	（注1）
立体角	ステラジアン	sr	（注2）
力	ニュートン	N	$kg \cdot m/s^2$
圧力	パスカル	Pa	N/m^2
エネルギー, 仕事, 熱量	ジュール	J	$N \cdot m$
仕事率, 工率, 動力, 電力	ワット	W	J/s
セルシウス温度	セルシウス度	℃	（注3）

▼表 2-4　組立単位の例（固有の名称の単位を含むもの）

量	単位の名称	単位記号
粘度	パスカル秒	$Pa \cdot s$
表面張力	ニュートン毎メートル	N/m
比熱容量	ジュール毎キログラム毎ケルビン	$J/(kg \cdot K)$
熱伝導率	ワット毎メートル毎ケルビン	$W/(m \cdot K)$

注　1.　$1\,rad = 1\,m/m = 1$
　　2.　$1\,sr = 1\,m^2/m^2 = 1$
　　3.　セルシウス温度は，熱力学温度と 273.15 K との差に等しい。

---

① フランス語の Système International d'Unités の略。

▼表2-5　接頭語

単位に乗じる倍数	接頭語の名称	接頭語の記号	単位に乗じる倍数	接頭語の名称	接頭語の記号
10^{24}	ヨタ	Y	10^{-1}	デシ	d
10^{21}	ゼタ	Z	10^{-2}	センチ	c
10^{18}	エクサ	E	10^{-3}	ミリ	m
10^{15}	ペタ	P	10^{-6}	マイクロ	μ
10^{12}	テラ	T	10^{-9}	ナノ	n
10^{9}	ギガ	G	10^{-12}	ピコ	p
10^{6}	メガ	M	10^{-15}	フェムト	f
10^{3}	キロ	k	10^{-18}	アト	a
10^{2}	ヘクト	h	10^{-21}	ゼプト	z
10	デカ	da	10^{-24}	ヨクト	y

　SIでは一つの量を表す単位は1種類に統一されており，これに10の整数乗倍を表す接頭語を組み合わせて使用する。そのため，一つの量を表す異なる単位どうしの間で単位換算を行う必要がなくなった。

　たとえば，圧力の単位として従来，atm，kgf/cm^2，mmHg，barなどが用いられていた。これらの単位の間には，

$$1\,atm = 1.033\,kgf/cm^2 = 760\,mmHg = 1.013\,bar = 1.013 \times 10^5\,Pa$$

という関係がある。このため，ある圧力の単位を別の単位に変える場合には，単位ごとに異なった換算係数を用いて換算をしなければならなかった。しかしSIでは，圧力の単位はPaに統一されたので換算の必要はなく，ほかの組立単位や基本単位との関係も次のようにきわめて簡単になった。

$$1\,Pa = 1\,N/m^2 = 1\,kg/(m \cdot s^2)$$

参考　時間の単位については，SIではs(秒)を基本単位に定めているが，このほかに，非SI単位であるmin(分)，h(時)，d(日)の併用を認めているので，24や60のような換算係数が必要になる。

$$1\,d = 24\,h, \quad 1\,h = 60\,min, \quad 1\,min = 60\,s$$

なお，SIとの併用が認められている非SI単位としては，ほかにも体積の単位L(リットル)，質量の単位t(トン)などもある。

　SIでは，表2-5に示すように，10の整数乗倍を示す接頭語を定めている。これは，ある量を表すとき，単位に接頭語をつけることで数値が大きすぎたり小さすぎたりしないようにするためである。たとえば，$4.5 \times 10^{-6}\,m$は$4.5\,\mu m$，$1.2 \times 10^4\,A$は$12\,kA$，$1.013 \times 10^5\,Pa$は$101.3\,kPa$または$0.1013\,MPa$と表すことができる。

　SIは世界の多くの国で採用されており，わが国でも計量法やJIS(日本産業規格)において積極的にSIを採用している[1]。

---

[1]　JIS Z 8000-1: 2014 量及び単位-第1部：一般。

B その他の単位系

日本において，理学や工学の分野ではSIが広く用いられている。工業の分野でもSIが使われるようになってきたが，一部の工場などでは，従来用いられてきた力の単位 kgf（重量キログラム）を基本単位の一つとする**重力単位系**がまだ使われている場合がある。このため，工業関係の学習のさいには，SI以外の単位のこともある程度知っておくことが必要である。

gravitational system of units

> **参考** 長さの単位として yd（ヤード）や ft（フィート），質量の単位として lb（ポンド）を用いる**ヤードポンド法**（フィートポンド法）も，国によってはまだかなり使われている。

本書では，原則としてSIを採用している。

2 単位の換算

異なる単位で表された量を用いて演算を行うときには，あらかじめ長さ・質量・時間その他の量の単位を，それぞれ一つの単位に（たとえば km や cm は m に，t や g は kg に，h や min は s に）統一しておかなければならない。

ある量の単位を別の単位に変えるための計算を**単位の換算**という。単位の換算の方法を，例題と問によって練習しよう。

conversion of units

例題 1 時速 $4.50\,\text{km}$ は秒速何 m か。

解答

$1\,\text{km} = 1000\,\text{m}$，$1\,\text{h} = 3600\,\text{s}$ であるから，

$$4.50\,\text{km/h} = 4.50 \times \frac{1\,\text{km}}{1\,\text{h}} = 4.50 \times \frac{1000\,\text{m}}{3600\,\text{s}} = 1.25\,\text{m/s}$$

例題 2 アルミニウムの密度は $2.7\,\text{g/cm}^3$ である。これを kg/m^3 で表せ。

解答

$1\,\text{g} = 1 \times 10^{-3}\,\text{kg}$，$1\,\text{cm}^3 = (1 \times 10^{-2}\,\text{m})^3 = 1 \times 10^{-6}\,\text{m}^3$ であるから，

$$2.7 \times \frac{1\,\text{g}}{1\,\text{cm}^3} = 2.7 \times \frac{1 \times 10^{-3}\,\text{kg}}{1 \times 10^{-6}\,\text{m}^3} = 2.7 \times 10^3 \times \frac{\text{kg}}{\text{m}^3} = 2.7 \times 10^3\,\text{kg/m}^3$$

問 1 次の単位の換算を行え。

(1) $1255\,\mathrm{cm^2} \to (\quad)\mathrm{m^2}$
(2) $5.18\times 10^5\,\mathrm{mL} \to (\quad)\mathrm{m^3}$
(3) $636\,\mathrm{m/min} \to (\quad)\mathrm{m/s}$
(4) $95.5\,\mathrm{m/min} \to (\quad)\mathrm{km/h}$
(5) $800\,\mathrm{L/s} \to (\quad)\mathrm{m^3/h}$
(6) $7.25\,\mathrm{m^3/h} \to (\quad)\mathrm{kL/d}$
(7) $5.58\,\mathrm{t/h} \to (\quad)\mathrm{kg/s}$
(8) $0.871\,\mathrm{g/cm^3} \to (\quad)\mathrm{kg/m^3}$

問 2 次の単位の換算を行え。

(1) $1\,\mathrm{h}\,40\,\mathrm{min} \to (\quad)\mathrm{s}$
(2) $8720\,\mathrm{s} \to (\quad)\mathrm{h}(\quad)\mathrm{min}(\quad)\mathrm{s}$
(3) $5\times 10^4\,\mathrm{mL} \to (\quad)\mathrm{m^3}$
(4) $216\,\mathrm{km/h} \to (\quad)\mathrm{m/s}$
(5) $10\,\mathrm{kN/cm^2} \to (\quad)\mathrm{kPa}$
(6) $150\,\mathrm{L/s} \to (\quad)\mathrm{m^3/h}$
(7) $1780\,\mathrm{kg/m^3} \to (\quad)\mathrm{g/cm^3}$
(8) $7.74\,\mathrm{m^3/h} \to (\quad)\mathrm{L/s}$

問 3 自動車が一定の速度で 20.8 km を走るのに 14.5 min を要した。この速度は何 km/h か。

問 4 水道の蛇口からタンクに給水したところ，5.00 min の間に 45.0 L の水が入った。1 s あたり何 L の水が入ったか。また，この割合で給水すると 1 h では何 m³ の水が入るか。

問 5 塩化物イオン Cl⁻ のイオン半径は，1.67×10^{-10} m である。これを nm で表せ。

問 6 直径が 5.0 mm，長さ 100 mm のアルミニウムの丸棒の質量は何 g か。ただし，アルミニウムの密度を $2.7\,\mathrm{g/cm^3}$ とする。

問 7 真空中での光の速度は，およそ毎秒 30 万 km である。これを単位 Tm/h で表せ。また，太陽と地球の距離を約 1.5×10^8 km とすると，太陽から出た光は何秒後に地球に届くか。

問 8 質量 1200 g の本が水平な机の上に置いてある。本から机に加わる力は何 N か。ただし，重力の加速度は $9.8\,\mathrm{m/s^2}$ とする。

3 測定値と有効数字

測定値

0.1 kg のけたまで表示されるディジタル表示式[①]の体重計を用いて体重をはかったら 57.6 kg であったという場合，それは正確に 57.600 kg という意味ではなく，57.55 kg 以上であって 57.65 kg 未満であるという意味である。

このような場合，その人の体重の**真の値**(正しい値)(true value)を知りたいと思っても，体重計の表示しうるけた数には限界があるので，厳密な意味での真の値を知ることはできない。し

[①] ディジタル(digital)表示式は，測定値を数字で示す形式。これに対して，目盛と指針で示す形式をアナログ(analog)表示式という。

がって，その体重計が正確であって，しかも表示を誤りなく読み取ったとしても，57.6 kg という**測定値**は真の値ではなく，それに近い値，つまり**近似値**である。
measured value　　　　　　　　　　　　　　　　approximate value

　一般に，私たちの扱う測定値は，ほとんどすべてが近似値であると考えてさしつかえない。

B　有効数字

　いま，上の例の体重 57.6 kg の単位を g に変えると，57600 g となる。この 57600 のうち最後の 00 は，たんに位取りのためにつけられた数字で，最後の 2 けたがともに 0 であるという意味ではない。いい換えると，意味のある数字は 5 と 7 と 6 だけである。この 5，7，6 を**有効数字**といい，
significant figure
このとき"有効数字は 3 けたである"という。

　この場合，57600 g と書くかわりに，57.6 kg または 5.76×10^4 g のように書けば，有効数字が 3 けたであることがはっきりし，位取りもわかりやすく，計算にも便利である。一般に，測定値を書き表すときは，有効数字が何けたであるかがわかるように書くことが望ましい。以下に，有効数字の例をあげる。

【例】　1800 m　　有効数字は，2，3，4 けたのいずれかである。この書き方では，有効数字が何けたであるか明確ではない。たとえば，1.80×10^3 m と表せば，有効数字は 3 けただとわかる。

　　　　12.5 g　　　有効数字は，3 けたである。

　　　　0.068 kg　　有効数字は，2 けたである。小数第一位の 0 は位取りのための 0 なので，有効数字のけた数には含まない。

　　　　105.2 cm　 有効数字は，4 けたである。

　　　　12.00 km　 有効数字は，4 けたである。

C　数値の丸め

　有効けた数の異なる複数の測定値を用いて演算を行う場合，**数値の丸め**を行う。数値の丸めは，適切なけた数で数字を処理したり，一定の基準で数字を処理することである[①]。乗除の計算では，最もけた数の少ない有効数字のけた数にそろえて丸め，加減の計算では，末位の位が最も高い数値にそろえて丸めるのが一般的である。
rounding of numbers

参考　　かけ算・割り算の答えの有効数字のけた数は，計算に用いた数値（測定値）のうち，有効数字のけた数の最も小さいものと同じにするのが適当である。たとえば，p.24 の問 3 を 10 けたの卓上電子計算機（電卓）を用いて計算すると，86.06896552 km/h という結果が得られるが，計算に用いた測定値の有効数字はいずれも 3 けたであるから，答えも有効数字 3 けたに丸めて 86.1 km/h とする。

① 本書では，四捨五入による丸めを行う。

問 9　次の測定値の有効数字は何けたか。

(1)　1.573×10^{-3} km　　(2)　0.0223 m^2　　(3)　308.17 K

(4)　0.150 L　　(5)　8.070 mm

問 10　次の数値を有効数字 3 けたに丸めて，$a \times 10^n$ の形で表せ。

(1)　143.700　　(2)　0.09751　　(3)　980.665

(4)　33987.22　　(5)　50.788×10^6　　(6)　0.000975830

例題 3

　3 個の鉄の塊の質量を 3 種類のてんびんでそれぞれ測定したところ，8.5325 g，13.01 g，7.436 g であった。3 個の鉄の塊の質量は合計何 g か。

解答

　これらの測定値のうち，13.01 g は数値の最小の位が小数第 2 位なので，ほかの数値を 1 けた多い小数第 3 位までに丸めて計算する。

$$8.533 + 13.01 + 7.436 = 28.979 \text{ g}$$

得られた値を丸めて小数第 2 位まで求める。したがって，28.98 g となる。

問 11　測定値の意味や有効数字に注意して，次の計算をせよ。

(1)　10.5 kg $+ 2680$ g　　(2)　1.253 m $+ 0.6425$ m $+ 2.13$ m

(3)　890.00×1.123　　(4)　$78.132 \div 2.50$

⟫ Column ⟫　数値の丸め方

　数値の丸め方については JIS Z 8401 : 2019 に規定されている。以下に，その概要を示す。

(1)　数値を丸めるときは，四捨五入による。ただし，丸めようとするけたの数値が「5」の場合は，その前のけたの数値が偶数の場合は切り捨て，奇数の場合は切り上げる（丸めた結果が偶数になるようにする）。

【例】　小数第 2 位を四捨五入して，小数第 1 位に丸める場合

　　$12.34 \rightarrow 12.3$　　$12.37 \rightarrow 12.4$　　$12.25 \rightarrow 12.2$　　$12.35 \rightarrow 12.4$

(2)　数値は計算途中で丸めず，最後に一度だけ丸める。ただし，連続して計算を行うことにより，その計算途中でけた数が増して煩雑になってしまう場合には，有効数字より 1 けたあるいは 2 けた多く残して丸め，最後に有効数字のけた数に丸める。

【例】　$1.23 \times 2.586 \times 3.6 = 3.180\cancel{78} \times 3.6$　　　　　（有効数字 4 けたまで計算）

　　　　　　　　　　$= 3.18 \times 3.6$　　　　　　（有効数字 3 けたに丸める）

　　　　　　　　　　$= 11.45\cancel{16}$　　　　　　（有効数字 3 けたまで計算）

　　　　　　　　　　$= 11$　　　　　　　　　（有効数字 2 けたに丸める）

2節 物質の流れと物質収支

この節で学ぶこと

化学工業の装置にはいろいろな種類の物質が出入りし，物質の種類や量はさまざまに変化する。しかし，物質は通常の化学工業においては，変化することはあっても消滅することはなく，また，新たに生まれることもない。このことは質量保存の法則としてよく知られている。この関係を利用して，ここでは物質の収支関係を学ぶ。

1 物質の流れ

装置の内部の状態には，定常状態と非定常状態の二つがある。

定常状態 (steady state) 　装置内のある位置における操作条件（温度・圧力・組成・流速など）が，時間によらず一定に保たれている状態。

非定常状態 (unsteady state) 　装置内のある位置における操作条件が，時間の経過とともに変動している状態。

また，装置の操作方式には，大きく分けて**バッチ操作**（回分操作）(batch operation)と**連続操作**(continuous operation)とがある。バッチ操作は，一定量の原料を入れて，所定の処理が終わったら操作を止める方式であり，連続操作は，供給と排出の速さを一定にして，連続的に操作を行う方式である。

一般に，連続操作では物質の流れが定常状態に維持される。バッチ操作では処理中の原料の量や組成が時間とともに変化するため非定常状態になる。大量処理の場合には，ほとんどが連続操作で行われるが，小規模の処理や，連続操作が技術的に困難な場合には，バッチ操作が行われる。

装置に出入りする物質の種類や量は，図2-3のような装置と装置のつながりや物質の流れを表すフローシート上に，操作条件および操作方法とともに書き込むと，物質の流れや変化が理解しやすくなる。

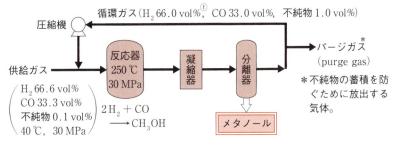

▲図2-3　フローシートの例（メタノールの合成）

---

① 体積パーセント濃度。

化学工業で行われるおもなプロセスを物質の流れ方によって分類すると，表2-6のようになる。以下ではおもに①と②のプロセスについて学ぶ。

▼表 2-6　物質の流れ方によるプロセスの分類

F：入量　P：出量　R：循環量　B：バイパス量　□：装置など

プロセス	物質の流れ方
① 分　　離	$F \to \square \to P_1$，$\uparrow P_2$
② 混　　合	$F_1 \to \square \to P$，$\downarrow F_2$
③ 向流接触	$F_1 \to \square \to P_1$，$P_2 \leftarrow \square \leftarrow F_2$
④ 並流接触	$F_1 \to \square \to P_1$，$F_2 \to \square \to P_2$
⑤ 循　　環（リサイクル）	$F \to \square \to P$，上に R
⑥ バイパス	$F \to \square \to P$，上に B

問 12　水道の蛇口から出る水の流れが定常状態であるためには，どんな条件が必要か考えてみよ。

2　物質収支

個々の装置（またはプラント全体）に出入りする物質について，質量保存の法則をあてはめることを**物質収支**（material balance）という。物質収支の関係を式の形で表すと，次のようになる。

$$（入量）＝（出量）＋（装置内の物質の増加量） \tag{2-1}$$

参考　式(2-1)の右辺の第2項は装置内に蓄積された物質の量を表し，装置内の物質の量が減少するときは，負の値になる。もし，装置からの漏れなどによる損失があれば，その量を右辺に加えなければならない。

連続操作では，運転の開始や休止などの特別な場合を除けば，定常状態に保たれるのがふつうであるから，装置内の物質の増減はない。また，バッチ操作では，装置に仕込んだ

物質は，目的の変化が終われば全部取り出される(図2-4)。したがって，連続操作(定常状態)やバッチ操作では物質収支の関係は式(2-1)よりもさらに簡単で，式(2-2)のようになる。

$$（入量）＝（出量） \qquad (2-2)$$

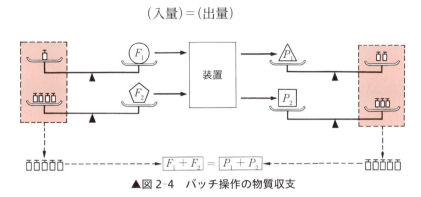

▲図2-4　バッチ操作の物質収支

　装置に出入りする物質の全量についての物質収支の関係を**全物質収支**(total material balance)という。また，物質中の各成分についても物質収支が成り立ち，成分ごとの物質収支の関係を**成分物質収支**(component material balance)という。ただし，成分物質収支については，化学反応をともなわないプロセスと，化学反応をともなうプロセス(反応プロセス)とで，適用のしかたを次のように区別する必要がある。

化学反応をともなわないプロセスの成分物質収支
　　化合物・単体について物質収支の関係を適用する。
化学反応をともなうプロセスの成分物質収支
　　成分元素について物質収支の関係を適用する。

　物質収支は，装置やプラントの規模などを計画・設計するにあたって，基礎計算として必要である。また，既設の装置やプラントの性能試験，直接に測定することが困難な未知量の算出，気がつきにくい損失の発見などにも広く活用されている。

　物質収支の計算は，次の手順で進めるとよい。

① 物質の流れを示す簡単なフローシートを書き，出入りする物質の名称・量(または流量)・組成などの既知の値を記入する。
② 計算の基準を選定する。(例：バッチ操作では，1回の操作の内容物の任意の質量あたり，連続操作では，供給・排出される物質の量を単位時間あたりで考えることが多い。100 kg，1 h など)
③ 入量と出量の単位を統一する。
④ 全物質収支および成分物質収支の式をつくる。
⑤ 未知数と同数の収支式を連立させて解く。

　具体的な物質収支の計算法は，3節で学ぶ。

3 その他の収支

　化学工業では，原料に物理的変化あるいは化学的変化を起こさせて価値の高い製品を製造する。このとき，熱を加えて物質の温度を上げたり相変化させたり（熱エネルギー），装置内で発生した反応熱（化学エネルギー）を取り除いたり，ポンプなどの機械を用いて物質を高所に輸送したり（機械エネルギー[①]）といった，エネルギーの出入りが生じる。エネルギーの出入りに関する収支の関係を**エネルギー収支**（energy balance）という。

　エネルギーには，上の例で示したように熱エネルギー，化学エネルギー，機械エネルギーなど種々の形態がある。エネルギー収支のうち，熱エネルギーだけの収支を**熱収支**（heat balance），機械エネルギーだけの場合を**機械エネルギー収支**（mechanical energy balance）とよんでいる。しかし，これらのエネルギーは互いに別の形態に変換されるので，その形態に合わせてエネルギー収支も使い分けている。

　たとえば，流体の輸送では，運動エネルギーや位置エネルギーといった機械エネルギー収支が対象になる（第3章　液体と気体の流れ）。また，相変化や化学反応を取り扱う場合には熱エネルギーの出入りが起こるため，熱収支が対象となる（第4章　熱の取り扱い，第5章　熱の出入りをともなう操作，第8章　反応装置）。

　これらのエネルギー収支は，装置やプラントを設計する際に必要となり，生産コストの削減，省資源，省エネルギーの観点からも大切な事項である。

[①]　機械エネルギーは，運動エネルギーや位置エネルギーなどのことをいう。また，機械エネルギーは，機械的エネルギーまたは力学的エネルギーともいう。

3節 化学反応をともなわないプロセスの物質収支

この節で学ぶこと

化学反応をともなわないプロセスでは，プロセスに入る成分物質とプロセスを出る成分物質の種類は同じで，その量と組成が異なる。ここでは，分離プロセス（原料が1種類，製品が2種類）と混合プロセス（原料が2種類，製品が1種類）を例にして，物質収支について学ぶ。

1 分離プロセスの物質収支

化学工業のプロセスには，蒸発・蒸留・乾燥・晶析[①]・遠心分離などのように，混合物の分離を目的とした分離プロセスが多い。

12 %[②] の食塩水を蒸発装置に送り，濃縮して 25 % の食塩水にしたい。原液 10 kg あたり，蒸発水分の量および濃縮液の量はいくらか。

解答

計算の基準：原液 10 kg（原液 10 kg あたりで計算を進めるという意味）

蒸発水分の量を V [kg]，濃縮液の量を L [kg] とすれば[③]，次のように，全物質収支および成分物質収支の式が成り立つ。

全物質収支

$$10 = V + L \quad [\text{kg}] \tag{2-3}$$

成分物質収支

食塩について

$$10 \times \frac{12}{100} = L \times \frac{25}{100} \quad [\text{kg}] \tag{2-4}$$

水について

$$10 \times \frac{100 - 12}{100} = V + L \times \frac{100 - 25}{100} \quad [\text{kg}] \tag{2-5}$$

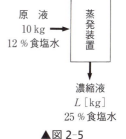

▲図 2-5

---

① 溶液を濃縮・冷却などの操作により過飽和にし，溶質を結晶として析出させ，分離する操作。晶出ともいう。
② 百分率 [%] は，質量百分率を表す。体積百分率の場合は [vol%] で表す。
③ ある量を，V，L のような文字で表す場合，このような文字を**量記号**という。おもな量記号を付録2に示した。

未知数は二つであるから，式(2-3)，(2-4)，(2-5)のうち，二つの式を連立させて解けばよい。

　　いま，式(2-3)，(2-4)を連立させて解くと，

　　　　蒸発水分の量　　$V = 5.2$ [kg]

　　　　濃縮液の量　　　　$L = 4.8$ [kg]

となる。

　　これら V，L の値を式(2-5)に代入して計算すると，

$$\text{左辺} = 10 \times \frac{100 - 12}{100} = 8.8 \,[\text{kg}]$$

$$\text{右辺} = 5.2 + 4.8 \times \frac{100 - 25}{100} = 8.8 \,[\text{kg}]$$

となって，両辺の値が一致し，上の計算が正しかったことがわかる。

問 13　例題 4 の解答について，成分物質収支の二つの式(2-4)，(2-5)の両辺をそれぞれ加えると，全物質収支の式(2-3)になることを確かめよ。

問 14　蒸発装置に 8.0 % の食塩水を入れ，20 % の濃縮液として取り出したい。濃縮液 500 kg を得るための原液の必要量および蒸発水分の量はいくらか。

問 15　30 % の水分を含む木材を乾燥させて，水分を 15 % にしたい。原材 100 kg あたり，何 kg の水分を蒸発させればよいか。

問 16　脂肪含有率 3.80 % の原乳を連続的に遠心分離機に送り，50.2 % の脂肪分を含むクリームと，0.60 % の脂肪分を含む脱脂乳とに分けて取り出している。原乳 100 kg あたり，取り出されるクリームの量は何 kg か。また，脂肪分のクリームへの回収率(原乳中の脂肪分の量に対するクリーム中の脂肪分の量の割合)は何 % か。

問 17　蒸留装置に，エタノール 50 %，メタノール 10 %，水 40 % の原液を，毎時 450 kg の割合で連続的に供給し，水分の少ない留出液[①]と，水分の多い缶出液[②]とに分けている。留出液は毎時 270 kg の割合で取り出され，その組成はエタノール 80 %，メタノール 15 %，水 5 % である。缶出液の組成を求めよ。

---

① 蒸留装置の上部から取り出される，沸点の低い物質を多く含む液。
② 蒸留装置の最下部から取り出される，沸点の高い物質を多く含む液。

2 混合プロセスの物質収支

化学工業では，希釈・溶解などの混合プロセスも多くみられる。

例題 5

12.4 % の硫酸に，77.7 % の硫酸 200 kg を加えたところ 18.6 % の硫酸になった。18.6 % の硫酸が何 kg 得られたか。

解答

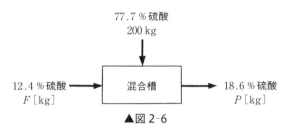

▲図 2-6

計算の基準：77.7 % 硫酸　200 kg

12.4 % の硫酸，18.6 % の硫酸の量をそれぞれ F [kg]，P [kg] とすると，

全物質収支　　　$F + 200 = P$　　　[kg]　　　(2-6)

成分物質収支（H_2SO_4 について）

$$F \times 0.124 + 200 \times 0.777 = P \times 0.186 \quad [kg] \quad (2-7)$$

式 (2-6)，(2-7) を連立させて解くと，18.6 % の硫酸の量　$P = 2110$ [kg]

問 18　20 % の希硫酸に，90 % の濃硫酸を加えて 60 % の硫酸にしたい。希硫酸 100 kg あたり，何 kg の濃硫酸を加えればよいか。

問 19　濃硫酸（H_2SO_4 98 %，H_2O 2 %），濃硝酸（HNO_3 90 %，H_2O 10 %），廃液（H_2SO_4 20 %，HNO_3 5 %，H_2O 75 %）を原料として，混酸（H_2SO_4 40 %，HNO_3 30 %，H_2O 30 %）1000 kg をつくるには，各原料を何 kg ずつ混合すればよいか。

例題 6

溝の中を流れる水の量を調べる目的で，硫酸ナトリウム Na_2SO_4 を毎分 200 g の割合で均等に加えたところ，下流における Na_2SO_4 の濃度は 0.280 % であった。1 時間あたりに流れる水の量 [m^3/h] を求めよ。

解答

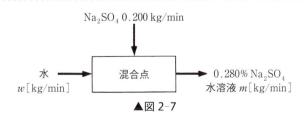

▲図 2-7

計算の基準：1 min

水および 0.280 % 水溶液の量を，それぞれ w [kg/min]，m [kg/min] とすると，

全物質収支　　$w + 0.200 = m$　　　[kg/min]　　　　　　　　(2-8)

成分物質収支（Na_2SO_4 について）

$$0.200 = m \times 0.00280 \quad [\text{kg/min}] \quad (2\text{-}9)$$

式(2-8)，(2-9)を連立させて解くと，$w = 71.2$ kg/min となるから，

この値を水の密度（1000 kg/m³）[①]で割って質量を体積に換算し，さらに 60 倍して 1 時間あたりに流れる水の量を求めると，

$$\frac{71.2}{1000} \times 60 = 4.27 \; [\text{m}^3/\text{h}]$$

例題 4 ～ 6 でわかったように，物質収支の計算によれば，未知の質量（または流量）を知ることができるほか，未知の組成を知ることもできる。なお，連続操作では例題 6 の解答のように，計算の基準として適当な単位時間を採用することが多い。

また，化学反応をともなわないプロセスでは，成分物質の物質量は変化しないから，単位として kg のかわりに kmol を使っても物質収支が成り立つ。とくに，気体混合物を扱う場合には，単位として kmol を使うほうが便利なことが多い。

問 20　溝の中を流れる水の量を調べる目的で，20 % の食塩水を毎分 1 kg の割合で注いだところ，下流における食塩の濃度は 0.23 % であった。1 時間あたりに流れる水の量を求めよ。

問 21　図 2-8 のように，吸収塔の塔底から，22 % の二酸化硫黄 SO_2 を含む空気を毎時 300 kg の割合で吸収塔に送り，塔頂から水を毎時 5000 kg 加えて，SO_2 を水に吸収させている。塔頂から廃ガスを出し，塔底から 1.2 % の SO_2 を含む水溶液を取り出すとき，この水溶液の量と，廃ガス中に含まれる SO_2 の濃度を求めよ。ただし，塔の内部において空気は水に溶けず，水は蒸発しないものとする。

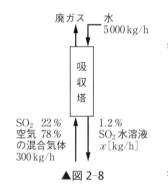

▲図 2-8

問 22　二酸化炭素 CO_2，窒素 N_2 および水蒸気からなる気体混合物がある。これを乾燥剤の層に通したところ，乾燥剤の増量から，気体混合物中に 0.170 kg の水蒸気が含まれていたことがわかった。また，水蒸気を取り除いたのちの気体混合物は 30 ℃，101.3 kPa で 2.00 m³ の体積を占め，その質量は 3.110 kg であった。もとの気体混合物の組成 [vol%] を求めよ。

---

① 水の密度は温度によって異なるが，常温では 1000 kg/m³ と考えてよい。

4節 化学反応をともなうプロセスの物質収支

この節で学ぶこと

化学反応をともなうプロセス（ここでは略して反応プロセスという）では，反応によって物質が変化し，さらに，反応の進み具合によって変化する割合も異なる。ここでは，反応にともなう物質量の変化の取り扱いと物質収支について学ぶ。

1 反応プロセスにおける物質の量的関係

反応プロセスの物質収支を考える場合には，そのプロセスで起こる化学変化を表す反応式を知ることが必要である。

工業的に行われる反応プロセスでは，反応物（原料）のうち，安価であるかまたは回収されやすいものを，反応式から求められる理論必要量よりも過剰に供給することが多い。その物質を**過剰反応物**（excess reactant）といい，理論必要量に対する過剰量の割合を**過剰率**（excess ratio）という。また，過剰でないほうの反応物を**限定反応物**（limiting reactant）という。限定反応物もまた，全部反応することは少なく，その一部は未反応のまま反応装置から出る。反応物のうち，生成物に変化した割合をその物質の**転化率**（**反応率**）（conversion）といい，限定反応物の転化率をとくに**反応完結度**（completion of reaction rate）という。

工業的な反応プロセスでは，原料も製品も，反応式に示される物質のほかに，何種類かの物質（不純物）を含んでいることが多い。また，燃焼反応での空気のように，反応に関わらない窒素のような**不活性成分**（inert, inert component）を多量に含んでいることもある（図2-9）。

$$2\,SO_2 + O_2 \longrightarrow 2\,SO_3$$

上の反応式の反応で，O_2 を理論必要量の2倍用い，反応完結度が0.50すなわち50%だったとすると，転化率・過剰率などは次のようになる。（ただし，SO_2 は純粋で，O_2 としては空気をそのまま利用したとする。）

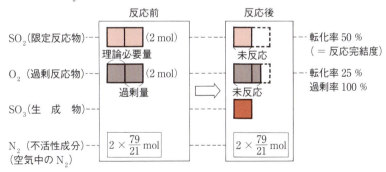

▲図2-9　反応物と転化率などとの関係

反応プロセスの物質収支では，反応に直接関係する物質相互の質量関係をあきらかにすることはもちろん，反応しない物質についても収支関係を調べる必要がある。

2 反応プロセスの物質収支

ここでは，比較的簡単な例題によって，反応プロセスの物質収支の計算のしかたを学ぶことにしよう。

例題 7　100 kg の炭素 C を，500 kg の酸素 O_2 を送って完全燃焼させた。生成ガス（燃焼ガス）の中の二酸化炭素 CO_2 および未反応の O_2 の量はそれぞれ何 kg か。

解答

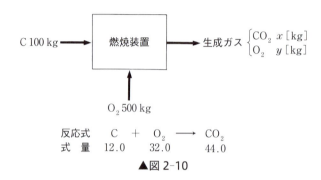

▲図 2-10

計算の基準：炭素　100 kg

生成ガスの中の CO_2 および O_2 の量をそれぞれ x [kg]，y [kg] とすると，

全物質収支　　　$100 + 500 = x + y$　　[kg]　　　　(2-10)

成分物質収支

　　炭素について　　$100 = \dfrac{12.0}{44.0}x$　　[kg]　　　　(2-11)

　　酸素について　　$500 = \dfrac{32.0}{44.0}x + y$　　[kg]　　　　(2-12)

未知数は二つであるから，式(2-10)，(2-11)を連立させて解くと，

　　　　CO_2 の量　　　　$x = 367$ [kg]

　　　　O_2（過剰）の量　　$y = 233$ [kg]

となる。x と y の値を式(2-12)の右辺に代入して計算すると，

$$\dfrac{32.0}{44.0} \times 367 + 233 = 500 \text{ [kg]}$$

となって，式(2-12)の左辺の値と一致するから，上の計算は正しいことがわかる。

問 23　30 kg の炭素 C を，200 kg の酸素 O_2 を送って完全燃焼させた。生成ガス（燃焼ガス）の中の二酸化炭素 CO_2 および O_2（過剰）の量はそれぞれ何 kg か。

問24 ある量の炭素 C を，理論必要量より多い酸素 O_2 で完全燃焼させた。生成ガスの組成を調べたところ，二酸化炭素 CO_2 7.3 kg と酸素 12.8 kg であった。燃焼前の炭素および酸素の量はそれぞれいくらか。

問25 硫酸製造用の原料ガスを得るために，10 t の硫黄 S を 20 t の酸素 O_2 とともに燃焼装置に送って燃やした。硫黄がすべて二酸化硫黄 SO_2 になったとすれば，生成ガスの中の SO_2 および O_2 の量は，それぞれ何 t になるか。

例題 8

気体燃料のエタン C_2H_6 1 kmol を，空気 20 kmol で完全燃焼させた。生成ガス（燃焼ガス）の組成 [vol%] を求めよ。ただし，空気の組成は，酸素 21 vol%，窒素 79 vol% とする。

次に，この燃焼反応における過剰反応物，限定反応物および不活性成分を指摘し，過剰率を求めよ。また，この燃焼反応において，全物質収支の関係が成り立つことを確かめよ。

解答

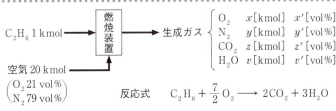

▲図 2-11

計算の基準：エタン 1 kmol

反応式からあきらかなように，C_2H_6 1 kmol と O_2 3.5 kmol とが反応して CO_2 2 kmol と H_2O 3 kmol を生成する。また，原料ガスおよび生成ガスの各成分気体を理想気体と仮定すれば，vol% と mol% とは等しい。これらの関係から，空気に含まれる O_2 と N_2 の物質量 (kmol) および生成ガスの vol% は，次の表のように計算される。

成分	原料ガス kmol	生成ガス kmol	生成ガス vol%
C_2H_6	1	0	0
O_2	$20 \times \dfrac{21}{100} = 4.2$	$x = 4.2 - 3.5 = 0.7$	$x' = \dfrac{0.7}{21.5} \times 100 = 3.3$
N_2	$20 \times \dfrac{79}{100} = 15.8$	$y = 15.8$	$y' = \dfrac{15.8}{21.5} \times 100 = 73.5$
CO_2	0	$z = 2$	$z' = \dfrac{2}{21.5} \times 100 = 9.3$
H_2O	0	$v = 3$	$v' = \dfrac{3}{21.5} \times 100 = 14.0$
計	21.0	21.5	100.1

注 vol% の計が 100.0 とならないが，これは各成分の vol% を丸めたためである。もし計を 100.0 にする必要がある場合は，最も大きい値である 73.5 を 73.4 に修正して調整すればよい。

この反応では，O_2 は理論必要量よりも過剰に用いているので過剰反応物である。C_2H_6 は過剰に用いていないから限定反応物である。

$$O_2 \text{の過剰率} = \frac{O_2 \text{の過剰量}}{O_2 \text{の理論必要量}} \times 100 = \frac{0.7}{3.5} \times 100 = 20 \, [\%]$$

N_2 は反応に関係していないので，不活性成分である。原料ガスおよび生成ガスのそれぞれについて，成分気体の物質量を質量に換算して，全物質収支の関係を調べてみると次の表のようになる。

成分		原料ガス		生成ガス	
化学式	分子量	kmol	kg	kmol	kg
C_2H_6	30.0	1	$1 \times 30.0 = 30.0$	0	0
O_2	32.0	4.2	$4.2 \times 32.0 = 134.4$	0.7	$0.7 \times 32.0 = 22.4$
N_2	28.0	15.8	$15.8 \times 28.0 = 442.4$	15.8	$15.8 \times 28.0 = 442.4$
CO_2	44.0	0		2	$2 \times 44.0 = 88.0$
H_2O	18.0	0		3	$3 \times 18.0 = 54.0$
計		21.0	606.8	21.5	606.8

すなわち，原料ガス(入量)および生成ガス(出量)がともに 606.8 kg となり，全物質収支が成り立っている。

例題 8 の解でわかるように，反応プロセスの物質収支では，反応式に示された物質量の比を計算に利用するから，kmol を単位として計算を進めるのが便利である。しかし，物質収支の関係(入量＝出量)は，物質量(kmol)では成り立たず，質量(kg)に換算してはじめて成り立つので，注意が必要である。

問 26 例題 8 の反応プロセスにおいて，それぞれの成分元素(C，O，H，N)についても，成分物質収支の関係が成り立つことを確かめよ。

問 27 ある量の炭素 C を理論必要量より多い酸素 O_2 で完全燃焼させた。燃焼ガスの組成を調べたところ，二酸化炭素 CO_2 7.3 kg と酸素 12.8 kg であった。燃焼前の炭素および酸素の量はそれぞれいくらか。また，酸素の過剰率はいくらか。

問 28 6.5 % の水酸化ナトリウム水溶液 60 kg に，8.0 % の希硫酸 100 kg を加えて硫酸ナトリウム Na_2SO_4 をつくった。過剰反応物はどれか。また，その過剰率はいくらか。次に，反応完結度を 100 % として，得られた硫酸ナトリウムの質量を求めよ。

問 29 化学反応をともなわないプロセスと化学反応をともなうプロセスとでは，成分物質収支の適用のしかたが違うのはなぜか。

問 30 アセトアルデヒド CH_3CHO は，エチレン C_2H_4 を触媒を用いて酸化させて得られる。このときの反応は，　$2\,C_2H_4 + O_2 \longrightarrow 2\,CH_3CHO$　で表される。

(1) エチレン 20 kg をこの反応によってアセトアルデヒドに酸化するには，理論上何 kg の酸素が必要か。

(2) (1)の反応において，酸素の過剰率を 40 % とすると，このとき必要な空気量は何 kg か。ただし，空気の組成は O_2 21 vol%，N_2 79 vol% とする。

章 末 問 題

1. ある不揮発性の溶質 10 % を含む溶液を蒸発缶に供給して，25 % の濃縮液を毎時 500 kg の割合で取り出したい。毎時の原液の供給量および蒸発した水分の量を求めよ。

2. 80 % の水分を含む湿りパルプを乾燥器に入れ，50 kg の水分を除去したところ，乾燥後のパルプには 40 % の水分が含まれていた。もとの湿りパルプの量は何 kg か。

3. 脂肪含有率 3.60 % の原乳を 300 kg/h の割合で遠心分離機に送り，クリームと脱脂乳とに分けている。脱脂乳は 282 kg/h の割合で取り出され，その脂肪含有率を調べたところ，0.70 % であった。クリームの脂肪含有率はいくらか。また，クリーム中への脂肪分の回収率は何 % か。

4. 蒸留装置に，エタノール 39.0 %，水 61.0 % の原液を，毎時 700 kg の割合で連続的に供給し，エタノール分の多い留出液と，水分の多い缶出液とに分けて取り出している。缶出液は毎時 435 kg の割合で取り出され，その組成はエタノール 7.3 %，水 92.7 % である。

留出液の組成 [%] を求めよ。また，留出液中へのエタノールの回収率(原液中のエタノールの量に対する留出液中のエタノールの量の割合)は何 % か。

5. エタノール，メタノールおよび水からなる混合液を連続的に蒸留装置に送り，留出液(エタノール 63.8 mol%，メタノール 5.7 mol%，水 30.5 mol%)を 41.0 kmol/h，缶出液(エタノール 2.1 mol%，メタノール 1.0 mol%，水 96.9 mol%)を 53.0 kmol/h の割合で取り出している。原液の組成を mol% で求め，これを %(質量百分率)に換算せよ。また，原液は何 kg/h の割合で供給されているか。

6. 5.0 % の硫酸銅 $CuSO_4$ 水溶液に，$CuSO_4 \cdot 5H_2O$ の結晶を溶かして 15.0 % の $CuSO_4$ 水溶液をつくりたい。5.0 % 水溶液 100 kg あたり，何 kg の結晶を溶かせばよいか。

7. 炭素 88 %，水素 12 % からなる燃料油を，過剰率 40 % の空気で完全燃焼させている。生成ガス(燃焼ガス)の組成 [vol%] を求めよ。ただし，空気の組成を O_2 21 vol%，N_2 79 vol% とする。

8. アンモニア合成塔に次の組成 [vol%] の原料ガスを送り込んでいる。

$$N_2 \quad 25.1 \qquad H_2 \quad 74.6 \qquad Ar \quad 0.3$$

反応完結度を 18.0 % として，合成塔から出る生成ガスの組成 [vol%] を求めよ。ただし，N_2，H_2，Ar および NH_3 を理想気体と仮定して計算せよ。

9. ベンゼン C_6H_6 を混酸でニトロ化して，ニトロベンゼン $C_6H_5NO_2$ を製造している。その反応は，　　$C_6H_6 + HNO_3 \longrightarrow C_6H_5NO_2 + H_2O$　　で表される。

　100 kg の C_6H_6 と，250 kg の混酸（HNO_3 40 %，H_2SO_4 50 %，H_2O 10 %）を用いたところ，C_6H_6 の $C_6H_5NO_2$ への反応完結度は 98 % であった。生成した $C_6H_5NO_2$ の量は何 kg か。また，HNO_3 の過剰率はいくらか。

10. 二酸化硫黄 SO_2，酸素 O_2，および窒素 N_2 からなる原料ガスを反応装置（転化器）に送り，SO_2 を酸化して三酸化硫黄 SO_3 にしている。

$$2SO_2 + O_2 \longrightarrow 2SO_3$$

反応装置を出る生成ガスを分析したところ，組成［vol%］は次のようであった。

　　　　SO_2　1.0　　　SO_3　10.8　　　O_2　3.1　　　N_2　85.1

(1) 原料ガスの組成［vol%］を求めよ。
(2) この反応プロセスにおける過剰反応物，限定反応物および不活性成分はそれぞれ何か。
(3) 過剰反応物の過剰率および限定反応物の転化率を求めよ。

STC　私たちの国の物質循環について話し合おう

　図 2-12 は，「我が国の物質フロー（2016 年度）[①]」を表している。物質収支やリサイクルの視点から，どれだけの物質が有効に利用されているかなど，私たちの国の物質循環について話し合ってみよう。

　詳細については「リサイクルデータブック 2019」を参考にするとよい。

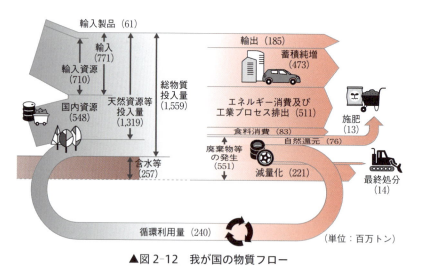

▲図 2-12　我が国の物質フロー

---

① 令和元年版環境白書，循環型社会白書，生物多様性白書による。

液体と気体の流れ

第 **3** 章

化学工業では，原料から製品にいたるまで，さまざまな液体や気体を取り扱う。それらは，物質としては多種多様であるが，いずれも流れ動く性質があり，管（配管）で輸送されるという共通点がある。

この章では，液体や気体を貯蔵するときの容器（貯槽），管の中を流すために用いられるポンプなどの機械，必要な動力，流量のはかり方などを学び，液体・気体の取り扱い方について理解する。

化学工場の配管，サイロの裏側

化学工場の配管と貯槽

1節 液体の取り扱い

この節で学ぶこと

液体と気体はともに流れ動く性質があるので，まとめて**流体**(fluid)という。ここでは，液体を貯蔵するための**貯槽**(タンク，tank)と，液体を移動させるための機械である**ポンプ**について学ぶ。

1 液体貯槽

A 液体貯槽の種類と材料

液体貯槽には，貯槽内がほぼ大気圧に保たれている常圧式と，密閉されていて貯槽内が加圧状態になっている高圧式とがある（図3-1）。

球形（高圧式）

円筒縦形（常圧式）

円筒横形（高圧式）

▲図3-1　液体貯槽の形状

液体貯槽は，一般に炭素鋼でつくられているが，貯槽内の液体が腐食性の場合には，内側にステンレス鋼・鉛などの金属で**ライニング**①（lining）を施したり，合成樹脂・ガラスなどの非金属材料でライニングまたは**コーティング**②（coating）を施す。

B 大容量の液体貯槽

大容量の液体貯槽はふつう円筒縦形で，固定屋根式と浮屋根式がある。固定屋根式貯槽は，重油や灯油などのように揮発性が小さく，蒸気の濃度が爆発範囲に入るおそれのない液体の貯蔵に用いる。

浮屋根式貯槽は，貯槽の屋根の部分が液体の表面に密着し，液体の増減にともなって上下するようになっている。液面が空気に触れないので引火や爆発の危険が少なく，蒸発による損失も少ないので，原油やナフサ，ガソリンなどのような揮発性の液体の貯蔵に用いる（図3-2）。

---

①，②　金属やコンクリートなどの腐食を防ぐために，その表面を耐食性の金属または非金属で被覆すること。通常，被覆の厚さが0.5mm以上の場合をライニング，それより薄い場合をコーティングという。

液体貯槽では，液体が壁面におよぼす圧力は液体の深さに比例して大きくなる。したがって，液体貯槽はこの圧力を考慮してつくられている。図 3-3 に，石油貯槽の側板の厚さの一例を示す。

手前の円筒縦形貯槽が浮屋根式のナフサ貯槽である（容量約 5 万 kL）。

▲図 3-2　浮屋根式液体貯槽

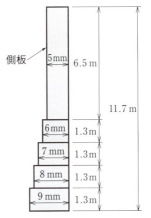

図は側板の厚さを，高さに比べて誇張して表してある。

▲図 3-3　石油貯槽の側板の厚さの例

2　液体のかくはん（攪拌）

　液体をかくはん（攪拌）する方法には，槽（容器）の中で**羽根車**を回転させる**かくはん機**を用いる方法と，ポンプを用いて槽内に噴流を生じさせたり（図 3-4），管内で小さい穴を通過させたりする方法がある。

　かくはん機の羽根車には，かい形・プロペラ形・タービン形などの種類がある（図 3-5）。

impeller
agitator

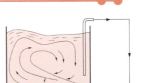

噴流　ノズル　ポンプ
（ジェット）

ノズルからの高速度の噴流でかくはんする。大形の槽に用いられる。

▲図 3-4　噴流によるかくはん

円周に沿って回転する流れ

羽根車の形は長方形のほか，湾曲した形のものもある。高粘度液のかくはんに用いられる。

(a)　かい形

 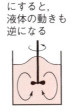

回転方向を逆にすると，液体の動きも逆になる

回転軸に平行な流れ

羽根車を槽の中に斜めに取り付けたり，槽の壁を貫通して取り付けることもできる。多量の低粘度液のかくはんに用いられる。

(b)　プロペラ形

中心から周囲に向かう流れ

羽根車の形をくふうすることにより，かい形やプロペラ形の特色を兼ね備えることもでき，適用範囲が広い。

(c)　タービン形

▲図 3-5　かくはん機の羽根車の形と液体の流れ

3 ポンプ

液体を高い所にくみ上げたり，液体に圧力を加えて配管の中に送り出すために用いられる機械を**ポンプ**という。
pump

ポンプの種類は多種多様で，分類のしかたもいろいろあるが，ここでは，その作動原理によって，ターボポンプ・容積式ポンプ・特殊ポンプに大別する。

▲図3-6　化学工場のポンプ

A　ターボポンプ

ターボポンプは，**ケーシング**（胴体）内にある羽根車を回転
casing
させて液体を送り出すもので，次のような種類がある。

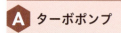

ターボポンプ（turbo pump）
- 遠心ポンプ（centrifugal pump）
  - 渦巻ポンプ（volute pump）
  - ディフューザーポンプ（diffuser pump）
- 軸流ポンプ（axial flow pump）
- 斜流ポンプ（mixed flow pump）

これらのうち，**遠心ポンプ**（図3-6，3-7）は構造が簡単で取り扱いが容易であること，吐出し量や揚程[1]の範囲が広いこと，また，ほかの形式と比べて軽量で据え付け面積も小さいことなどの理由から，最も広く用いられている。

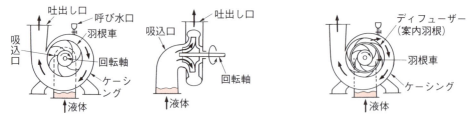

ケーシング内に液体を満たして羽根車を回転させると，遠心力のため液体の圧力が外周部で高く中心部で低くなるので，中心部に吸込口を，外周部に吐出し口を設けて，連続的に液体を送り出す。
(a)　渦巻ポンプ

羽根車の外側にディフューザーを固定することで，液体を出口方向に導きながら送り出す。同時に吐出し圧力を高めるため，渦巻ポンプより揚程が大きい（多段式にすれば，さらに揚程が大きくなる）。
(b)　ディフューザーポンプ

▲図3-7　遠心ポンプ

---

[1] ポンプが液体をくみ上げることのできる高さをいう。

B 容積式ポンプ

容積式ポンプは，密閉空間内の液体をピストンなどで強制的に送り出すもので，高揚程が得られる。

容積式ポンプには，**往復ポンプ**と**回転ポンプ**とがある。図 3-8 に往復ポンプの原理を示す。
reciprocating pump　rotary pump

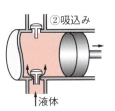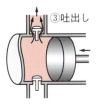

シリンダー内部のピストンを往復させることで，吸込弁から液体を吸い込み，吐出し弁から液体を吐き出す。ピストンが棒状のものをプランジャーポンプという。

▲図 3-8　往復ポンプの原理

図 3-9 は代表的な回転ポンプで，歯車やベーン（仕切り板）をもつ回転子がケーシング内で回転して，液体を送り出す。

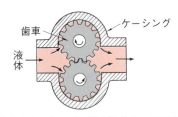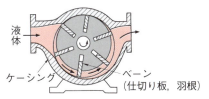

歯車とケーシングの間の液体を，歯車の回転とともに送り出す。
(a)　歯車ポンプ（gear pump）

ベーンがケーシングに沿って回り，ベーンとベーンの間の液体を送り出す。
(b)　ベーンポンプ（vane pump）

▲図 3-9　回転ポンプ

C 特殊ポンプ

特殊ポンプは，ターボポンプ・容積式ポンプ以外のポンプで，いろいろな種類がある。

図 3-10 は，いずれも化学工場で用いられている特殊ポンプである。特殊ポンプには，羽根車・ピストン・回転子などの運動部分がなく，水蒸気・圧縮空気・水などの圧力を利用して液体を送り出している。おもに腐食性の大きい液体を送るときに利用される。

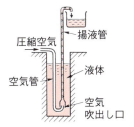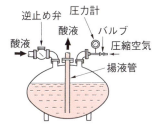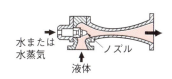

揚液管の下端から圧縮空気を吹き込むと，管の中は液体よりも軽い気液混合物となり，管の中を上昇して上端から吐き出される。
(a)　エアリフト（air lift）

耐食性の容器に液体を入れ，液面に圧縮空気などで圧力を加えると，液体が揚液管を通して上昇する。腐食性の強い強酸などの移送に用いられる。
(b)　アシッドエッグ（acid egg）

ノズルから高圧の水または水蒸気を吹き込んで，液体を吸い込み，圧力を高めて送り出す。水蒸気を用いるものは，スチームエジェクターともいう。
(c)　ジェットポンプ（jet pump）

▲図 3-10　特殊ポンプ

1 節　液体の取り扱い　**45**

2節 気体の取り扱い

この節で学ぶこと

気体はふつう目にみえず，外部に漏れ出しやすいため，液体に比べて取り扱いにくい。

ここでは，気体を貯蔵する方法，気体の圧力の測定法，および気体輸送機(送風機など)について学ぶ。

気体の貯蔵

気体の貯蔵法には，低圧(大気圧に近い圧力)で貯蔵する方法，圧縮して高圧の気体の状態で貯蔵する方法，および圧縮液化させて液体の状態で貯蔵する方法がある。

大形の気体貯槽を，**ガスホルダー**または**ガスタンク**という。
　　　　　　　　　　　　gas holder　　　　gas tank

A　低圧ガスホルダー　　低圧ガスホルダーは，ゲージ圧[①]3 kPa 程度以下の圧力の気体の貯蔵などに用いられ，水を用いる**湿式ガスホルダー**と，水を用いない**乾式ガスホルダー**とがある(図3-11)。

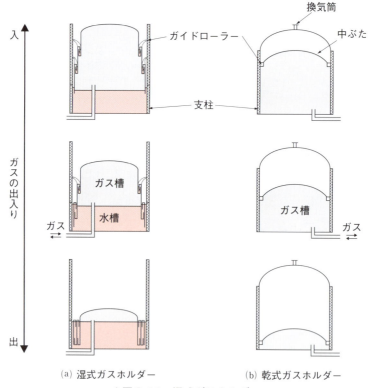

(a) 湿式ガスホルダー　　　(b) 乾式ガスホルダー

▲図3-11　湿式ガスホルダー

---

① 大気圧を基準にした圧力で，
　　真の圧力(絶対圧)＝大気圧＋ゲージ圧
の関係がある(p.214参照)。なお，大気圧は101.3 kPa(1 atm)が多くの場合で用いられる。

46　第3章　液体と気体の流れ

湿式ガスホルダーは，ガス槽が気体の出入りにつれて上下する。ガス槽は数段に分かれていて，気体が送入されると，まずいちばん内側のガス槽が浮上して，次のガス槽の上端を引っかけて持ち上げる。段と段のすきまは水で封じられて漏れを防ぐ。

　乾式ガスホルダーは，円筒縦形の貯槽に中ぶたがあり，この中ぶたが気体の出入りにつれて上下する。円筒の内壁と中ぶたとのすきまは，ゴムの膜などで封じてある。

B 高圧気体貯槽

　円筒横形貯槽（図3-12）は，気体または液化ガスをゲージ圧500～3000 kPa程度の圧力で貯蔵する高圧気体貯槽として用いられる。容量はふつう50 m³以下で，構造が比較的簡単で運搬や据え付けも容易である。

　高圧気体貯槽としては，**球形貯槽**もよく用いられる。球形は一定体積に対して最小の表面積をもつ形状で，しかも内圧に対して強いので，同一容積，同一圧力の他の形状の貯槽に比べて，必要とする鋼板の厚さや質量が最小となる。

　図3-13は，内径約34 m，容積約20000 m³の球形貯槽で，ゲージ圧1000 kPaくらいの圧力で都市ガスが貯えられている。

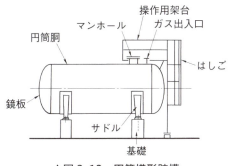
▲図3-12　円筒横形貯槽

▲図3-13　球形貯槽

問1　常圧で1000 m³の都市ガスを，ゲージ圧500 kPaに加圧して球形貯槽に貯蔵したい。必要な貯槽の内径と内表面積を計算し，同量のガスを常圧で湿式ガスホルダーに貯蔵する場合に必要な内径および内表面積と比較せよ。ただし，湿式ガスホルダーは完全な円筒形で，内径と高さの比は1：1と仮定する。

C 低温貯槽

　低温貯槽は，液化ガスの貯蔵などに用いられる。低温を保つために，円筒縦形の貯槽の屋根と側壁を二重にして，その間に断熱材を入れる。

問2　20 ℃，101.3 kPaで10000 m³のブタンC_4H_{10}（沸点−0.5 ℃）を液化して，−0.5 ℃，101.3 kPaの低温貯槽で貯蔵するとき，その体積はいくらになるか。ただし，液化ブタンの密度は600 kg/m³とする。

2 圧力の測定

流体の大気圧以上の圧力をはかる装置を**圧力計**[①](pressure gauge)といい，次のような種類がある[②]。

液柱式　水や油などの液柱の重さのつり合いを利用したものである。図 3-14 はその例で，**マノメーター**(manometer)ともよばれ，微少な差圧(圧力の差)を測定するのに適する。

弾性式　弾性体(金属製の管や板)が，流体の圧力を受けて弾性変形することを利用したものである。弾性体としては**ブルドン管**(Bourdon-tube)，ベローズ，ダイヤフラムなどが用いられる。ブルドン管圧力計(図 3-15)は，最も広く用いられている圧力計である。

電気式　圧力を弾性体に伝えて変形させ，それをひずみゲージ[③]などによって電気的な量の変化として取り出すことにより，圧力を指示させる構造のものである。

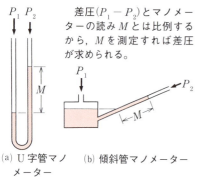

差圧($P_1 - P_2$)とマノメーターの読み M とは比例するから，M を測定すれば差圧が求められる。

(a) U 字管マノメーター　(b) 傾斜管マノメーター

▲図 3-14　液柱式圧力計

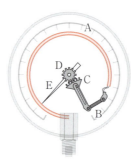

ブルドン管とは，偏平な管を円弧状に曲げ，その一端を固定し，他端を閉じたものである。
圧力が加わるとブルドン管の円弧が広がり，リンク，セクタとピニオンによって指針が動き，圧力を知ることができる。
A：ブルドン管　B：リンク
C：セクタ(扇型歯車)
D：ピニオン(小歯車)　E：指針

▲図 3-15　ブルドン管圧力計

問 3　図 3-14(b)の傾斜管マノメーターで，管を傾斜させてあるのはなぜか。

3 送風機・圧縮機と真空ポンプ

 送風機・圧縮機

送風機と圧縮機は，気体を輸送したり圧縮したりするために用いられる機械で，その原理は共通であるが，吐出し圧力によっておよそ表 3-1 のように区分されている。

▼表 3-1　送風機・圧縮機の分類

名　称	送風機，ファン(fan)	圧縮機(compressor)	
		ブロワー(blower)	
吐出し圧力(ゲージ圧)	約 30 kPa 未満	約 30 kPa 以上 200 kPa 以下	200 kPa 超

(数値は JIS B 0132 による)

---

① 大気圧以下の圧力をはかる装置を**真空計**(vacuum gauge)という。
② p.214 参照。
③ 抵抗線ひずみゲージ，半導体ひずみゲージなどがあり，いずれも力や変形量を電気的な量に変換する。

送風機と圧縮機には，それぞれ次のような形式のものがある。

$$
\text{送風機・圧縮機} \begin{cases} \text{ターボ形} \begin{cases} \text{軸流式} \\ \text{遠心式} \end{cases} \\ \text{容積形} \begin{cases} \text{回転式} \\ \text{往復式} \end{cases} \end{cases}
$$

ターボ形は，羽根車を高速で回転させて気体に圧力を与える形式で，容積形は，一定容積の空間に吸い込んだ気体をピストンや回転子で圧縮して押し出す形式である。ターボ形はファン，ブロワー，圧縮機のいずれにも用いられ，容積形は主として圧縮機に用いられる。図 3-16 にそれらの例を示す。

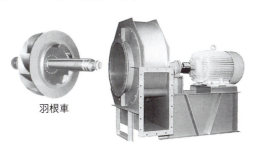

(a) 遠心式送風機　　(b) 回転式圧縮機（ルーツブロワーの内部）

(c) 往復式圧縮機（多段式）

▲図 3-16　送風機と圧縮機

B 真空ポンプ

大気圧以下の圧力を工業的には**真空**（vacuum）といい，真空を発生させる機械または装置を**真空ポンプ**（vacuum pump）という。

真空ポンプには，学校の実習室でよく用いられるアスピレーターや油回転ポンプのほかにも，多くの種類がある。

表 3-2 および図 3-17 に，化学工場でよく用いられる真空ポンプの例を示す。

▼表 3-2　真空ポンプの例

名　称	使用圧力範囲 [kPa]	特　徴
水封式ポンプ	100～1	構造簡単，腐食性気体やダストも可。
スチームエジェクター	100～0.1	構造簡単，運動部分なし。腐食性気体やダストも可。大型化学装置用。
油回転ポンプ	100～0.001	腐食性気体やダストは不可。水蒸気は形式によっては可。

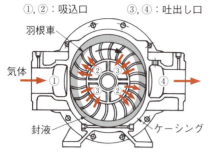

(a) 水封式ポンプ

封液(水)は羽根車の回転によって生じる遠心力で,ケーシングの内壁にほぼ一様な厚さで押しつけられる。
①から入った気体は,②から封液と羽根車の間に吸い込まれ,羽根車の回転につれて圧縮され,③から出て④へ排出される。

①,②:吸込口　③,④:吐出し口

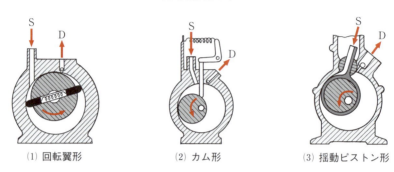

(1) 回転翼形　(2) カム形　(3) 揺動ピストン形

円筒形容器内の回転子を回転させて,Sから気体を吸い込み,圧縮してDから排出する。気密と潤滑のため,ポンプ全体を油の中に浸してあるので,油回転ポンプとよばれる。(3)は大容量向きである。

(b) 油回転ポンプ

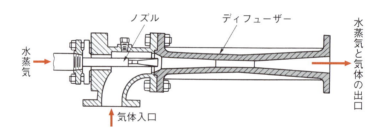

ノズルから水蒸気を噴射して,気体を吸い込み,水蒸気とともに排出する。p.45 図3-10のジェットポンプと原理は同じである。

(c) スチームエジェクター(steam ejector)

▲図3-17　真空ポンプの例

　真空ポンプを使用する場合には,到達真空度や排気速度,吸引する気体の性質などを考慮して,適当な形式のものを選ぶ。

3節 管内の液体・気体の流れ

この節で学ぶこと

液体や気体は，ドラム缶やボンベのような容器に入れて輸送することもあるが，連続的に大量に輸送するためには，**配管**(piping)を用いる。ここでは，配管を構成する管や管継手・バルブなどを学び，その中を流れる流体の流れのようすについて学ぶ。

1 管・管継手・バルブ・コック

管（pipe）には，その材質や寸法などによっていろいろな種類があるが，それらの多くはJISに規定されている。配管の設置に際しては，取り扱う流体の性質や条件によって適当な材質と寸法の管を選ぶ必要がある。水・油・水蒸気・ガスなどには，軟鋼製の**配管用炭素鋼鋼管**が広く用いられ，一般に**鉄管**または**ガス管**とよばれている（付録7参照）。

管をつないだり，曲げたり，枝分かれをさせたりするには，**管継手**（pipe fitting, pipe joint）を用い，流路を開閉したり流量を調節したりするには，**バルブ**（valve）**（弁）**や**コック**（cock）を用いる。図3-18に管継手，図3-19にバルブおよびコックを示す。

小径管または低圧の場合に用いる。
(a) ねじこみ式管継手

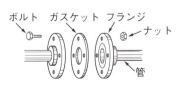

大径管または高圧の場合に用いる。
(b) フランジ式管継手

熱膨張による配管の伸びを吸収するために用いる。
(c) 伸縮管継手

▲図3-18 管継手

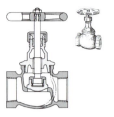 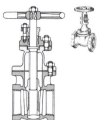

(a) 玉形弁　　(b) 仕切弁　　(c) 二方コック　　(d) 三方コック
（ねじ込み式）（ねじ込み式）（ねじ込み式）（フランジ式）

▲図3-19　バルブおよびコック

2 管径と流速・流量

　流体を輸送するときに用いる管は，ほとんどの場合，配管用炭素鋼鋼管やそのほかの円管である。ここでは，円管の内径と流速との関係や管径の選び方について学ぶ。

 管の内径と断面積

　円管内を流れる流体は，図3-20のように，内径を直径とする円の中を満たしているから，流速などの計算をするときには内径を知る必要がある。

　配管用炭素鋼鋼管の場合は，付録7の表のように，外径と厚さが決められているから，内径は次の式で求めればよい。

$$(内径) = (外径) - (厚さ) \times 2 \quad [m]$$

付録7に記載されている内径は，上の式によって求めた値である。

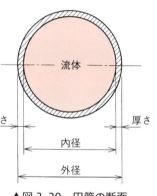

▲図3-20　円管の断面

　管の内径を D [m] とすると，管の断面積[①]S [m^2] は，

$$S = \frac{\pi}{4}D^2 \quad [m^2] \tag{3-1}$$

で表される。

例題 1　50 A 鋼管（付録7参照）の断面積は何 m^2 か。

解答

　50 A 鋼管の内径
$$D = 60.5 - 3.8 \times 2 = 52.9 \text{ [mm]} = 0.0529 \text{ [m]}$$

　管の断面積　$S = \dfrac{\pi}{4} \times 0.0529^2 = 2.20 \times 10^{-3}$ [m^2]

問 4　80 A 鋼管の外径は 89.1 mm，厚さは 4.2 mm である。この管の断面積は何 m^2 か。

---

① 本書において管の断面積とは，流体が流れることのできる部分の断面積をさす。

B 管径と流速・流量の関係

流体が円管内を流れるとき，その速さは一様ではなく，管の中心部が最も速く，管の内壁に近づくにつれて遅くなっている[1]。しかし，ふつうは便宜上，管の断面のどの部分でも等しい速さで流れていると仮定した**平均流速**を用いることが多い。平均流速をたんに**流速**ともいう。
average velocity of flow / velocity of flow

また，管の断面を単位時間に通過する流体の量を体積で表した値を**流量**[2]といい，質量で表した値を**質量流量**という。
flow rate / mass flow rate

図 3-21 のように，断面積 S [m²] の円管内を，流体が平均流速 $\bar{u}$ [m/s] で流れるとき，断面①を 1 秒間に通過する流体の体積が，断面①と②の間の円柱の体積に等しいので，流量 V [m³/s] は，

$$V = S\bar{u} \quad [\text{m}^3/\text{s}] \quad (3\text{-}2)$$

で表され，さらに，式(3-2)に式(3-1)を代入すると，

$$V = \frac{\pi}{4}D^2\bar{u} \quad [\text{m}^3/\text{s}] \quad (3\text{-}3)$$

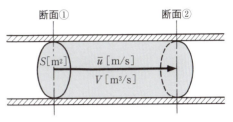

S：円管の断面積 [m²]
u：流体の平均流速 [m/s]
V：流体の流量 [m³/s]

▲図 3-21 平均流速と流量の関係

となる。

式(3-2)および式(3-3)を変形すれば，

$$\bar{u} = \frac{V}{S} = \frac{4V}{\pi D^2} \quad [\text{m/s}] \quad (3\text{-}4)$$

となり，管径(または管の断面積)と流量から平均流速が求められる。

例題 2

水を 10 m³/h の割合で輸送したい。40 A 鋼管を用いるとすると，平均流速は何 m/s になるか。

解答

流量　$V = 10 \text{ m}^3/\text{h} = 10 \times \dfrac{1}{3600} \text{ m}^3/\text{s} = 2.78 \times 10^{-3} \text{ m}^3/\text{s}$

40 A 鋼管の内径　$D = 41.6 \text{ mm} = 0.0416 \text{ m}$

平均流速　$\bar{u} = \dfrac{V}{S} = \dfrac{4V}{\pi D^2} = \dfrac{4 \times 2.78 \times 10^{-3}}{\pi \times 0.0416^2} = 2.05 \text{ [m/s]}$

問 5 ある溶液を 30 m³/h の割合で送りたい。80 A 鋼管を用いるとすると，平均流速はいくらになるか。

問 6 25 A 鋼管内を平均流速 1.5 m/s で水が流れている。流量は毎分何 m³ か。

---

[1] p.64 図 3-27 参照。
[2] **体積流量**(volume flow rate)ともいう。

式(3-3)および式(3-4)はともに，管の内径と平均流速と流量の三つの値が相互に関連していることを示している。図3-22は，これらの間の関係を線図で表したものである。この図を利用すれば，三つのうち二つの値が与えられると，残りの一つについて，およその値を読み取ることができる。

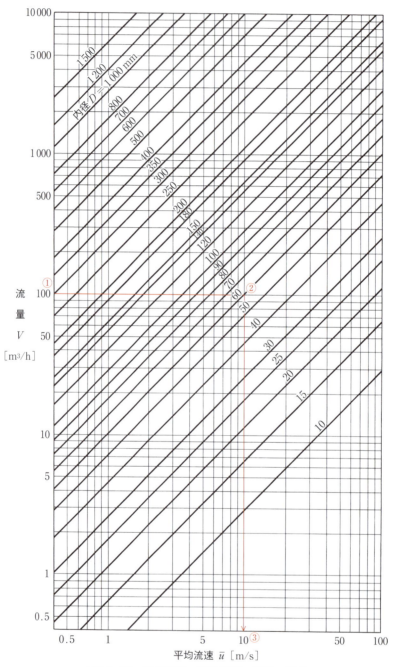

▲図3-22　管の内径・平均流速・流量の関係

例えば，内径 60 mm の鋼管内を流量 100 m³/h で流体が流れているときの平均流速 [m/s] を考えると，

① 図 3-22 の縦軸の流量 100 m³/h を探す。

② 流量 100 m³/h と内径 60 mm の斜線の交点を探す。

③ 交点から，横軸の平均流速の値を確認する。

この場合であれば，10 m/s と読み取ることができる。

例題 3

内径 100 mm の管内を，水蒸気が平均流速 20 m/s で流れている。流量は毎時何 m³ か。図 3-22 から読み取った値と，式(3-3)による計算値とを比較してみよ。

解答

図 3-22 において，$D = 100$ mm の斜線と，$\bar{u} = 20$ m/s の縦の線との交点から，左方へ線をたどり縦軸の目盛を読むと，

$$V = 570 \text{ m}^3/\text{h}$$

次に，式(3-3)によって計算する。

$$V = \frac{\pi}{4} D^2 \bar{u} = \frac{\pi}{4} \times 0.100^2 \times 20 = 0.157 \text{ [m}^3/\text{s]}$$

$1 \text{ m}^3/\text{s} = 3600 \text{ m}^3/\text{h}$ であるから，

$$V = 0.157 \times 3600 = 565 \text{ [m}^3/\text{h]}$$

すなわち，図 3-22 から読み取った値と計算値とは，だいたい一致していることがわかる。

問 7
内径 50 mm の管を用いて，水を毎時 10 m³ の割合で送っている。管内の平均流速を，図 3-22 および式(3-4)から，それぞれ求めてみよ。

3 節　管内の液体・気体の流れ　**55**

C 管径の選定

配管を用いて流体をある流量で輸送する場合，管径を大きくすれば，流速が小さくなるから流れのエネルギー損失も小さくなり[①]，したがって輸送に必要な動力費は少なくてすむ。しかし，管径を大きくすれば，配管のための設備費は多くかかることになる。したがって，輸送動力費と配管設備費の合計が最も少なくなるように管径を選定することが望ましい。表3-3は，配管を設置する場所ごとの管内流速の目安を示したものである。

▼表 3-3　流体の管内流速の目安［m/s］

液体輸送		気体輸送	
自然流下ライン	0.3~1.5	一般ガスライン	8~15
ポンプ吸込ライン	0.5~2.0	圧縮機吸込ライン	
ポンプ吐出しライン	1.0~3.0	往復式	10 以下
冷却水ライン		遠心式(50 kPa 以下)	25 以下
500 t/h 以下	1.0~2.5	圧縮機吐出しライン	7~20
500 t/h 以上	3 以下	水蒸気ライン	
水蒸気凝縮液		450 kPa 以下，飽和	30 以下
自然流下ライン	0.3~2.0	450 kPa 以上，飽和	50 以下

(化学工学会編「化学工学便覧(改訂7版)」による)

流体の輸送計画にもとづいて必要な流量が決められ，一方で，表3-3により適切な流速の範囲が決まるので，これらの値を図3-22にあてはめれば，適切な管径を選定することができる。

例題 4

冷却水を毎時 $6\,\mathrm{m}^3$ の割合で輸送したい。管内の平均流速を 1.5~$2.0\,\mathrm{m/s}$ にするには，付録7のどの鋼管を選定すればよいか。

解答

図3-22を用いて管径を読み取ると，

$V = 6\,\mathrm{m}^3/\mathrm{h}$，$\bar{u} = 1.5\,\mathrm{m/s}$ の交点から，$D = 38\,\mathrm{mm}$

$V = 6\,\mathrm{m}^3/\mathrm{h}$，$\bar{u} = 2.0\,\mathrm{m/s}$ の交点から，$D = 33\,\mathrm{mm}$

よって，$D = 33$~$38\,\mathrm{mm}$ の範囲に相当する鋼管を付録7から求めると，

$$32\,\mathrm{A}\,鋼管(D = 35.7\,\mathrm{mm})$$

が適当である。

問 8

常圧の空気を毎分 $15\,\mathrm{m}^3$ の割合で送りたい。管内の平均流速が 15~$20\,\mathrm{m/s}$ になるような管を，付録7から選定せよ。また，選定した鋼管を用いるときの平均流速はいくらになるか。

---

① p.66 参照。

第 3 章　液体と気体の流れ

3 流れの物質収支

第2章で学んだ物質収支の考え方を，管内の流れにあてはめてみよう。

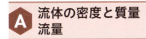

流体の密度を $\rho\,[\mathrm{kg/m^3}]$，流量を $V\,[\mathrm{m^3/s}]$，質量流量を $w\,[\mathrm{kg/s}]$ とすれば，

$$w = \rho V \quad [\mathrm{kg/s}] \tag{3-5}$$

である。

一般に，液体は温度や圧力が変化しても体積がほとんど変わらないので，密度の値はほぼ一定である。しかし，気体は温度や圧力の変化に応じて体積が変わるので，密度の値は温度や圧力によって大きく変わる。

また，密度のかわりに**比重**の値が示されることがある。液体の比重は同体積の 4 ℃ の水の質量に対する液体の質量の比で表され，気体の比重は同体積の 0 ℃，101.3 kPa (1 atm) の空気の質量に対する気体の質量の比で表される。したがって，比重から密度を求めるには次のようにすればよい。

$$(液体の密度) = (比重) \times (4\,℃\,の水の密度)$$
$$= (比重) \times 1000 \quad [\mathrm{kg/m^3}]$$
$$(気体の密度) = (比重) \times (0\,℃,\,101.3\,\mathrm{kPa}\,の空気の密度)$$
$$= (比重) \times 1.29 \quad [\mathrm{kg/m^3}]$$

例題 5

15 A 鋼管内を，比重 1.10 の水溶液が 1.8 m/s の平均流速で流れている。質量流量は毎分何 kg か。

解答

15 A 鋼管の内径　$D = 16.1\,\mathrm{mm} = 0.0161\,\mathrm{m}$

管内の平均流速　$\bar{u} = 1.8\,\mathrm{m/s}$

流量　$V = \dfrac{\pi}{4} D^2 \bar{u} = \dfrac{\pi}{4} \times 0.0161^2 \times 1.8 = 3.66 \times 10^{-4}\,[\mathrm{m^3/s}]$

水溶液の密度　$\rho = (比重) \times 1000 = 1.10 \times 1000 = 1100\,[\mathrm{kg/m^3}]$

質量流量　$w = \rho V = 1100 \times 3.66 \times 10^{-4} = 0.403\,[\mathrm{kg/s}]$

したがって，毎分あたりの質量流量は，

$$w = 0.403\,\mathrm{kg/s} \times 60\,\mathrm{s} = 24.2\,[\mathrm{kg/min}]$$

問 9　2 B 鋼管内を，比重 0.95 の油が 1.0 m/s の平均流速で流れている。質量流量は毎時何 t か。

問10 比重 1.12 の気体が，40 A 鋼管内を平均流速 15 m/s で流れている。質量流量 [kg/h] を求めよ。

B 連続の式

管内を流体が流れるとき，ある断面における流速・流量・温度・圧力などが常に一定に保たれている流れを，**定常流** steady flow という。

図 3-23 のような管内を，流体が定常流で流れるとき，上流側の断面①と下流側の断面②との区間に全物質収支を適用すると，この区間へ入る流体の質量流量 w_1 [kg/s] と，この区間から出る流体の質量流量 w_2 [kg/s] とは等しいから，次の関係が成り立つ。

$$w_1 = w_2 \quad [\text{kg/s}] \tag{3-6}$$

定常流の範囲では，断面①，②のほかに③，④，⑤，…などの任意の断面についてもこの関係は成り立つ。このことから，式(3-6)を**連続の式** equation of continuity という。

式(3-6)に式(3-5)の関係を入れれば，連続の式は次のように表される。

$$\rho_1 V_1 = \rho_2 V_2 \quad [\text{kg/s}] \tag{3-7}$$

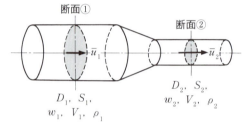

D_1, D_2：断面①，②の内径 [m]
S_1, S_2：断面①，②の断面積 [m²]
w_1, w_2：断面①，②における質量流量 [kg/s]
V_1, V_2：断面①，②における流量 [m³/s]
ρ_1, ρ_2：断面①，②における密度 [kg/m³]
$\bar{u}_1$, $\bar{u}_2$：断面①，②における平均流速 [m/s]

▲図 3-23 管径が変化する管内の定常流

さらに，式(3-7)に，式(3-2)の関係を入れれば，

$$\rho_1 S_1 \bar{u}_1 = \rho_2 S_2 \bar{u}_2 \quad [\text{kg/s}] \tag{3-8}$$

と表すこともできる。

流体の密度の変化を無視できる場合，すなわち液体の定常流または，気体でも温度・圧力の変化が小さい定常流の場合には，式(3-7)および式(3-8)において，$\rho_1 = \rho_2$ であるから，流量について以下の関係が成り立つ。

$$V_1 = V_2 \quad [\text{m}^3/\text{s}] \tag{3-7'}$$

$$S_1 \bar{u}_1 = S_2 \bar{u}_2 \quad [\text{m}^3/\text{s}] \tag{3-8'}$$

式(3-8′)を変形すると，

$$\frac{\bar{u}_1}{\bar{u}_2} = \frac{S_2}{S_1}$$

となるから，この式に式(3-1)の関係を入れると，

$$\frac{\bar{u}_1}{\bar{u}_2} = \left(\frac{D_2}{D_1}\right)^2 \tag{3-9}$$

が得られる。すなわち，流速は内径の 2 乗に反比例する。

例題 6

80 A 鋼管の下流に 50 A 鋼管を接続した管内を，水が定常状態で流れている。80 A 鋼管内の平均流速が 1.2 m/s のとき，50 A 鋼管内の平均流速はいくらになるか。

解答 ···

管径が異なる 2 種類の配管を接続する場合，連続の式で求めることができる。

80 A 鋼管では　$D_1 = 0.0807\,\text{m}$,　$\bar{u}_1 = 1.2\,\text{m/s}$

50 A 鋼管では　$D_2 = 0.0529\,\text{m}$

式(3-9)に代入すると，

$$\frac{1.2}{\bar{u}_2} = \left(\frac{0.0529}{0.0807}\right)^2$$

したがって，50 A 鋼管内の平均流速 $\bar{u}_2$ は，

$$\bar{u}_2 = 1.2 \times \left(\frac{0.0807}{0.0529}\right)^2 = 2.8\ [\text{m/s}]$$

問 11　内径 75 mm の管の下流に内径 50 mm の管を接続した配管内を，液体が定常状態で流れている。内径 75 mm の管内の平均流速が 0.80 m/s のとき，内径 50 mm の管内の平均流速はいくらになるか。

問 12　一定の流量で液体を輸送するとき，管の内径を 2 倍，3 倍，$\frac{1}{2}$ 倍にすると，流速はどう変わるか。

3 節　管内の液体・気体の流れ　**59**

4 流れのエネルギー収支

流体は，機械エネルギー・熱エネルギー・化学エネルギーなどをもっている。流体の密度の変化が無視できる場合（ρ = 一定）であって，流れの途中で加熱や冷却を受けたり，化学反応を起こしたりしない場合には，流体の流れのエネルギー収支として機械エネルギーだけを考えればよい。

A 流体のもつ機械エネルギー

流れている流体のもつ機械エネルギーは，運動エネルギー，位置エネルギーおよび圧力エネルギーの和で，それぞれのエネルギーは表 3-4 のような式で表される。

▼表 3-4 流体のもつ機械エネルギー

$\begin{pmatrix} m：質量\,[kg],\ \bar{u}：平均流速\,[m/s],\ g：重力の加速度 = 9.8\,m/s^2, \\ Z：基準面からの高さ\,[m],\ P：圧力\,[Pa],\ \rho：密度\,[kg/m^3] \end{pmatrix}$

エネルギー	流体 m [kg] あたり	流体 1 kg あたり
運動エネルギー	$\dfrac{m\bar{u}^2}{2}$ [J]	$\dfrac{\bar{u}^2}{2}$ [J/kg]
位置エネルギー	mgZ [J]	gZ [J/kg]
圧力エネルギー	$\dfrac{mP}{\rho}$ [J]	$\dfrac{P}{\rho}$ [J/kg]

B 流体輸送の機械エネルギー収支

流体を輸送するには，**流体輸送機**（ポンプや送風機など）によって，配管内を流れる流体にエネルギーを供給するのがふつうである。また，輸送距離が長くなったり，配管の途中に管継手・バルブ・流量計などが多く挿入されたりすると，摩擦やその他の原因によって，流体のもつ機械エネルギーの一部が，熱に変わって失われる割合が大きくなる。

図 3-24 のように，配管内を流体が定常状態で流れる（定常流）ときの，流体輸送の機械エネルギー収支を考えてみよう。

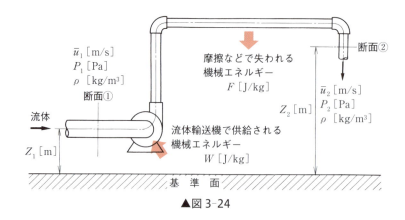

▲図 3-24

図において，断面①から②までの区間に入ってくる流体 1 kg あたりの機械エネルギーは，流体が断面①を通過するときにもっている運動・位置・圧力のエネルギーと，配管の途中で流体輸送機によって供給される機械エネルギー W [J/kg] とを加えたもので，次の式で表される。

$$\frac{\bar{u_1}^2}{2} + gZ_1 + \frac{P_1}{\rho} + W \qquad [\text{J/kg}] \qquad (3\text{-}10)$$

また，流体 1 kg あたり，同じ区間から出て行く機械エネルギーは，流体が断面②を通過するときにもっている運動・位置・圧力のエネルギーと，この区間で摩擦その他の原因で失われる機械エネルギー F [J/kg] とを加えたもので，次の式で表される。

$$\frac{\bar{u_2}^2}{2} + gZ_2 + \frac{P_2}{\rho} + F \qquad [\text{J/kg}] \qquad (3\text{-}11)$$

流体 1 kg あたり失われる機械エネルギー F [J/kg] のことを，**流れのエネルギー損失**[1]とよぶ。

エネルギー保存の法則によれば，式(3-10)と(3-11)の値は等しいから，

$$\frac{\bar{u_1}^2}{2} + gZ_1 + \frac{P_1}{\rho} + W = \frac{\bar{u_2}^2}{2} + gZ_2 + \frac{P_2}{\rho} + F \qquad [\text{J/kg}] \qquad (3\text{-}12)$$

が成り立つ。この式(3-12)は，流体を輸送する場合の機械エネルギー収支の関係を表す。

C ベルヌーイの定理 式(3-12)において，①から②までの区間に流体輸送機がなければ，$W = 0$ となる。また，粘性がなく[2]，流れのエネルギー損失 F が 0 の場合には，式(3-12)は次式のようになる。

$$\frac{\bar{u_1}^2}{2} + gZ_1 + \frac{P_1}{\rho} = \frac{\bar{u_2}^2}{2} + gZ_2 + \frac{P_2}{\rho} \qquad [\text{J/kg}] \qquad (3\text{-}13)$$

この関係を**ベルヌーイの定理**という。
Bernoulli's theorem

---

[1] p.66 参照。
[2] 粘性のない流体を，完全流体または理想流体という。そのような流体は，極低温の液体ヘリウムのような特殊な場合以外には存在しない。

例題 7

図 3-25 のような装置から，水が自然に流れ出している。基準面からタンク内の水面までの高さが 10.0 m，流出口の中心までの高さが 1.5 m であるとき，流出する水の平均流速はいくらになるか。ただし，タンク内の水面の面積は非常に大きく，摩擦によるエネルギー損失はないものとする。

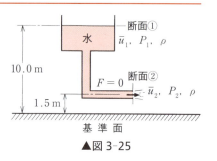

▲図 3-25

解答

タンク内の水面(断面①)から流出口(断面②)までの区間に式(3-12)を当てはめると，摩擦によるエネルギー損失がないものとするので $F = 0$，またポンプなどがないから $W = 0$ で，式(3-13)すなわちベルヌーイの定理が成り立つ。

タンク内の水面の面積が非常に大きいので，水面の下降する速さは小さく，$\bar{u}_1 \fallingdotseq 0$ m/s としてよい。また，断面①，②はいずれも大気に開放されているから $P_1 = P_2$ である。これらの条件を式(3-13)に入れて整理すると，

$$gZ_1 = \frac{\bar{u}_2^2}{2} + gZ_2$$

となる。これを変形して，

$$\bar{u}_2 = \sqrt{2g(Z_1 - Z_2)} \quad [\text{m/s}]$$

この式に，$g = 9.8$ m/s^2，$Z_1 = 10.0$ m，$Z_2 = 1.5$ m を代入すると，

$$\bar{u}_2 = \sqrt{2 \times 9.8 \times (10.0 - 1.5)} \fallingdotseq 12.9 \ [\text{m/s}]$$

問 13

水を満たした非常に大きなタンクがある。水面から深さ 5.0 m のところにある内径 100 mm の流出口から自然に流出する水の平均流速はいくらになるか。また，流出する水量は毎分何 m^3 か。ただし，摩擦によるエネルギー損失はないものとする。

D 流体輸送機が与えるエネルギー

式(3-12)を変形すると，一定の流量を保つために，流体輸送機が与えているエネルギー W [J/kg] の値が求められる。

$$W = \frac{\bar{u}_2^2 - \bar{u}_1^2}{2} + g(Z_2 - Z_1) + \frac{P_2 - P_1}{\rho} + F \quad [\text{J/kg}] \quad (3\text{-}14)$$

例題 8

100 A 鋼管を用いた配管によって，地下の貯水槽から屋上のタンクへ，水を 50 m^3/h の割合でくみ上げている。貯水槽の水面から管の流出口までの高さは 60 m である。流れのエネルギー損失が 14 J/kg であるとすれば，ポンプが与えているエネルギーは，水 1 kg あたりいくらになるか(図 3-26)。

解答

地下の貯水槽の水面を①，屋上のタンクへの流出口を②として，①〜②の区間に式(3-14)をあてはめる。

100 A 鋼管の内径　$D = 0.1053$ m

水の流量　$V = 50$ m³/h $= 50 \times \dfrac{1}{3600}$ m³/s

$\qquad\qquad\qquad = 1.39 \times 10^{-2}$ m³/s

水の流出速度　$\bar{u}_2 = \dfrac{4V}{\pi D^2} = \dfrac{4 \times 1.39 \times 10^{-2}}{\pi \times 0.1053^2}$

$\qquad\qquad\qquad = 1.60$ [m/s]

地下の貯水槽の水面は広いから，$\bar{u}_1 ≒ 0$ m/s

また，$Z_2 - Z_1 = 60$ m

①，②はいずれも大気に開放されているから，

$$P_1 = P_2$$

よって，

$$\dfrac{P_2 - P_1}{\rho} = 0 \; [\text{J/kg}]$$

流れのエネルギー損失　$F = 14$ J/kg

上のそれぞれの値を式(3-14)に代入すると，

$$W = \dfrac{1.60^2}{2} + 9.8 \times 60 + 14$$

$$= 1.3 + 588 + 14 = 603 \; [\text{J/kg}]$$

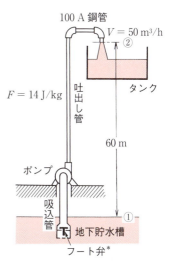

▲図 3-26

*吸込管に入った水の下降を防ぐバルブ

例題 8 の解答からわかるように，高所へ液体をくみ上げる場合は，式(3-14)の右辺の第 1 項・第 3 項は，第 2 項・第 4 項に比べて非常に小さいので，第 1 項と第 3 項を省略した次の式を用いてもよい。

$$W ≒ g(Z_2 - Z_1) + F \qquad [\text{J/kg}] \qquad (3\text{-}15)$$

問 14　25 A 鋼管を用いて，水を 5.0 m³/h の割合で，貯水池から 30 m の高さまでくみ上げている。流れのエネルギー損失を 10 J/kg として，ポンプが与えているエネルギーは，水 1 kg あたりいくらになるか。

問 15　65 A 鋼管を用いて，比重 1.05 の液体を毎時 25 t の割合で，貯槽の液面から 20 m の高さまでくみ上げている。流れのエネルギー損失を 8 J/kg として，ポンプが与えているエネルギーは，液体 1 kg あたりいくらか。

5 流れのエネルギー損失

配管による流体輸送では，管壁と流体との間の摩擦や流体の内部摩擦によって，流体の機械エネルギーの一部が熱に変わり，流れのエネルギー損失の原因となる。また，配管の途中に用いられる管継手・バルブ・流量計などの挿入物も，やはり流れのエネルギー損失の原因となる。

A 層流と乱流

流れのエネルギー損失の大きさには，流れの状態が関係する。流体の流れの状態には，図 3-27 に示すように，**層流**と**乱流**とがある。層流では，流体の各部分が流れの方向に沿って平行に流れているが，乱流では，不規則な経路をたどり，互いに入り乱れて流れている。

laminar flow
turbulent flow

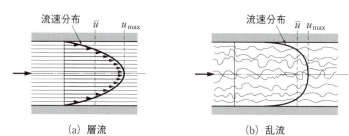

上の図は円管内の流れの状態と流速分布を表したものである。層流・乱流ともに，管中心部の流速が最大となり，それぞれの最大流速を u_{max} とすると，平均流速 $\bar{u}$ は，

層流では $\bar{u} = 0.5\, u_{max}$，乱流では $\bar{u} ≒ 0.8\, u_{max}$

である。

▲図 3-27 層流と乱流

まっすぐな円管の中の流れの状態が層流か乱流かを判別するには，次の式で与えられる**レイノルズ数**（Re で表す）を調べればよい。

Reynolds number

$$Re = \frac{D\bar{u}\rho}{\mu} \quad [-] \quad (3\text{-}16)$$

D：管の内径 [m]

$\bar{u}$：管内の流体の平均流速 [m/s]

ρ：流体の密度 [kg/m^3]

μ：流体の粘度 [Pa·s][1]

流体の種類に関係なく，レイノルズ数 Re がおよそ 2300 以下ならば流れの状態は層流になり，およそ 4000 以上ならば乱流になることが，実験によって確かめられている。Re

---

[1] **粘度**（viscosity）は**粘性率**ともよばれる。流体には粘性があり，この粘性の大小を表す値が粘度である。
粘度の単位は Pa·s（パスカル秒）であるが，従来 P（ポアズ）や cP（センチポアズ）が慣用されてきた。
　1 Pa·s = 1 kg/(m·s)
　1 P = 0.1 Pa·s，1 cP = 10^{-2} P = 10^{-3} Pa·s
各種の液体および気体の粘度の値を，付録 4，5 に示した。

が2300〜4000の範囲の流れは，**遷移流**とよばれ，流れの状態が不安定で，層流になったり乱流になったりする(図3-28)。なお，レイノルズ数には単位がない。

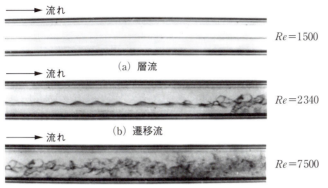

▲図3-28 流体の流れの状態とレイノルズ数

問16 レイノルズ数は単位のない値(無次元数または無名数という)であることを確かめよ。

例題 9

15 A 鋼管を用いて，20 ℃ の水を 1.5 m³/h の割合で送るとき，管内の流れの状態は層流か乱流か。

解答

15 A 鋼管の内径　$D = 0.0161 \, \text{m}$

流量　$V = 1.5 \, \text{m}^3/\text{h} = 1.5 \times \dfrac{1}{3600} \, \text{m}^3/\text{s} = 4.17 \times 10^{-4} \, \text{m}^3/\text{s}$

平均流速　$\bar{u} = \dfrac{4 \times 4.17 \times 10^{-4}}{\pi \times 0.0161^2} = 2.05 \, [\text{m/s}]$

20 ℃ の水の密度　$\rho = 1000 \, \text{kg/m}^3$

20 ℃ の水の粘度　$\mu = 1.0 \times 10^{-3} \, \text{Pa·s}$ (付録4から)

$Re = \dfrac{D\bar{u}\rho}{\mu} = \dfrac{0.0161 \times 2.05 \times 1000}{1.0 \times 10^{-3}} = 33000 \, [-]$

Re が 4000 以上であるから，流れの状態は乱流である。

問17 25 A 鋼管内を，20 ℃ の水が平均流速 2.0 m/s で流れている。流れの状態は層流か乱流か。

問18 3 B 鋼管を用いて，比重0.90，粘度0.10 Pa·sの油を毎時 10 m³ の割合で送るとき，流れの状態は層流か乱流か。

3節　管内の液体・気体の流れ　**65**

B 摩擦による流れのエネルギー損失

まっすぐな円管の中を流れる流体の、摩擦によるエネルギー損失を求めるには、次の**ファニングの式** (Fanning's equation) が用いられる。

$$F = 4f\frac{\bar{u}^2}{2} \cdot \frac{L}{D} \quad [\text{J/kg}] \tag{3-17}$$

F：摩擦による流れのエネルギー損失　[J/kg]
f：管摩擦係数　[−]
$\bar{u}$：管内の平均流速　[m/s]
L：管の長さ　[m]
D：管の内径　[m]

管摩擦係数 (friction factor of pipe) f の値は、層流の場合には次の式で求められる。

$$f = \frac{16}{Re} \quad [-] \tag{3-18}$$

乱流の場合には、f は Re および管内壁の粗さによって変わることから、実測値にもとづいて作成された図 3-29 のムーディー線図から読み取る。

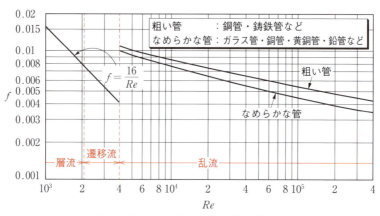

▲図 3-29　ムーディー線図（管摩擦係数）

例題 10

内径 300 mm の鋼管を用いて，比重 0.87，粘度 0.050 Pa·s の油を 300 m³/h の割合で，貯槽 A から 800 m 離れた貯槽 B へ送るとき，摩擦によるエネルギー損失はいくらになるか。

解答

管の内径　$D = 0.300$ m

管の長さ　$L = 800$ m

流量　$V = 300 \text{ m}^3/\text{h} = 300 \times \dfrac{1}{3600} \text{ m}^3/\text{s} = 8.33 \times 10^{-2} \text{ m}^3/\text{s}$

平均流速　$\bar{u} = \dfrac{4 \times 8.33 \times 10^{-2}}{\pi \times 0.300^2} = 1.18 \text{ [m/s]}$

油の密度　$\rho = 0.87 \times 1000 = 870 \text{ [kg/m}^3\text{]}$

油の粘度　$\mu = 0.050$ Pa·s

したがって，

$$Re = \frac{D\bar{u}\rho}{\mu} = \frac{0.300 \times 1.18 \times 870}{0.050} = 6160 \text{ [}-\text{]}$$

図 3-29 の粗い管の曲線を用いて，$Re = 6160$ のときの f の値を読み取ると，

$$f = 0.0096$$

である。

ゆえに，摩擦による流れのエネルギー損失は，

$$F = 4f\frac{\bar{u}^2}{2} \cdot \frac{L}{D} = 4 \times 0.0096 \times \frac{1.18^2}{2} \times \frac{800}{0.300} = 71.3 \text{ [J/kg]}$$

問 19　15 A 鋼管内を，20 ℃ の水が 1.5 m/s の平均流速で流れている。管の長さ 10 m あたりの，摩擦による流れのエネルギー損失はいくらになるか。

問 20　80 A 鋼管を用いて，比重 0.85，粘度 0.060 Pa·s の油を，20 m³/h の割合で 1.0 km の水平距離を送るとき，摩擦による流れのエネルギー損失はいくらになるか。

　以上は，まっすぐな円管におけるエネルギー損失であるが，それ以外に，管継手・バルブ・流量計などによる損失や，貯槽から管への入口，管の急激な拡大・縮小などによる損失もある。

C 圧力損失と圧力降下

管内を流れる液体の密度 ρ [kg/m³] と，流れのエネルギー損失 F [J/kg] との積は，圧力の単位をもつ値になる。すなわち，

$$\rho\,[\text{kg/m}^3] \times F\,[\text{J/kg}] = \rho F\,[\text{J/m}^3]$$

ここで，1 J = 1 N･m であるから，

$$\rho F\,[\text{J/m}^3] = \rho F\,[\text{N/m}^2] = \rho F\,[\text{Pa}]$$

この ρF [Pa] を**圧力損失**(圧損失)といい，ΔP で表す。

$$\Delta P = \rho F \quad [\text{Pa}] \tag{3-19}$$

また，配管の上流側の断面における圧力 P_1 [Pa] と，下流側の断面における圧力 P_2 [Pa] との間に，実際に生じる差圧 $(P_1 - P_2)$ [Pa] を**圧力降下**という。

管径一定の水平でまっすぐな管の場合，管の途中に継手，その他の挿入物がなければ，管内の摩擦による圧力損失と圧力降下とは一致する。しかし，このような特別な場合を除けば，一般に圧力損失と圧力降下とは一致しない。

問 21 ある配管内を比重 0.85 の油が流れるとき，流れのエネルギー損失が 120 J/kg になった。これを圧力損失に換算せよ。

問 22 $\frac{1}{2}$ B 鋼管内を 20 ℃ の水が 2.5 m/s の平均流速で流れている。管長 10 m あたりの圧力損失はいくらか。ただし，管は水平でまっすぐであり，管の途中には継手などの挿入物はない。

6 流体輸送の動力

配管によって流体輸送を行う場合には，重力などによって流体が自然に流れることもあるが，ふつうは動力が必要である。ここでは，流体輸送に要する動力の求め方を学ぶ。

A 理論動力

単位時間になされる仕事量を**動力**という。
ポンプなどの流体輸送機に供給されるエネルギーが，すべて有効に流体を輸送する仕事に使われると仮定した場合の動力を，**理論動力**[①]という。

流体 1 kg を輸送するために，流体輸送機が与えているエネルギー W [J/kg] は，式 (3-14) で求められることをすでに学んだ。この W [J/kg] に流体の質量流量 w [kg/s] をかけると，流体輸送の理論動力 L_w が求められる。

$$L_w = Ww\,[\text{J/s}] = Ww\,[\text{W}] = \frac{Ww}{1\,000}\,[\text{kW}] \tag{3-20}$$

[①] 水動力(water power)ともいう。

B 軸動力と効率

流体輸送機に供給される動力の一部は，必ず流体輸送機内部での摩擦などによって消費される。そのため，流体を輸送するとき，流体輸送機の軸に与えなければならない動力は，理論動力に摩擦などで消費される動力を加えたものに等しい。これを**軸動力**（所要動力）といい，L_s [kW] で表す。

流体輸送機に供給される動力のうち，有効に使われる動力の割合を，その流体輸送機の**効率**といい，これを η とすると，

$$\eta = \frac{L_w}{L_s} \qquad (3\text{-}21)$$

で表される。η の値は常に 1 よりも小さい（η を 100 倍して % で表すこともある）。

式(3-20)および式(3-21)から，軸動力 L_s を求める次の式が得られる。

$$L_s = \frac{Ww}{1\,000\,\eta} \qquad [\text{kW}] \qquad (3\text{-}22)$$

例題 11

鉛直の配管により，水を毎時 10 t の割合で 20 m の高所へくみ上げている。ポンプの効率を 60 % とすると，軸動力は何 kW か。ただし，流れのエネルギー損失は 7.0 J/kg で，水面と高所の吐出し口はともに大気に開放されている。

解答

高所への液体輸送であるから，式(3-15)を用いて，ポンプによって与えなければならないエネルギー W [J/kg] を求めると，

$$W \fallingdotseq g(Z_2 - Z_1) + F = 9.8 \times 20 + 7.0 = 203 \ [\text{J/kg}]$$

質量流量　$w = 10\,\text{t/h} = 10 \times \dfrac{1\,000\,\text{kg}}{3\,600\,\text{s}} = 2.78\,\text{kg/s}$

ポンプの効率　$\eta = 60\,\% = 0.60$

軸動力　$L_s = \dfrac{Ww}{1\,000\,\eta} = \dfrac{203 \times 2.78}{1\,000 \times 0.60} = 0.94 \ [\text{kW}]$

問 23 比重 1.10 の溶液を，貯槽の液面から 30 m の高さにあるタンクへ，毎時 5.0 m³ の割合でくみ上げている。流れのエネルギー損失を 12 J/kg とし，ポンプの効率を 65 % とすれば，軸動力はいくらになるか。ただし，貯槽の液面の圧力とタンクへの流出口の圧力は，ともに大気圧に等しい。

7 流量の測定

化学工場では，流体の流量を測定することが非常に重要であり，各種の**流量計**がその特徴を生かして用いられている[①]。
flowmeter

ここでは，オリフィス流量計とピトー管について学ぶ。

A オリフィス流量計

図3-30のように，まっすぐな管の途中に[②]，図3-31のような中央に円孔(オリフィス)のあいたオリフィス板を挿入すると，オリフィス板の前後で差圧$(P_1 - P_2)$が生じる。この差圧を測定すれば，式(3-23)によって流量を計算することができる。この装置を**オリフィス流量計**という。
orifice meter

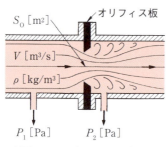
▲図3-30 オリフィス流量計

▲図3-31 オリフィス板

$$V = CS_O \sqrt{\frac{2(P_1 - P_2)}{\rho}} \quad [\mathrm{m^3/s}] \quad (3\text{-}23)$$

V：流量　[m³/s]
S_O：オリフィス板の円孔の面積　[m²]
ρ：流体の密度　[kg/m³]
P_1：オリフィス板の上流側の圧力　[Pa]
P_2：オリフィス板の下流側の圧力　[Pa]

式(3-23)のCは**流量係数**とよばれ，一般に，円孔の面積と管の断面積との比(しぼり面積比)，圧力取出し口の位置，レイノルズ数Re，管内壁の粗さなどによって変わる値である。個々のオリフィス流量計について水または空気などを用いて，Reと流量係数Cとの関係をあらかじめ求めておくか，または JIS[③] の規格どおりに製作して，JIS に示された流量係数の値を用いる(JIS Z 8762 参照)。概略の計算を行う場合には，流量係数は0.6とすればよい。
flow coefficient

オリフィス流量計は，構造が簡単なわりに精度が高いので，化学工場では最も広く用いられているが，圧力損失が大きいことが欠点である。

---

① p.216 参照。
② オリフィス板の上流側の管は，管の内径の 20〜60 倍の長さにわたってまっすぐでなければならない。また，下流側にも内径の数倍のまっすぐな部分が必要である(JIS Z 8762 参照)。
③ p.236 参照。

70　第3章　液体と気体の流れ

B ピトー管

ピトー管は，局部的な流速を測定する装置である。
Pitot tube

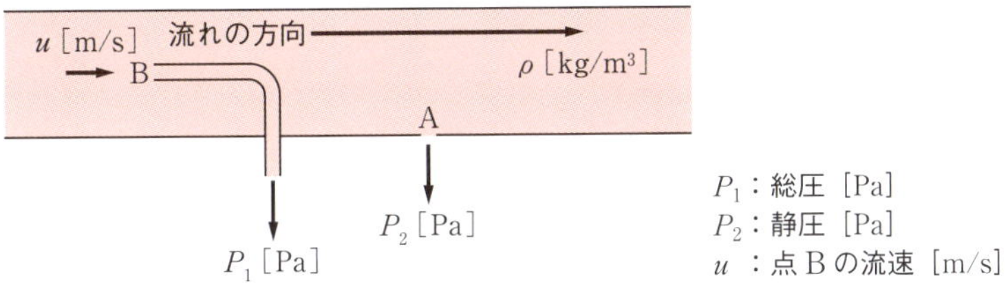

P_1：総圧 [Pa]
P_2：静圧 [Pa]
u：点Bの流速 [m/s]

流体自身がもっている圧力を**静圧**(static pressure)，流体の運動エネルギーが圧力エネルギーに変化することによって生じた圧力を**動圧**(dynamic pressure)といい，静圧と動圧の和を**総圧**(total pressure)という。

▲図3-32　ピトー管の原理

管内に密度 ρ [kg/m^3] の流体が流れているとき，流れの途中に図3-32のような細孔を設ける。管壁に直角に取り付けた開口Aには，静圧 P_2 [Pa] が加わり，流れに向けた開口Bには総圧 P_1 [Pa] が加わるので，差圧$(P_1 - P_2)$[Pa] を測定し，次の式によって点Bの流速 u を計算する。

$$u = C \sqrt{\frac{2(P_1 - P_2)}{\rho}} \quad [\mathrm{m/s}] \tag{3-24}$$

式(3-24)の C はピトー係数とよばれ，実験によって求められる。

なお，JIS B 8330規格の寸法に基づいて製作されたピトー管では，ピトー係数 C を1としても支障がないとされている。ピトー管は，圧力損失がほとんどなく，気体の流速の測定などによく用いられている。

> **参考**　ピトー管で測定されるのは，流れの1点の流速であるから，流量を求めるには，流れの断面上の各点の流速を測定して平均流速を求め，これに流れの断面積を掛けなければならない。

C U字管マノメーターと逆U字管マノメーター

オリフィス流量計やピトー管で流量または流速を求めるためには，差圧$(P_1 - P_2)$を測定する必要がある。差圧の測定には，工業的には差圧伝送器[1]が広く用いられているが，実験室や小規模測定には，U字管マノメーターや，逆U字管マノメーターもよく用いられる。ただし，逆U字管マノメーターは流体が液体の場合にかぎられる。

---

[1]　p.219参照。

3節　管内の液体・気体の流れ　**71**

1. U字管マノメーター

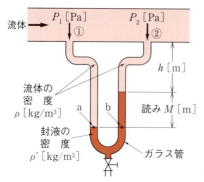

▲図3-33 U字管マノメーター

図3-33で，流体の密度を ρ [kg/m³]，封液の密度を ρ' [kg/m³]，重力の加速度を g [m/s²] とすると，a，b面における圧力 P_a [Pa]，P_b [Pa] はそれぞれ次のようになる。

$$P_a = P_1 + \rho g(h + M) \quad [\text{Pa}]$$

$$P_b = P_2 + \rho g h + \rho' g M \quad [\text{Pa}]$$

a，b両面の圧力はつり合っているので，$P_a = P_b$ とおいて整理すると，

$$P_1 - P_2 = g(\rho' - \rho)M \quad [\text{Pa}] \tag{3-25}$$

となる。g，ρ'，ρ の値はわかっているから，M を測定すれば差圧を知ることができる。

例題 12 常温・常圧の空気(密度 1.2 kg/m³)が流れている管径一定の水平管内の2点間の差圧を，水(密度 1.0×10^3 kg/m³)を封液としたU字管マノメーターで測定したところ，その読みが93 mmであった。2点間の差圧を求めよ。

解答

流体(空気の密度) $\rho = 1.2$ kg/m³

封液(水)の密度 $\rho' = 1.0 \times 10^3$ kg/m³

マノメーターの読み $M = 93$ mm $= 0.093$ m

重力の加速度 $g = 9.8$ m/s²

式(3-25)から

(差圧) $= 9.8 \times (1.0 \times 10^3 - 1.2) \times 0.093 = 910$ [Pa]

問 24 比重0.90の液体が管内を流れている。水(密度 1.0×10^3 kg/m³)を封液としたU字管マノメーターを用いて，上流と下流の2点間の差圧を測定したところ，その読みは153 mmであった。2点間の差圧を求めよ。ただし，管内の液体と水とは互いに溶け合わない。

例題 13

オリフィス流量計にU字管マノメーターがつながれている。U字管マノメーターの読み M から，流量 V を求める式を導け。

解答

式(3-25)の $P_1 - P_2 = g(\rho' - \rho)M$ を 式(3-23)の $V = CS_O \sqrt{\dfrac{2(P_1 - P_2)}{\rho}}$ に代入すると，

$$V = CS_O \sqrt{2g \dfrac{\rho' - \rho}{\rho} M}$$

となる。

問 25 常温・常圧の空気(密度 1.2 kg/m^3)が，孔径 20 mm のオリフィス板を挿入した内径 200 mm の管内を流れている。水を封液としたU字管マノメーターの読みが 260 mm であった。流量係数を 0.62 として流量 $[\text{m}^3/\text{s}]$ を求めよ。

問 26 例題 13 のように，式(3-25)をピトー管の式(3-24)に代入して，U字管マノメーターの読み M から流速 u を求める式を導け。また，管内を流れる空気の流速を測定するために，管内にピトー管を設け，水を封液とするU字管マノメーターを用いて総圧と静圧との差を読んだところ 20 mm であった。その点での流速 $[\text{m/s}]$ を計算せよ。ただし，空気の密度を 1.2 kg/m^3 とする。

●2. 逆U字管マノメーター

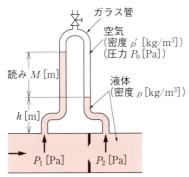

▲図 3-34 逆U字管マノメーター

図 3-34 で，液体の密度を $\rho \ [\text{kg/m}^3]$，空気の圧力を $P_0 \ [\text{Pa}]$，重力の加速度を $g \ [\text{m/s}^2]$ とすると，

$$P_1 = P_0 + \rho g(h + M) \quad [\text{Pa}]$$
$$P_2 = P_0 + \rho g h \quad [\text{Pa}]^{①}$$

であるから，

$$P_1 - P_2 = \rho g M \quad [\text{Pa}] \quad (3\text{-}26)$$

---

① 空気柱(長さ M [m])の重さによって生じる圧力は，きわめて小さいので無視した。

となる。ρ と g の値はわかっているから，M を測定すれば差圧を知ることができる。

例題 14

オリフィス流量計に逆 U 字管マノメーターがつながれている。逆 U 字管マノメーターの読み M から，流量 V を求める式を導け。

解答

式(3-26)の $P_1 - P_2 = \rho g M$ を 式(3-23)の $V = CS_O \sqrt{\dfrac{2(P_1 - P_2)}{\rho}}$ に代入すると，

$$V = CS_O \sqrt{2gM}$$

となる。

問 27 常温の水が，孔径 15 mm のオリフィス板を挿入した内径 45 mm の管内を流れている。逆 U 字管マノメーターの読みが 150 mm のときの，およその流量 [m³/s] を求めよ。ただし，流量係数は 0.6 とせよ。

問 28 常温の水が，孔径 20 mm のオリフィス板を挿入した 50 A 鋼管内を流れている。逆 U 字管マノメーターの読みが 200 mm のときの，管内の流量 [m³/h] と平均流速 [m/s] を求めよ。ただし，流量係数は 0.61 とせよ。

章末問題

1. 20 A 鋼管および 32 A 鋼管の断面積はそれぞれ何 m^2 か。

2. 50 A 鋼管内を平均流速 2.5 m/s で水が流れている。流量は毎分何 m^3 か。

3. ある溶液が，90 A 鋼管内を平均流速 2.0 m/s で流れている。流量は毎時何 m^3 か。

4. 空気を毎分 $6.0\,m^3$ の割合で送りたい。4 B 鋼管を用いるとすると，平均流速はいくらになるか。

5. 1 B 鋼管を用いて毎時 $2.8\,m^3$ の割合で油を送るときの，管内の平均流速を求めよ。

6. 内径 80 mm の管を用いて，ある水溶液を毎時 $30\,m^3$ の割合で送るとき，管内の平均流速はいくらになるか。図 3-22(p.54)から読み取った値と，計算値とを比較せよ。

7. ある油を，毎時 $20\,m^3$ の割合で輸送したい。管内の平均流速を 1.0～1.5 m/s にするには，付録 7 のどの鋼管を用いればよいか。図 3-22(p.54)を利用して選定せよ。また，選定した鋼管を用いるとき，管内の平均流速はいくらになるか。

8. 180 ℃ の飽和水蒸気を，毎時 $1000\,m^3$ の割合で送りたい。平均流速が約 40 m/s になるような管を付録 7 から選定せよ。

9. 比重 1.03 の水溶液が，65 A 鋼管内を平均流速 2.0 m/s で流れている。質量流量は毎分何 kg か。

10. 比重 0.87 の油が，15 A 鋼管内を毎時 500 kg の割合で流れている。管内の平均流速を求めよ。

11. 1 B 鋼管内を油(密度 800 kg/m^3，粘度 7.5×10^{-3} Pa·s)で流れている。層流状態が保てる流速 [m/s] および流量 [m^3/h] を求めよ。

12. 10 A 鋼管内を(1) 277 K の水と，(2) 273 K，101.3 kPa の空気(粘度 1.72×10^{-5} Pa·s)が流れている。それぞれの流れの状態を，乱流にしたい場合の平均流速を求めよ。

13. 50 A 鋼管の下流に，40 A 鋼管を接続した配管がある。40 A 鋼管から流出する水量を測定したところ，100 L たまるのに 50 秒かかった。管内の平均流速はそれぞれいくらか。

14. 地上 10 m の高さにあるタンクの底部から 20 A 鋼管が降りてきて，その出口は地上 1.2 m の高さにある。タンク内の水深が 1.5 m に保たれているとすると，20 A 鋼管から流出する水の流速 [m/s] と流量 [m^3/h] はいくらか。ただし，流れのエネルギー損失は無視する。

15. 水を 65 m^3/h の割合で 80 m の高所にあるタンクへ送っている。流れのエネルギー損失を 16 J/kg とすると，ポンプが水に与えているエネルギーは，水 1 kg あたりおよそいくらになるか。

16. 20 ℃ の水が毎時 $1.0\,m^3$ の割合で 15 A 鋼管内を流れるとき，管内の流れの状態は層流か乱流か。

17. 内径 8.0 mm のガラス管に 20 ℃，101.3 kPa の空気を 1.0 m/s の平均流速で流すときの，レイノルズ数を求めよ。

章末問題 **75**

18. 2 B 鋼管を用いて，比重 0.90，粘度 0.10 Pa·s の油を，10 m³/h の割合で水平に 1.0 km 送るとき，摩擦による流れのエネルギー損失および圧力損失はそれぞれいくらか。

19. 毎時 15 t の水を，高さ 30 m のタンクへくみ上げるのに要するポンプの軸動力を求めよ。ただし，流れのエネルギー損失を 10 J/kg とし，ポンプの効率を 60 % とする。

20. 80 A 鋼管を用いて，比重 0.85，粘度 0.065 Pa·s の油を 10 m³/h の割合で水平方向に 500 m 送るとき，理論動力はおよそ何 kW か。

21. 500 A 鋼管を用いて油（密度 800 kg/m³，粘度 0.200 Pa·s）を 1 日あたり 10 000 m³ 輸送するのに必要なポンプの理論動力を求めよ。ただし，油を輸送する水平距離は 10 km とする。

22. 装置内を流れている常温の気体（密度 1.4 kg/m³）の，ある点における流速をピトー管ではかった。差圧を測定するため水を封液とする U 字管マノメーターを用いたところ，読みが 28 mm であった。この点での気体の流速を求めよ。

23. 次の用語の意味を簡単に説明せよ。

　　　ブルドン管圧力計　　レイノルズ数　　圧力損失
　　　U 字管マノメーター　　オリフィス流量計

STC　流れの状態を考えてみよう

1. 下図のように，管径や流体の平均流速や粘度などを変えると，流れの状態がどのように変化する可能性があるのか，予想してみよう。

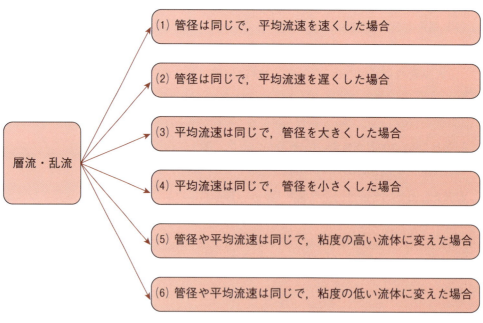

2. 鋼管・非鉄金属管・非金属管にはどのようなものがあるのか，また，その特徴と用途の違いについて調べてまとめよう。

熱の取り扱い

第 **4** 章

化学実験といえば，すぐに加熱器具としてのガスバーナーを思い出すように，化学反応と熱は重要な関係がある。化学工業における熱の働きやその取り扱いの重要性は，化学実験の場合よりさらに大きい。

熱は目にみえないので，熱の出入りをとらえるのは簡単ではない。しかし，熱の定量的な取り扱いができなければ化学工業は成り立たないといってもよい。

この章では熱の扱い方について学ぶ。

硫酸プラント

1節 熱の移動と熱の基礎知識

この節で学ぶこと

化学工業では，加熱・冷却など，熱を移動させる操作が多い。原料の予熱や反応により発生した熱の除去などだけでなく，生成物の分離・精製のための蒸留・蒸発などの操作も熱の移動をともなっている。この節では，熱の移動と熱の基礎知識について学ぶ。

1 熱の移動のしかた

化学プロセスでは，加熱や冷却などのように熱を速く移動①させたい場合と，保温や保冷のように熱をできるだけ移動させたくない場合とがある。熱を速く移動させたり，移動しないようにさせたりするためには，熱の移動のしかたや熱が移動する速さについて理解する必要がある。

A 伝導・対流・放射

熱の移動のしかた（伝わり方）には，伝導・対流・放射の三つのしくみがある。

● 1. 伝導による熱の移動　金属棒の一端を加熱すると，熱がしだいに棒の中を伝わって，もう一方の端まで熱くなる（図 4-1）。このように，物体中を高温部から低温部へと熱が移動する現象を**伝導**（**熱伝導**，**伝導伝熱**）という。
heat conduction

▲図 4-1　熱伝導

熱伝導は，物体を構成する物質の原子や分子の熱振動が，隣り合う原子や分子に次々と伝わっていくことによって起こる移動現象で，固体だけでなく，気体や液体でも起こる。熱伝導は熱振動のほか，自由電子の動きによっても起こるので，金属は熱を伝えやすい。

熱の伝わり方が物質ごとに異なることは，生活の中でもみられ，たとえば，汁物を入れるお椀には熱が伝わりにくい木製が多い。

物質の熱の伝わりやすさを表す値を**熱伝導率**といい，単位は W/(m·K) である。
thermal conductivity

熱伝導率は物質によって大きさが異なる。一般に，金属の熱伝導率は大きく，非金属や液体の熱伝導率は小さい。また，気体の熱伝導率はきわめて小さい（表 4-1）。

---

① 熱が移動することを，熱が伝わるともいう。「熱移動」や「伝熱」も，同じような意味に使われている。

▼表 4-1　熱伝導率の例

物　質	熱伝導率 [W/(m・K)]
銅(0 ℃)	403
金(0 ℃)	319
炭素鋼(0 ℃)	50
18-8 ステンレス鋼(0 ℃)	15
耐火れんが(600 ℃)	1.1
パイレックスガラス(30～75 ℃)	1.1
コンクリート(常温)	1
ポリエチレン(常温)	0.25～0.34
木材(乾)(18～25 ℃)	0.14～0.18
けいそう土(25～650 ℃)	0.07～0.1
水(0 ℃)	0.561
空気(0 ℃)	0.0241
二酸化炭素(0 ℃)	0.0145

(国立天文台編「理科年表(2020 年)」による)

●**2. 対流による熱の移動**　　やかんに水を入れて火にかけると，底に接した水が温まって密度が小さくなるため上昇し，それとともに冷たい水が下降して，図 4-2 のような流れが生じる。このような流れを**自然対流**という。一方，かくはんなどの外力によって起こる流れを**強制対流**という。こうした**対流**によっても熱が移動する。もし，流体内部に温度差があると，対流による伝熱とは別に，熱伝導も生じることになる。

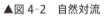
▲図 4-2　自然対流

●**3. 放射による熱の移動**　　図 4-3 のようにストーブのそばにいると，ストーブのほうに向いた面が温かくなる。これは，熱が熱放射線とよばれる電磁波(おもに赤外線)の形で直接伝わるためである。

物体が熱放射線を放出する現象を**熱放射**といい，熱放射によって熱が移動することを**放射伝熱**という。

熱放射線は，光と同様に空間を直進する。そして物体の温度が高いほど，単位面積あたりに放出される熱放射のエネルギーは大きい。したがって，高温物体と低温物体が空間をへだてて置かれていても，熱は高温物体から低温物体へと，物質を媒体としないで移動することができる。太陽から地球へ熱が伝わるのも，放射伝熱である。

▲図 4-3　放射伝熱

2　熱の基礎知識

熱を加えても，温度は上昇するとはかぎらず，変化しないこともある。また，同じ熱を加えても，物質が異なれば同じ温度にはならない。物質の基本的性質を確認しよう。

A　顕熱と潜熱

図4-4のように水を加熱するとしだいに温度が上昇する。しかし，沸騰がはじまると，温度はそれ以上上昇しない。このように，熱が物質に出入りするとき，物質の温度が変わる場合と，物質の温度が変わらないで相変化(蒸発・凝縮・融解・凝固など)のみが起こる場合がある。

物質の温度が変わる場合に出入りする熱を**顕熱**(sensible heat)，物質の温度が変わらないで相変化が起こる場合に出入りする熱を**潜熱**(latent heat)とよぶ。

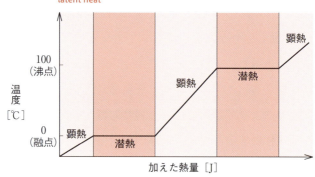

▲図4-4　水の状態変化と温度

B　熱容量と比熱容量

物質の温度を1K[①]だけ上昇させるのに必要な熱量を**熱容量**(heat capacity)といい，単位はJ/Kである。同じ物質では，熱容量はその物質の質量に比例する。

同じ質量の物質でも，その種類によって温まりやすいものと温まりにくいものとがある。この温まりやすさの一つの表し方として**比熱容量**(specific heat capacity)[②]がある。比熱容量とは，質量1kgの物質の温度を1Kだけ上昇させるのに必要な熱量[③]をいい，その単位はJ/(kg・K)である[④]。比熱容量の小さい物質ほど温まりやすく，また冷えやすい。

いま，比熱容量 c [kJ/(kg・K)]，質量 m [kg] の物質を加熱したとき，温度が t_1 [℃] から t_2 [℃] まで上昇したとすると(図4-5)，加熱に必要な熱量 Q は，次の式で表される。

$$Q = cm(t_2 - t_1) \quad [kJ] \tag{4-1}$$

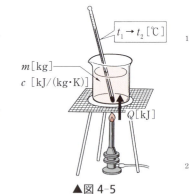

▲図4-5

---

① 温度差の単位にはKを用いるが，℃を用いてもよい。
② **比熱**(specific heat)ともいう。
③ 1 molの物質の熱容量を**モル熱容量**という。
④ 実際にはkJ/(kg・K)を用いることが多い。

80　第4章　熱の取り扱い

したがって，比熱容量 c は，次の式で求められる。

$$c = \frac{Q}{m(t_2 - t_1)} \qquad [\text{kJ}/(\text{kg}\cdot\text{K})] \qquad\qquad (4\text{-}2)$$

問 1 比熱容量 $2.3\,\text{kJ}/(\text{kg}\cdot\text{K})$ の液体 $10\,\text{kg}$ を，$20\,℃$ から $60\,℃$ まで加熱するには，何 kJ の熱が必要か。

問 2 ある液体 $2.0\,\text{kg}$ を，$20\,℃$ から $70\,℃$ まで加熱するのに，$250\,\text{kJ}$ の熱を必要とした。この物質の比熱容量を求めよ。

比熱容量の値は，物質の種類や状態によって異なり，同じ物質でも温度によって多少変わる（表 4-2）。また，圧力が高くなると気体の比熱容量の値は大きくなるが，固体や液体の比熱容量は，圧力が変化してもほとんど影響を受けない。

▼表 4-2　比熱容量の例

物　　質	比熱容量 [kJ/(kg·K)]
鉄	0.448　（25 ℃）
アルミニウム	0.901　（25 ℃）
コンクリート	約 0.8　（25 ℃）
ガ　ラ　ス	約 0.7(10〜50 ℃)
エタノール	2.42　（25 ℃）
水	4.22　（0 ℃）
〃	4.18　（25 ℃）
〃	4.20　（85 ℃）

(国立天文台編「理科年表(2020 年版)」による)

気体の比熱容量の値は，圧力一定のもとで加熱するか，体積一定のもとで加熱するかにより異なる。圧力一定の場合の比熱容量を**定圧比熱容量**，体積一定の場合の比熱容量を**定容比熱容量**という。定圧比熱容量は，気体が温度上昇によって膨張するとき外部に対して行う仕事の分だけ，定容比熱容量よりも値が大きい。

水の比熱容量[1]は 0〜120 ℃ の間では約 $4.2\,\text{kJ}/(\text{kg}\cdot\text{K})$ である。また，$101.3\,\text{kPa}$ のもとでの水蒸気の定圧比熱容量は，100〜150 ℃ の間では約 $2.0\,\text{kJ}/(\text{kg}\cdot\text{K})$ である。

C 相変化と潜熱　潜熱は，物質 $1\,\text{kg}$（または $1\,\text{kmol}$）が相変化するのに必要な熱量で表す。潜熱の大きさは物質の種類や相変化の種類（融解や蒸発など）によって異なるが，同じ物質でも相変化が起こる温度によって変わる。しかし，蒸発と凝縮，あるいは融解と凝固のように，相変化の向きが反対方向の場合の潜熱の大きさは同じである。水の蒸発潜熱は，100 ℃ では $2256\,\text{kJ}/\text{kg}$ であるが，温度が高くなると小さくなる（付録 6. 参照）。

問 3 $20\,℃$ の水 $10\,\text{kg}$ を加熱して，100 ℃ で沸騰させ，100 ℃ の水蒸気とするために必要な熱は何 kJ か。

---

[1]　本書では，固体・液体については，定圧比熱容量を比熱容量と略記する。

1 節　熱の移動と熱の基礎知識　**81**

3 熱媒としての水蒸気

化学工業のプロセスでは，物質を加熱するのに直火式を用いると，局部的な過熱が生じて，熱せられた物質が変質しやすくなる。それを避けるために，温度や伝熱量の調節の容易な間接加熱がよく用いられる。間接加熱とは，たとえば，まず水を直火で加熱して水蒸気を発生させ，この水蒸気で目的の物質を加熱する，というような方法である。この水蒸気のように熱を運ぶ働きをする流体のことを，**熱媒**（**熱媒体**）という。
heating medium

A 水蒸気

熱媒として使われる物質には，熱を多量に伝えることができることと腐食性が小さいことが求められ，水蒸気が最も広く使われている。

水と平衡状態にある水蒸気の圧力（水蒸気圧）は温度により変化するが，温度が決まれば水蒸気圧も決まる。このときの水蒸気を**飽和水蒸気**といい，そのときの温度を**飽和温度**，圧力を**飽和水蒸気圧**という（図4-6）。この関係を付録6.飽和水蒸気表に示す。
saturated steam

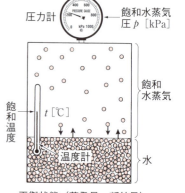

▲図4-6 水と水蒸気

飽和水蒸気を同じ圧力のもとで加熱すると，飽和温度より高い温度の水蒸気になる。これを**過熱水蒸気**（**過熱蒸気**）といい，過熱水蒸気の温度と飽和温度との差を**過熱度**という。
superheated steam

たとえば飽和温度が130℃の過熱水蒸気の温度を150℃にすれば過熱度は20℃になる。過熱度が高いほど水蒸気が凝縮しにくくなるので，過熱水蒸気はよく利用され，ボイラーの場合でも，発生させた飽和水蒸気をさらに加熱し過熱水蒸気とすることが行われる[①]。

問4 飽和温度120℃の飽和水蒸気を，飽和水蒸気圧（199 kPa）のもとで130℃まで加熱した場合の過熱度はいくらか。

B 水蒸気のもっている熱量

0℃の水を，一定圧力のもとで加熱して，ある温度の水または水蒸気にした場合，加熱に要した熱量と同じ熱量を，その水または水蒸気がもっていると考えることができる[②]。この量を水1 kgあたりの熱量 i [kJ/kg] で表すと，たとえば，150℃，101.3 kPaの過熱水蒸気のもっている熱量 i は，図4-7に示すように，2780 kJ/kgとなる。

[①] p.122，第5章5節ボイラー参照。
[②] ある状態の物質がもっている熱量のことを**エンタルピー**（熱含量，enthalpy）という。エンタルピーの値は，適当な基準状態のときの値を0とし，その状態が一定圧力のもとで，ある状態に変化するのに必要な熱量で表される。ここでは0℃の水を基準状態としている。
エンタルピーは量記号 H で表し，状態1から状態2へのエンタルピー変化は ΔH と表す。

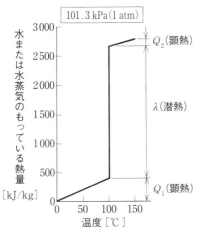

0 ℃の水が 100 ℃の水になるとき，
$$Q_1 = 4.2 \times (100 - 0) = 420 \, [\text{kJ/kg}]$$
100 ℃で水が水蒸気に変わるとき，
$$\lambda = 2256 \, \text{kJ/kg}$$
100 ℃の水蒸気が 150 ℃の水蒸気になるとき，
$$Q_2 = 2.0 \times (150 - 100) = 100 \, [\text{kJ/kg}]$$
150 ℃の水蒸気のもっている熱量は，
$$i = Q_1 + \lambda + Q_2 = 420 + 2256 + 100$$
$$= 2776 \fallingdotseq 2780 \, [\text{kJ/kg}]$$

▲図 4-7　過熱水蒸気のもっている熱量

問 5　120 ℃，圧力 101.3 kPa の水蒸気のもっている熱量を求めよ。

問 6　120 ℃，圧力 199 kPa の水蒸気のもっている熱量を求めよ。

飽和水蒸気のもっている熱量の値を，付録 6. に示す。

例題 1 は，飽和水蒸気を熱媒として利用する場合の熱量の計算例である。

例題 1　熱交換器にゲージ圧 20 kPa の飽和水蒸気を送り，80 ℃ の凝縮水として排出すると，水蒸気 1 kg あたり，どれだけの熱を放出したことになるか。

解答　この飽和水蒸気の絶対圧は，
$$(\text{ゲージ圧}) + (\text{大気圧}) = 20 + 101 = 121 \, [\text{kPa}]$$
ゆえに，この飽和水蒸気のもっている熱量 i_1 は，付録 6 から，
$$i_1 = 2683 \, \text{kJ/kg}$$
また，凝縮水のもっている熱量 i_2 は，
$$i_2 = 4.2 \times (80 - 0) = 336 \, [\text{kJ/kg}]$$
この水蒸気の放出した熱量は，両者の熱量の差に等しいから，
$$i_1 - i_2 = 2683 - 336 = 2347 \fallingdotseq 2350 \, [\text{kJ/kg}]$$

問 7　ゲージ圧 42 kPa の飽和水蒸気が凝縮して 60 ℃ の水になった。水蒸気 1 kg あたり放出した熱量を求めよ。

2節 熱交換器

この節で学ぶこと

化学工場では，流体の温度を変えるために，温度の異なる他の流体と熱のやりとりを行わせている。そのために用いられる装置を**熱交換器**（heat exchanger）という。この節では，熱交換器の構造と熱収支について学ぶ。

1 熱交換器の構造

図4-8(a)は熱交換器の基本構造を示したものである。このように熱交換器では，隔壁をはさんで温度の異なる二つの流体を流していることが多い。この隔壁の部分を拡大すると，図4-9に示すように，熱を高温流体から固体壁を通して低温流体へ伝えている。

熱交換器のうち構造の最も簡単なものは，図4-8(a)に示した**二重管式熱交換器**で，内管と外管とからできている。実験室で用いられるリービッヒ冷却器も，二重管式熱交換器である。流れの方式には，**並流**，**向流**および**十字流**があるが（図4-10），ふつうは効率のよい向流が多く用いられている。また，図4-8(b)のように管を連結させることにより，**伝熱面積**（熱を伝える部分の表面積）を大きくすることができる。

なお，熱交換器を高温流体の冷却，低温流体の加熱，蒸気の凝縮，液体の沸騰（蒸発）などの目的に用いる場合は，それぞれ冷却器，加熱器，凝縮器，蒸発器などとよぶことがある。

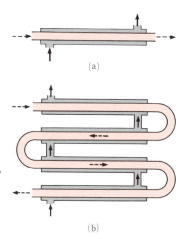

▲図4-8 二重管式熱交換器

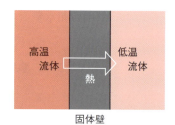

▲図4-9 熱交換器の原理

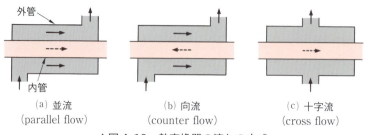

▲図4-10 熱交換器の流れの方式

多管式熱交換器(図4-11)は，多数の直管またはU字管を円筒形の胴の中に並べたもので，管内を流れる流体と，管と胴との間を流れる流体との間で熱交換を行わせる。胴の容積のわりに伝熱面積が大きいという利点があり，最も広く用いられている。なお，表面に溝や**ひれ**(フィン)をつけた管を用いれば，伝熱面積をさらに大きくすることができる。

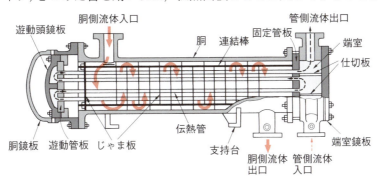

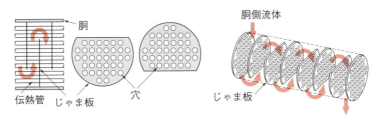

▲図4-11　多管式熱交換器

コイル式熱交換器(図4-12)は，らせん状に巻いた伝熱管を容器内に挿入したもので，小容量の熱交換に使われる。

ジャケット式熱交換器(図4-13)は，容器のまわりを二重壁とし，その間に水蒸気または水を通して加熱または冷却を行うもので，蒸発操作や反応操作などに用いられる。

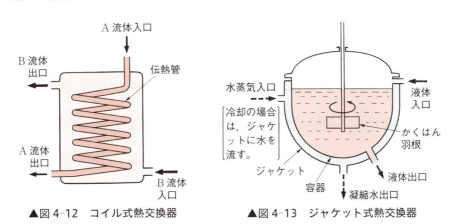

▲図4-12　コイル式熱交換器　　▲図4-13　ジャケット式熱交換器

プレート式熱交換器(図4-14)は，凹凸のある金属板(プレート)を多数重ね，そのすきまに一つおきに高温流体と低温流体を流して熱交換を行うものである。必要に応じて金属板の枚数を増減することができ，分解掃除が容易である，などの長所がある。

2節　熱交換器　85

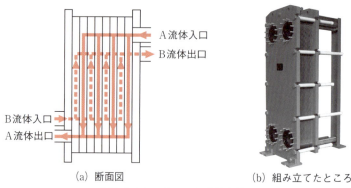

(a) 断面図　　　　　　　(b) 組み立てたところ
▲図4-14　プレート式熱交換器

2 熱交換器の熱収支

　熱交換器の中を流れる2種の流体の流量と温度との関係を，図4-15の二重管式熱交換器(向流)について考えてみよう。

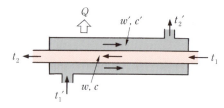

$c,\ c'$：高・低温流体の比熱容量　[kJ/(kg·K)]
$t_1,\ t_1'$：高・低温流体の入口温度　[℃]
$t_2,\ t_2'$：高・低温流体の出口温度　[℃]
$w,\ w'$：高・低温流体の質量流量　[kg/s]
Q：熱損失　　　　　　　　　[kW]

▲図4-15　二重管式熱交換器(向流)の熱収支

　まず，熱交換器内で相変化(蒸発，凝縮など)が起こらない場合を考える。

　比熱容量 c [kJ/(kg·K)]，温度 t_1 [℃]，質量流量 w [kg/s] の高温流体と，比熱容量 c' [kJ/(kg·K)]，温度 t_1' [℃]，質量流量 w' [kg/s] の低温流体とが互いに熱交換して，それぞれの温度が t_2 [℃]，t_2' [℃] になり，熱交換器表面からの熱損失が Q [kW][①]であったとすると，次のような熱収支の関係が成り立つ。

$$cw(t_1 - t_2) = c'w'(t_2' - t_1') + Q \quad [\text{kW}] \qquad (4\text{-}3)$$

---

① 1 W = 1 J/s，1 kW = 1 kJ/s である。

例題 2

温度 80 ℃，比熱容量 1.8 kJ/(kg・K) の液体を，0.14 kg/s の割合で二重管式熱交換器の内管に流し，40 ℃ まで冷却したい。その外側に 20 ℃ の冷却水を向流に流し，出口温度が 30 ℃ になるようにするには，冷却水量をいくらにすればよいか。ただし，熱損失はないものとする（図 4-16）。

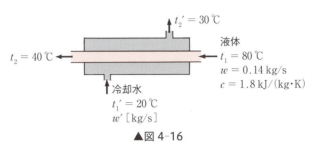

▲図 4-16

解答

式(4-3)において，
$c = 1.8\,\text{kJ/(kg·K)}$, $w = 0.14\,\text{kg/s}$, $t_1 = 80\,℃$, $t_2 = 40\,℃$,
$c' = 4.2\,\text{kJ/(kg·K)}$, $t_1' = 20\,℃$, $t_2' = 30\,℃$, $Q = 0\,\text{kW}$
であるから，所要冷却水量を $w'\,[\text{kg/s}]$ とすると，

$$1.8 \times 0.14 \times (80 - 40) = 4.2 \times w' \times (30 - 20)$$

ゆえに，

$$w' = 0.24\,\text{kg/s}$$

問 8 二重管式熱交換器を用いて，比熱容量 2.1 kJ/(kg・K) の液体を，85 ℃ から 35 ℃ に冷却したい。内管にこの液体を 0.18 kg/s の割合で流し，その外側に 20 ℃ の冷却水を 0.30 kg/s の割合で向流に流した場合，冷却水の出口温度は何℃になるか。ただし，熱損失はないものとする。

問 9 並流の場合の熱収支の関係は，どのような式で表されるか。

もし，熱交換器内でどちらかの流体が相変化を起こした場合には，相変化を起こした流体について，相変化にともなう潜熱を追加する必要がある。たとえば，飽和温度 $t_1\,[℃]$ の飽和水蒸気が $w\,[\text{kg/s}]$ の割合で熱交換器に送られ，凝縮して水になり，$t_2\,[℃]$ まで冷却されたときに失った熱量は，水の比熱容量を $c\,[\text{kJ/(kg·K)}]$，$t_1\,[℃]$ における蒸発潜熱を $\lambda\,[\text{kJ/kg}]$ とすると，

$$\lambda w + cw(t_1 - t_2) \quad [\text{kW}]$$

となる。

例題 3

飽和温度 100 ℃ の飽和水蒸気が 0.9 kg/s の割合でジャケット式熱交換器に送られ、凝縮して水になり、85 ℃ まで冷却された。このときに失った熱量は、いくらになるか。ただし、水の比熱容量は 4.2 kJ/(kg·K) とし、熱損失はないものとする（図 4-17）。

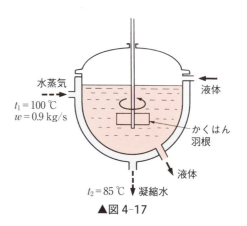
▲図 4-17

解答

蒸発潜熱は、付録 6. 飽和水蒸気表から、$\lambda = 2256$ kJ/kg, $w = 0.9$ kg/s $t_1 = 100$ ℃, $t_2 = 85$ ℃ であるから、失った熱量は

$$2256 \times 0.9 + 4.2 \times 0.9 \times (100 - 85) = 2087 \text{ [kW]}$$

となる。

3節 伝熱の計算

この節で学ぶこと

熱を移動させる操作を伝熱操作またはたんに伝熱とよび，これに用いられる装置を伝熱装置という。ここでは，伝熱装置で熱を利用する計算の基礎と考え方について学ぶ。

1 熱伝達

水がやかんの底に接している部分に注目すると，固体の表面から流体に向かって熱が移動している（図4-18(a)）。このような部分での熱の移動を**熱伝達**という。逆に，流体から固体の表面へ熱が移動する場合もあるが（図4-18(b)），これも熱伝達である。

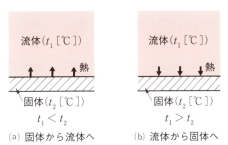

(a) 固体から流体へ　　(b) 流体から固体へ

▲図4-18　熱伝達

一般に，流体を加熱または冷却する際，対流による流体内部での熱の移動は比較的速やかに行われるので，流体と固体表面との間の熱の移動，すなわち熱伝達の速さがおもな問題となる[①]。

2 熱伝導による熱流量

ある面を横切って単位時間に移動する熱量を**熱流量**[②]という。熱流量の単位は J/s すなわち W である。

加熱炉の炉壁や熱交換器の管壁あるいは保温材の内部などでは，熱伝導による熱流量が問題になる。

A フーリエの法則

図4-19のような平面壁において，内面の温度 t_1 [℃]，外面の温度 t_2 [℃] が時間的に変わらない定常状態を考えると，この壁を横切る方向の熱流量 q [W] は，伝熱面積 A [m²] と両面の温度差 $(t_1 - t_2)$ [K] とに比例し，壁の厚さ l [m] に反比例することが実験的に確かめられている。すなわち，次の式のようになる。

$$q = k_s \frac{A(t_1 - t_2)}{l} \quad [\text{W}] \quad (4\text{-}4)$$

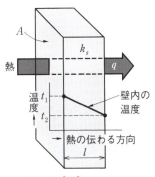

q：熱流量 [W]
t_1：内面の温度 [℃]
t_2：外面の温度 [℃]
l：壁の厚さ [m]
A：伝熱面積 [m²]
k_s：熱伝導率 [W/(m・K)]

▲図4-19　平面壁内の熱伝導

---

① p.94参照。
② 熱流量のことを**伝熱速度**ともいう。なお，単位面積あたりの熱流量を**熱流束**という。

この関係を，熱伝導に関する**フーリエの法則**（Fourier's law）という。ここで，比例定数 k_s は，物質の熱の伝わりやすさを表す熱伝導率[1]で，単位は W/(m·K) である。

式(4-4)を変形すると，次のようになる。

$$q = \frac{t_1 - t_2}{\dfrac{l}{k_s A}} = \frac{\Delta t}{R_s} \quad [\text{W}] \tag{4-5}$$

ただし，$\Delta t = (t_1 - t_2)$ [K]，$R_s = \dfrac{l}{k_s A}$ [K/W] である。

式(4-5)は電流に関するオームの法則と同じ形であり，q，Δt，R_s がそれぞれ電流，電位差，電気抵抗に対応している。R_s は，熱伝導の抵抗とみなすことができる。

例題 4

厚さ 120 mm のれんが壁がある。内面の温度が 250 ℃，外面の温度が 150 ℃ であるとき，壁面 10 m² から失われる熱は何 kW か。ただし，このれんがの熱伝導率は 0.90 W/(m·K) である。

解答

式(4-4)において，$k_s = 0.90$ W/(m·K)，$A = 10$ m²，$l = 0.12$ m，$t_1 = 250$ ℃，$t_2 = 150$ ℃ である。したがって，

$$q = 0.90 \times \frac{10 \times (250 - 150)}{0.12} = 7500 \ [\text{W}] = 7.5 \ [\text{kW}]$$

問 10 厚さ 150 mm の壁がある。内面温度 250 ℃，外面温度 100 ℃ のとき，壁面 1 m² あたり失われる熱は何 W か。ただし，この壁の熱伝導率は 0.75 W/(m·K) である。

B 円管壁内の熱伝導

熱交換器の伝熱管の管壁や，蒸気配管の外側にかぶせた断熱材などのような，円筒形をした固体壁の場合(図 4-20)には，伝熱面積が内側から外側に向かって大きくなるので，式(4-4)をそのまま用いることはできない。その場合は，式(4-4)の A のかわりに，管の内面の面積 A_1 と外面の面積 A_2 から次の式で求めた，**対数平均値**（logarithmic mean） A_{lm} を用いる。

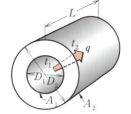

t_1, t_2 ：管の内・外面の温度 [℃]
D_1, D_2 ：管の内・外径 [m]
A_1, A_2 ：管の内・外面の面積 [m²]
L ：管の長さ [m]

▲図 4-20 円管壁内の熱伝導

---

[1] p.79 表 4-1 参照。

ここで，外面の面積は $A_2 = \pi D_2 L$ なので，

$$A_{lm} = \frac{A_2 - A_1}{2.3 \log \dfrac{A_2}{A_1}} = \frac{\pi L (D_2 - D_1)}{2.3 \log \dfrac{D_2}{D_1}} \qquad [\text{m}^2] \tag{4-6}$$

なお，$\dfrac{A_2}{A_1} \left(= \dfrac{D_2}{D_1} \right) < 2$ ならば，対数平均値と平均値[①]との差は小さい[②]ので，

対数平均値のかわりに，近似的に平均値を用いてもよい。

例題 5

80 A 鋼管に厚さ 50 mm の断熱材（$k_s = 0.070$ W/(m·K)）が巻いてある。断熱材内面の温度が 180 ℃，外面の温度が 30 ℃ であるとき，管長 10 m あたりの熱損失は何 W か。

解答

断熱材の内径（80 A 鋼管の外径）　$D_1 = 0.0891$ m

断熱材の外径　$D_2 = 0.0891 + 0.050 \times 2 = 0.1891$ [m]

ここで，$\dfrac{A_2}{A_1} = \dfrac{D_2}{D_1} = \dfrac{0.1891}{0.0891} = 2.12 > 2$　であるから，伝熱面積としては

対数平均値を用いる。式(4-6)を用いて，

$$A_{lm} = \frac{\pi \times 10 \times (0.1891 - 0.0891)}{2.3 \log \dfrac{0.1891}{0.0891}} = 4.18 \ [\text{m}^2]$$

$k_s = 0.070$ W/(m·K)，$l = 0.050$ m，$t_1 = 180$ ℃，$t_2 = 30$ ℃ であるから，式(4-4)から，

$$q = 0.070 \times \frac{4.18 \times (180 - 30)}{0.050} = 878 \ [\text{W}]$$

問 11

25 A 鋼管に厚さ 20 mm の断熱材が巻いてある。断熱材の内・外面の温度を測定したところ，それぞれ 160 ℃，30 ℃ であった。この管 1 m あたりの熱損失を求めよ。ただし，断熱材の熱伝導率を 0.075 W/(m·K)とする。

---

① 本書では，相加平均値を平均値と略記し，2つの正の数 a，b の平均値は $\dfrac{(a+b)}{2}$ である。

② 差は，対数平均値の 4 % 以下である。熱の計算では，この程度の誤差はふつう許容される。

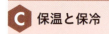 **C 保温と保冷**

反応器，蒸発缶，蒸留塔，蒸気配管などのような高温になる装置は，熱損失を小さくするために，表面を断熱材で覆う。これを**保温**という。
heat insulation

一方，冷凍機などの低温の機器や低温流体の流れる管などは，逆に熱が流入しないように，表面を断熱材で覆う。これを**保冷**という。
cold insulation

断熱材は，熱伝導率が小さいことが必要で，多孔質の材料が一般に用いられる。材料の細孔の中の空気はほとんど対流を起こさないので，このような断熱材の熱伝導率は，固体材料の熱伝導率と空気の熱伝導率との中間の値を示す。

問 12 断熱材にはどのようなものがあるか調べてみよ。

3 熱交換器内の熱流量

 A 二重管式熱交換器内の熱流量

化学プロセスでは，熱交換器の場合のように，固体壁を通して熱をやりとりして流体の温度を調節することが多い。この場合，固体壁内の熱伝導のほかに，固体壁に接している流体内での熱の移動，すなわち熱伝達による伝熱も関係する。熱伝導と熱伝達の両者による伝熱を考慮して，熱交換器内の熱流量について考えてみよう。構造の簡単な二重管式熱交換器を例にとって，その中での二つの流体の温度変化の状況と，その一断面の温度の傾きのようすを図 4-21 に示す。

図の中の拡大図において，流体は紙面に垂直の方向に流れている。この場合，壁面温度 t_s，t_s' はふつう測定が困難で，容易に測定できるのはそれぞれの流体の平均温度 t, t' である。そこで，熱交換器内の熱流量 q [W] は，二つの流体間の温度差 $(t-t')$ [K] と，管壁の内面の伝熱面積 A_1 [m^2] とに比例すると仮定すると，熱交換器の熱流量 q [W] は，次のような式で表される。

$$q = U_1 A_1 (t - t') = \frac{t - t'}{\dfrac{1}{U_1 A_1}} \quad [\text{W}] \tag{4-7}$$

U_1 は，A_1 面基準の**総括伝熱係数**（または**熱貫流係数**）とよばれる値で，単位は W/(m^2·K)
overall coefficient of heat transfer
である[①]。式 (4-7) は，熱交換器内のある横断面について考えた式であるが，熱交換器内の二つの流体間の温度差は，図 4-21 の (a)，(b)，(d)，(e) に示したように，流れの方向に沿って変化する場合が多い。このような場合には，二つの流体間の温度差 $(t-t')$ として，両端の温度差 Δt_1，Δt_2 の対数平均値 Δt_{lm} を用いれば，式 (4-7) を熱交換器全体にあてはめることができる。

---

① 管壁外面の面積 A_2 を用いて $q = U_2 A_2 (t - t')$ としてもよい。この場合，U_2 を A_2 面基準の総括伝熱係数とよぶ。なお，$U_1 A_1 = U_2 A_2$ である。

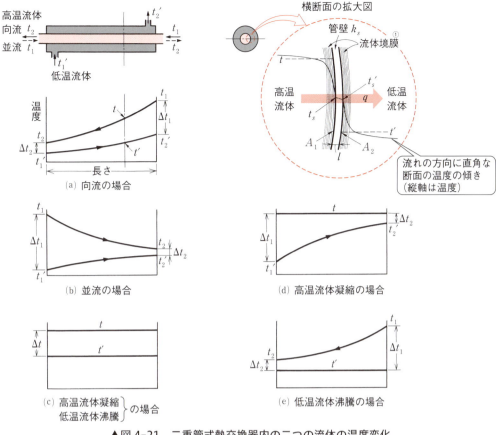

▲図 4-21　二重管式熱交換器内の二つの流体の温度変化

すなわち,

$$q = U_1 A_1 \Delta t_{lm} \quad [\text{W}] \tag{4-8}$$

ただし,

$$\Delta t_{lm} = \frac{\Delta t_1 - \Delta t_2}{2.3 \log \dfrac{\Delta t_1}{\Delta t_2}} \quad [\text{K}] \tag{4-9}$$

式(4-8)をみればわかるように，伝熱面積一定の熱交換器で熱流量 q を大きくするためには，二つの流体間の温度差 Δt_{lm}，または，総括伝熱係数 U_1 の値を大きくする必要がある。U_1 の値は，装置の材料や形式のほか，処理する流体の種類・温度・流速などによって変わる。

① p. 95 参照。

> **例題 6**
>
> 二重管式熱交換器の内管に，60℃のメタノールを0.25 kg/sの割合で流し，その外側に18℃の冷却水を向流に流して，30℃まで冷却したい。冷却水の出口温度を28℃におさえることとし，熱損失はないものとして，必要な冷却水量と伝熱面積を求めよ。
>
> ただし，この場合の総括伝熱係数を700 W/(m²·K)とする。また，メタノールの比熱容量は2.6 kJ/(kg·K)である。

解答

必要な熱流量を q [kW]，冷却水量を w' [kg/s] とすると，式(4-3)から，
$$q = 2.6 \times 0.25 \times (60 - 30) = 4.2 w' \times (28 - 18)$$

ゆえに，
$$q = 19.5 \text{ kW} = 19.5 \times 10^3 \text{ W}$$
$$w' = 0.464 \text{ kg/s}$$

図4-22でわかるように，式(4-9)において，
$$\Delta t_1 = 60 - 28 = 32 \text{ [K]}$$
$$\Delta t_2 = 30 - 18 = 12 \text{ [K]}$$
$$\Delta t_{lm} = \frac{32 - 12}{2.3 \log \frac{32}{12}} = \frac{20}{2.3 \times 0.426} = 20.4 \text{ [K]}$$

また，$U = 700$ W/(m²·K)であるから，式(4-8)から，
$$19.5 \times 10^3 = 700 \times A \times 20.4$$

ゆえに，
$$A = \frac{19.5 \times 10^3}{700 \times 20.4} = 1.37 \text{ [m}^2\text{]}$$

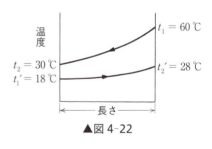

▲図 4-22

問 13 例題6で冷却水を並流に流すとしたら，必要な伝熱面積はどうなるか。ただし，総括伝熱係数は変わらないものとする。

B 総括伝熱係数と熱伝達係数

熱交換器内の熱流量は，総括伝熱係数の値に大きく左右される。したがって，これを正しく推定することはきわめて重要であるが，そのためには，熱交換器内での熱の移動の機構を，次の三つの段階に分けて考えるとよい。

すなわち，図4-21の拡大図に示すように，

① 高温流体から高温流体側の固体壁面への熱移動
② 固体壁内の熱移動
③ 低温流体側の固体壁面から低温流体への熱移動

の三つである。このうち②の段階は熱伝導であり，①と③の段階は熱伝達である。

流体の流れが乱流でも，流体の中の固体壁面にごく近い部分は層流に近い状態を保っている。

この部分を**流体境膜**（fluid film）またはたんに**境膜**という（図4-23）。境膜内での熱の移動は，主として熱伝導によって行われる。

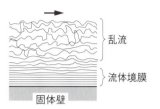

▲図4-23　流体境膜

そこで，高温流体側の熱伝達の熱流量が，高温側の壁面の面積 $A_1\,[\mathrm{m^2}]$ および，流体の平均温度 $t\,[\mathrm{℃}]$ と壁面の温度 t_s $[\mathrm{℃}]$ との差 $(t-t_s)\,[\mathrm{K}]$ に比例すると考えて，次のような式で表す。

$$q = h_1 A_1 (t - t_s) = \frac{t - t_s}{\dfrac{1}{h_1 A_1}} \quad [\mathrm{W}] \tag{4-10}$$

同様に，低温側の固体壁面の面積を $A_2\,[\mathrm{m^2}]$ とすれば，低温流体側の熱伝達の熱流量は，

$$q = h_2 A_2 (t_s{}' - t') = \frac{t_s{}' - t'}{\dfrac{1}{h_2 A_2}} \quad [\mathrm{W}] \tag{4-11}$$

である。h_1，h_2 は，**熱伝達係数**（heat transfer coefficient）（または**境膜伝熱係数**）とよばれる値で，U と同じ単位 $\mathrm{W/(m^2 \cdot K)}$ をもつ。

また，固体壁内の熱流量は，A_1，A_2 の対数平均値を A_{lm} とすると，式(4-4)から次のようになる。

$$q = \frac{k_s A_{lm}(t_s - t_s{}')}{l} = \frac{t_s - t_s{}'}{\dfrac{l}{k_s A_{lm}}} \quad [\mathrm{W}] \tag{4-12}$$

定常状態では，式(4-10)～(4-12)の q の値はすべて等しいから，次の式が成り立つ。

$$q = \frac{t - t'}{\dfrac{1}{h_1 A_1} + \dfrac{l}{k_s A_{lm}} + \dfrac{1}{h_2 A_2}} \quad [\mathrm{W}] \tag{4-13}$$

ここで，式(4-7)と式(4-13)とを比べると，

$$\frac{1}{U_1 A_1} = \frac{1}{h_1 A_1} + \frac{l}{k_s A_{lm}} + \frac{1}{h_2 A_2} \quad [\mathrm{K/W}] \tag{4-14}$$

式(4-14)によれば，熱交換器内の熱移動の抵抗は，高・低温流体のそれぞれの熱伝達の抵抗と固体壁の熱伝導の抵抗の和であることがわかる。ふつうの熱交換器では，固体壁は金属壁であるから，その部分の抵抗は熱伝達の抵抗に比べて非常に小さく，無視できる。

また，プレート式熱交換器では $A_1 = A_2$ であり，二重管式や多管式の熱交換器で固体壁が薄肉管の場合には，$A_1 \fallingdotseq A_2$ であるから，これらの場合には，総括伝熱係数の値を U とすると，式(4-14)は次のように簡単になる。

$$\frac{1}{U} \fallingdotseq \frac{1}{h_1} + \frac{1}{h_2} \quad [\text{m}^2\cdot\text{K/W}] \tag{4-15}$$

つまり，U を求めるのに h_1 と h_2 がわかればよく，これらについては実験で h と操作条件の関係を求めておく必要がある。

式(4-15)から，総括伝熱係数 U の値を大きくするためには，熱伝達係数 h_1，h_2 の値を大きくすればよいことがわかる。

熱伝達係数の値は，流体の性質，乱流の程度，装置の構造などによって複雑な影響を受けるが，一般に，流体の流速が大きいほど熱伝達係数の値も大きくなる。また，冷却面に蒸気が凝縮する場合や，加熱面で液体が沸騰している場合などでは，熱伝達係数は非常に大きな値になる。

なお，熱交換器の伝熱面は，運転にともない，しだいに汚れ（スケール）が付着して伝熱の抵抗が増大する。このため，熱交換器を設計する場合には，あらかじめその影響を考慮しておく必要がある。

問 14 式(4-10)〜式(4-12)から式(4-3)を誘導してみよ。

4 放射伝熱

すべての物体は，その表面から常に熱放射線を放出している。

この熱放射のエネルギーの大きさは，あとで学ぶように，温度が高くなると急激に大きくなる。したがって，加熱炉の内部のように 800〜1 000 ℃ 以上にもなるようなところでは，伝導や対流による熱の移動に比べて，放射による熱の移動すなわち放射伝熱が支配的となる。

物体が熱放射線を受けると，その一部を反射し，一部を吸収し，残りを透過する（図 4-24）。反射・吸収・透過の割合は，物体を構成する物質によって異なるが，一般に，固体や液体では吸収の割合が大きく，透過は無視できる。

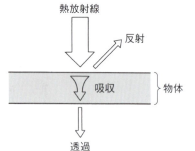

▲図 4-24　熱放射線の反射・吸収・透過

受けた熱放射線を，反射も透過もしないで全部吸収してしまう仮想的な物体を**黒体**という。厳密な意味での黒体は実在しない。
black body

一方，黒体の単位表面積から，単位時間あたりに放射される全熱放射エネルギー E_b [W/m²] は，その物体の絶対温度 T [K] の4乗に比例する。

$$E_b = 5.67 \times 10^{-8} T^4 \quad [\text{W/m}^2] \quad (4\text{-}16)$$

この関係を**ステファン-ボルツマンの法則**(Stefan-Boltzmann law)といい，比例定数 5.67×10^{-8} W/(m²·K⁴) を**ステファン-ボルツマン定数**という。

実在の固体表面からの全熱放射エネルギー E [W/m²] は，同温度の黒体のそれよりもつねに小さく，次の式で表される。

$$E = 5.67 \times 10^{-8} \varepsilon T^4 \quad [\text{W/m}^2] \quad (4\text{-}17)$$

ここで，ε は**放射率**(emissivity)または**黒度**(blackness)とよばれ，$0 < \varepsilon < 1$ である。

ε の値は，物体表面の状態や温度，また熱放射線の波長によって異なり，温度が高くなるとわずかに大きくなる。温度が変わったり熱放射線の波長が変わっても ε の値が変わらない物体を，**灰色体**(gray body)という。完全な灰色体は実在しないが，加熱炉の材料に使われる耐火れんがや，加熱炉内の金属管の表面などは，ほぼ灰色体とみなすことができる。これらの ε は数百℃の温度では 0.8～0.9 で，火炎から出る熱放射線をよく吸収する。

5 化学工業における熱の発生と利用

化学工業では，加熱・冷却など，熱を移動させる操作が多い。原料の予熱，反応により発生した熱の除去などだけでなく，生成物の分離・精製のための蒸留・蒸発などの操作も熱の移動をともなっている。図 4-25 に硫酸の製造プロセスを示した。このプロセスでは，発熱反応により転化器で発生した熱を，原料ガスの予熱や吸収塔から出た未反応ガスの加熱に巧みに利用している。

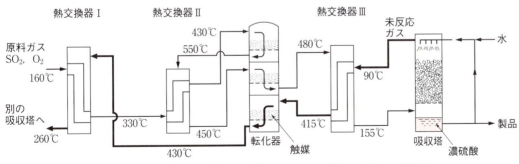

転化器内での反応 $2\text{SO}_2(g) + \text{O}_2(g) \longrightarrow 2\text{SO}_3(g)$ $\Delta H = -198$ kJ

原料ガスは，熱交換器Ⅰ・Ⅱで予熱されて転化器に送られる。転化器では反応熱が発生し，ガスの温度が上昇する。ガスは熱交換器Ⅱで少し温度を下げてから再び転化器を通り，熱交換器Ⅲで冷却されて吸収塔に入る。吸収塔を出たガスには，未反応の SO_2 が含まれているので，熱交換器Ⅲで予熱されたのち，転化器を通り，最後に熱交換器Ⅰで冷却されてから別の吸収塔へ送られる。

▲図 4-25 硫酸の製造プロセス

章 末 問 題

1. 厚さ 230 mm の耐火れんがの外側に，厚さ 114 mm の断熱れんがを重ねた炉壁がある。いま，両方のれんがの接触面の温度が 500 ℃，断熱れんがの外壁面の温度が 130 ℃ であるとき，次の問いに答えよ。

   (1)　壁面 10 m² あたりの熱損失は何 W か。

   (2)　内壁面の温度は何℃ か。

   ただし，耐火れんがおよび断熱れんがの熱伝導率を，それぞれ 1.0，0.20 W/(m·K)とする。

2. 厚さ 30 mm のガラス綿保温筒で保温した 20 A 鋼管製の水蒸気管がある。管外面の温度が 150 ℃，保温筒表面の温度が 35 ℃ のとき，管長 10 m あたりの熱損失を求めよ。ただし，ガラス綿保温筒の熱伝導率を 0.048 W/(m·K)とする。

3. ある液相反応にジャケット式反応装置を使用する。反応温度を適温(50 ℃)に保つのに，反応熱や熱損失を考慮して 10 kW の熱を補給する必要がある。ジャケットの伝熱面積が 0.38 m² であるとして，加熱用水蒸気の温度を何℃ に保たなければならないか。ただし，この場合の総括伝熱係数を 500 W/(m²·K)とする。

4. ある熱交換器の管内に水を流し，管外に水蒸気を流して水を加熱している。管は外径 16.0 mm，肉厚 1.2 mm，長さ 1.50 m の銅管で，その熱伝導率は 0.38 kW/(m·K)である。水蒸気側および水側の熱伝達係数をそれぞれ 6 kW/(m²·K)，3 kW/(m²·K)とすると，管壁の熱伝導の抵抗は，熱交換器内の熱移動の抵抗の何％ になるか。また，管内面基準の総括伝熱係数はいくらか。

5. 次の用語の意味を簡単に説明せよ。

   潜熱　　比熱容量　　熱伝達　　黒体

STC　エネルギー(熱)の有効利用について考えよう

　　化学工業では，熱を捨てずにほかの物質の加熱に利用して省エネルギーを行っている。このように熱を有効利用していることをわかりやすく説明するため，p.97 図 4-25 硫酸の製造プロセスを，たとえば縦軸に温度をとるなどして，グラフに表してみよう。その際，横軸は各自が考えてとり，完成したグラフをグループ毎に比較してみよう。

熱の出入りをともなう操作

第 5 章

　第4章では，熱の取り扱いの基礎を学んだ。物質に対する熱の出入りを利用すると，加熱・冷却で温度を変えたり相変化させたりするだけでなく，溶液の蒸発濃縮，空気の湿度の調節，温水の冷却，湿った固体の乾燥など，いろいろな操作を行うことができる。

　ボイラーや冷凍機は，ほかの物質の加熱・冷却を行うための装置である。これらの運転も，熱の出入りの応用操作である。

ボイラー

1節 蒸発

この節で学ぶこと

食塩水を加熱して水分を蒸発させると，食塩水から食塩が析出する。食塩のような不揮発性の物質が溶けている溶液を加熱・沸騰させて溶媒を蒸発・分離し，溶液を濃縮あるいは溶質を析出させる操作を，**蒸発**(evaporation)または**蒸発濃縮**という。この節では，さまざまな蒸発装置について学ぶ。

工業的な蒸発の操作では，溶媒は水の場合が多い。食塩のほかにカセイソーダやショ糖の水溶液の蒸発の操作が代表的な例である。

蒸発の操作では，多量の熱が必要である。そのため，熱エネルギーをいかに効率よく使うかが最も重要な課題であり，多重効用蒸発缶などが広く採用されている。

1 蒸発装置

蒸発装置(evaporator)にはいろいろな形式のものがあるが，最も広く使われているのは，水蒸気を熱源とした，蒸発缶とよばれるものである。

A 蒸発缶の構造

標準形蒸発缶(図 5-1)は，**カランドリア**(calandria)とよばれる加熱部と，発生する蒸気のための広い空間とからできている。カランドリアは，多管式熱交換器と同様に，多数の加熱管でできている。原液は，加熱管内を流れる間，管外の水蒸気によって加熱され，沸騰しながら管内を上昇し，中央の太い**降液管**(downtake)を下降して，自然に循環しながら濃縮される。

加熱用水蒸気は，凝縮して**ドレン**(drain)(凝縮水)となり，ドレン出口から排出される。また，加熱用水蒸気といっしょに入る少量の空気は，カランドリアの中にたまって伝熱の抵抗を増大させるので，ときどき**ベント**(vent)(ガス抜き)から放出させる。

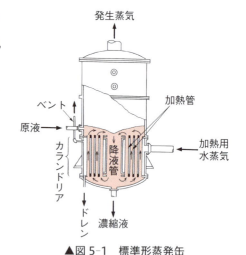

▲図 5-1 標準形蒸発缶

B 蒸発にともなう現象

沸騰した溶液の表面で蒸気の泡がこわれるとき,細かい液滴(飛まつ)ができ,蒸気といっしょに蒸発缶の外へ運び出される。この現象を**エントレインメント**(飛まつ同伴)という。

また,液体によっては,泡が消えずに蒸発缶の中に充満して,蒸気の出口からあふれ出ることがある。これを**泡立ち**(フォーミング)という。これらの現象は,いずれも溶質の損失をもたらす。

エントレインメントを防ぐためには,蒸発缶の液面上に広い空間をとり,蒸気の出口に**捕集器**を設ける(図5-2)。また,泡立ちを防ぐためには,泡を**じゃま板**に衝突させてこわしたり,加熱面を液面上に出して泡が加熱面でこわれるような構造にしたり,泡消し剤を加えたりする。

蒸発缶の伝熱面には,溶質の析出物や,カルシウム塩・有機塩類・高分子物質などが付着して,固体状のかすがつく。これを**スケール**という。スケールは金属に比べ熱の伝導が悪いので,スケールがつき伝熱面が覆われると,総括伝熱係数が小さくなり,蒸発缶の能力が低下する。そのため,

① スケールの成分をあらかじめ取り除く。
② 液の濃度・pH・温度などを調節する。
③ スケール抑制剤を添加しておく。
④ スケールのつきにくい形式の蒸発缶を選ぶ。

など,スケールの予防対策をたてるほか,定期的に蒸発缶の内部を清掃してスケールを除く。

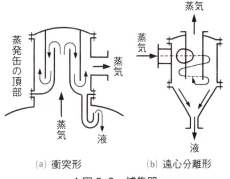

▲図5-2 捕集器
(a) 衝突形　(b) 遠心分離形

C 真空蒸発

蒸発缶で発生した水蒸気をそのまま捨てずに,別の蒸発缶の熱源として利用する場合[①]には,あとの蒸発缶内を減圧にする必要がある。また,溶質の分解や変質を防ぎたい場合には,沸点を下げるため減圧にする。このように減圧下で行う蒸発を**真空蒸発**という。

真空蒸発では,蒸発缶の中を減圧にするための真空ポンプと凝縮器,および濃縮液を取り出すためのポンプなどが必要である。

凝縮器は,発生蒸気の回収が必要な場合は**表面凝縮器**(多管式熱交換器など)を,回収する必要のない場合は冷却水と直接接触させる**混合凝縮器**(図5-3)を用いるのがふつうである。

---

① p.108 参照。

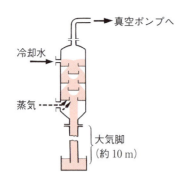
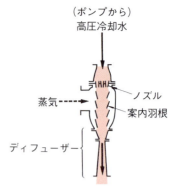

大気脚は，装置内の真空を保ちながら冷却水と凝縮水を連続的に排出するための管で，管内の水は大気圧との圧力差によって，数 m の高さに保たれている。原液や冷却水に溶けていた空気は真空ポンプにより排気される。

(a) バロメトリックコンデンサー
（barometric condenser）

凝縮器と真空ポンプとを兼ねるため，便利であるが，高圧で大量の冷却水を必要とする。

(b) エジェクターコンデンサー
（ejector condenser）

▲図 5-3　混合凝縮器

2　蒸発缶の物質収支と熱収支

 蒸発缶の物質収支

図 5-4 のように，蒸発缶に溶質の濃度 x_0 [%] の原液が F [kg/s] で供給され，V [kg/s] の水蒸気が発生して，濃度 x_1 [%] の濃縮液 L [kg/s] が得られるとする。このとき，第 2 章で学んだように，次のような物質収支の式が成り立つ。

全物質収支　$F = V + L$　　[kg/s]

成分物質収支（溶質について）

$$Fx_0 = Lx_1 \quad [\text{kg/s}]$$

したがって，蒸発水量 V は，次の式で表される。

$$V = F\left(1 - \frac{x_0}{x_1}\right) \quad [\text{kg/s}] \tag{5-1}$$

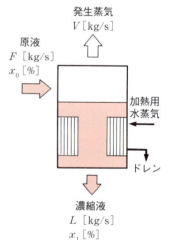

▲図 5-4　蒸発缶の物質収支

問 1　8.0 % の食塩水を毎秒 0.20 kg の割合で蒸発装置に送り，20 % の濃縮液を得たい。このとき，蒸発水量は毎秒何 kg となるか。また，濃縮液は毎秒何 kg の割合で取り出す必要があるか。

B 水溶液の沸点上昇

水や水溶液[1]の蒸気圧は，温度の上昇とともに増加し，蒸気圧が外圧に等しくなると沸騰する。このときの温度が沸点である。図5-5は，水とカセイソーダ(水酸化ナトリウム，NaOH)水溶液の**蒸気圧曲線**で，カセイソーダのような不揮発性の溶質が溶けている溶液の蒸気圧は，同じ温度での水の蒸気圧より低くなる。このため，同じ圧力での沸点は溶液のほうが高くなる。この不揮発性の溶質を溶媒に溶解させると蒸気圧降下が起こり，溶液の沸点が上昇する現象を**沸点上昇**といい，水溶液の沸点と水の沸点との差を**沸点上昇度**(BPR)という[2]。沸点上昇度は，溶液の濃度が高いほど大きくなる。
boiling point raising

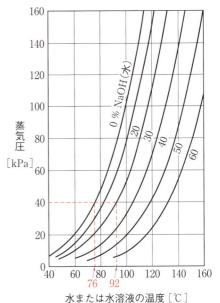

▲図5-5 水とカセイソーダ水溶液の蒸気圧曲線

図5-5の蒸気圧曲線から，沸点と沸点上昇度を求めることができる。

例題 1

圧力 40 kPa における 30 % カセイソーダ水溶液の沸点および沸点上昇度を求めよ。

解答

図5-5で，NaOH が 0 % を示しているものが，水の蒸気圧曲線である。縦軸の蒸気圧で 40 kPa を探し，0 % の水溶液との交点を求める。このときの温度を横軸から読むと，76 ℃ と読める。同様に 30 % カセイソーダ水溶液の沸点を読むと，92 ℃ とわかる。沸点上昇度は，この差をとって，

$$92 - 76 = 16 \text{ [K]}$$

沸点 92 ℃，沸点上昇度 16 K

問 2

図5-5の蒸気圧曲線から，30 kPa における 40 % カセイソーダ水溶液の沸点および沸点上昇度を求めよ。

同じ圧力での水溶液の沸点と水の沸点との関係を，いろいろな濃度と圧力に対して図示すると，図5-6のような直線になる(図5-6は，カセイソーダ水溶液の例)。このようなグラフを**デューリング線図**という。デューリング線図からも，沸点と沸点上昇度を求めることができる。
Dühring chart

---

[1] 水以外の溶媒についても同様であるが，ここでは溶媒が水の場合について扱う。
[2] 沸点上昇度のことを，沸点上昇ということもある。

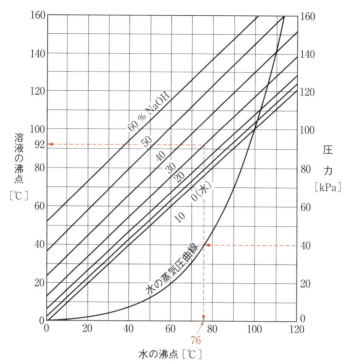

▲図5-6　カセイソーダ水溶液のデューリング線図

> **例題 2**　圧力 40 kPa における 30 % カセイソーダ水溶液の沸点および沸点上昇度を求めよ。

解答

図 5-6 で曲線を示しているのが，水の蒸気圧曲線である。右側の縦軸の圧力で 40 kPa を探し，水の曲線との交点を求める。このときの温度を下側の横軸から読むと，76 ℃ と読める。この 76 ℃ と 30 % カセイソーダ水溶液の交点を見つけ，左側の沸点を読むと，92 ℃ とわかる。沸点上昇度は，この差をとって，

$$92 - 76 = 16 \text{ [K]} \qquad 沸点 92 ℃，沸点上昇度 16 \text{ K}$$

問 3　図 5-6 のデューリング線図から，30 kPa における 40 % カセイソーダ水溶液の沸点および沸点上昇度を求めよ。

なお，蒸発缶の液の底部は深さの分だけ液面より圧力が大きいから，液の沸点は液面よりも底部のほうが高い。

C 蒸発缶の熱収支

蒸発に必要な熱量 q は，原液を沸点まで加熱するために必要な熱量(顕熱)と，沸点において水を蒸発させるために必要な熱量(潜熱)との和となる。

図 5-7 のように，原液の供給温度を t_0 [℃]，缶内の溶液の沸点を t_1 [℃]，その温度における溶液の蒸発潜熱(近似的に純水の値を用いる)を λ_1 [kJ/kg]，$t_0 \sim t_1$ [℃] の範囲の原液の比熱容量を c [kJ/(kg·K)] とすると，q は次の式で表される。

$$q = Fc(t_1 - t_0) + \lambda_1 V \quad [\mathrm{kW}] \tag{5-2}$$

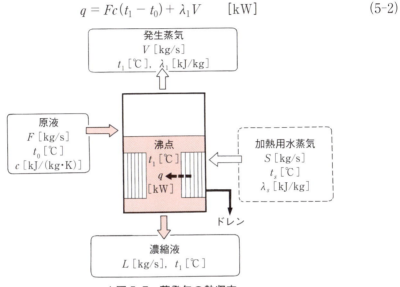

▲図 5-7 蒸発缶の熱収支

一方，飽和温度 t_s [℃] の加熱用水蒸気が S [kg/s] で供給され，その温度で潜熱 λ_s [kJ/kg] を失って凝縮したとすると，加熱用水蒸気が失った熱量 q' は次の式で表される。

$$q' = \lambda_s S \quad [\mathrm{kW}] \tag{5-3}$$

熱損失を無視すれば，$q = q'$ であるから，加熱用水蒸気の必要量 S [kg/s] は次の式で表される。

$$S = \frac{q}{\lambda_s} = \frac{Fc(t_1 - t_0) + \lambda_1 V}{\lambda_s} \quad [\mathrm{kg/s}] \tag{5-4}$$

例題 3

蒸発缶に，20 ℃，5.0 % のカセイソーダ水溶液を 0.80 kg/s の割合で連続的に供給し，20 % に濃縮したい。缶内の圧力は 101.3 kPa で，120 ℃ の飽和水蒸気の潜熱だけが加熱に利用されるものとして，加熱用水蒸気の必要量を求めよ。ただし，5.0 % のカセイソーダ水溶液の比熱容量を 3.9 kJ/(kg·K) とし，熱損失を無視する。

解答

蒸発水量は式(5-1)から，

$$V = 0.80 \times \left(1 - \frac{0.050}{0.20}\right) = 0.60 \text{ [kg/s]}$$

20 % のカセイソーダ水溶液の 101.3 kPa における沸点は，デューリング線図(図 5-6)から 108 ℃ である。また，蒸発潜熱は，近似的に 108 ℃ の純水の値を用いることにすると，付録 6. 飽和水蒸気表から補間して 2236 kJ/kg である。必要な熱量 q は，式(5-2)を用いて，

$$q = 0.80 \times 3.9 \times (108 - 20) + 2236 \times 0.60$$
$$= 1616 \text{ [kW]}$$

飽和水蒸気表から，120 ℃ における水の蒸発潜熱は 2202 kJ/kg である。加熱用水蒸気の必要量 S は，式(5-4)から，

$$S = \frac{1616}{2202} = 0.734 \text{ [kg/s]}$$

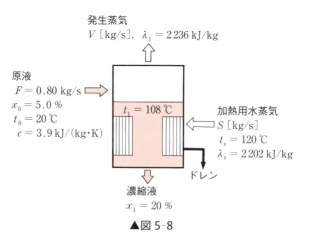

▲図 5-8

問 4　蒸発缶に，$20\,℃$，$10\,\%$ の食塩水を毎時 $100\,kg$ の割合で連続的に供給し，$25\,\%$ に濃縮したい。$115\,℃$ の飽和水蒸気の潜熱だけで加熱するものとして，加熱用水蒸気の必要量を求めよ。ただし，$10\,\%$ の食塩水の比熱容量を $4.2\,kJ/(kg \cdot K)$，沸点を $102\,℃$ とし，熱損失を無視する。

問 5　例題 3 において，同じ原液を真空蒸発缶に入れ，内圧 $50\,kPa$ で運転して，$30\,\%$ まで濃縮するとした場合，加熱用水蒸気の必要量を求めよ。ただし，その他の条件は同じであるとする。

D 蒸発缶の伝熱面積　　蒸発缶で単位時間に処理できる溶液の量は，単位時間に供給することができる加熱用水蒸気の熱量によって決まるから，蒸発缶の伝熱面積や大きさは，熱流量から決めることができる。

熱流量 $q\,[W]$ は一般に，伝熱面積 $A\,[m^2]$ と，高温流体と低温流体の温度差 $\Delta t\,[K]$ に比例し，次の式で表される。

$$q = UA\Delta t \qquad [W] \qquad\qquad (5\text{-}5)$$

蒸発缶の場合，Δt は加熱用水蒸気の凝縮する温度（飽和温度）$t_s\,[℃]$ と，蒸発缶の中の溶液の沸点 $t_1\,[℃]$ との差である。すなわち，

$$\Delta t = t_s - t_1 \qquad [K] \qquad\qquad (5\text{-}6)$$

総括伝熱係数 $U\,[W/(m^2 \cdot K)]$ は，蒸発缶の構造，溶液の性質，沸騰の状態などによって複雑な影響を受けるので，その値を正確に算出するのはむずかしい。そこで，ふつうは経験値を参考にして推定するが，その値はおよそ $0.5 \sim 3\,kW/(m^2 \cdot K)$ の範囲内にある。

式(5-2)で q が決まり，また U および Δt の値が決まれば，式(5-5)を用いて必要な伝熱面積 A が求められ，したがって蒸発缶の大きさが決まる。

問 6　例題 3 において，総括伝熱係数を $1.5\,kW/(m^2 \cdot K)$ として，蒸発缶の伝熱面積を求めよ。

問 7　問 4 において，加熱部が半球形のジャケット缶[①]であるとき，必要な缶の内径を求めよ。総括伝熱係数は $0.9\,kW/(m^2 \cdot K)$ とする。

---

①　p.85 図 4-13 参照。

1 節　蒸発　**107**

3 多重効用蒸発

　蒸発缶に供給される加熱用水蒸気の熱の大部分は，加熱対象の溶液から発生する蒸気によってもち去られてしまう。そこで，水溶液を蒸発させる場合には，水溶液で発生する水蒸気をそのまま捨てずに，別の蒸発缶の熱源として利用することが多い。数個の蒸発缶を連結し，各缶で発生した水蒸気を次の缶の加熱用水蒸気として利用する方式を**多重効用蒸発**といい，連結する缶の数を**効用数**という。図5-9は，三重効用蒸発の例である。

multieffect evaporation

　効用数が n の場合，加熱用水蒸気の必要量は理論上，単一の蒸発缶の場合の約 $\dfrac{1}{n}$ ですみ，熱の有効利用の点では n が大きいほど有利である。しかし，設備費は n にほぼ比例するので，経済的な効用数はおよそ6以下である。

圧力は絶対圧を示す。

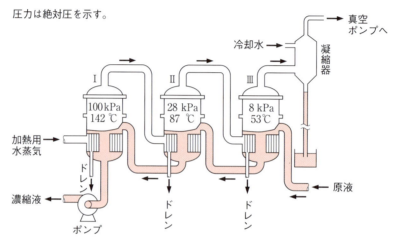

　ボイラーで発生させた加熱用水蒸気を蒸発缶Ⅰだけに供給し，ここで発生した蒸気を次の蒸発缶Ⅱの加熱に利用する。さらにⅡで発生した蒸気をⅢの加熱に利用する。この場合，各蒸発缶で沸騰を起こさせるためには，各缶での溶液の沸点は，前の缶で発生した蒸気の飽和温度より低くなければならない。このため，減圧操作を行い，後の缶ほど圧力を低くして沸点を下げる。図の中の缶内の圧力と温度は，操作条件の一例である。

▲図5-9　三重効用蒸発装置

2節 空気の調湿

この節で学ぶこと

通常の空気には必ず水蒸気が含まれている。空気中の水蒸気の濃度を**湿度**(humidity)という。空気の温度と湿度は，生活環境の快適さを左右し，また繊維工場・印刷工場などでは製品の品質にも大きな影響を与える。空気の温度と湿度を適当な値に調節することを，**空気調和**(air conditioning)，略して**空調**という①。ここでは空気の湿度とその調節（調湿）について学ぶ。

1 湿度

水蒸気を含む空気を**湿り空気**(humid air)という。その中の水蒸気の濃度すなわち**湿度**の表し方には，次のようにいくつかの種類がある。

A 相対湿度

湿り空気中の水蒸気の分圧 p [kPa] は，その温度における飽和水蒸気圧 p_s [kPa]（表5-1）より大きくなることはできない。

湿り空気中の水蒸気分圧 p が，その温度の飽和水蒸気圧 p_s の何% にあたるかを示す値を**相対湿度**(relative humidity)といい，φ [%] で表す。気象情報などで使われている湿度はこれである。

$$\varphi = \frac{p}{p_s} \times 100 \quad [\%] \qquad (5\text{-}7)$$

▼表5-1 飽和水蒸気圧 p_s
（単位 kPa）②

温度	p_s	温度	p_s
0 ℃	0.61	24 ℃	2.99
5	0.87	26	3.36
10	1.23	28	3.78
12	1.40	30	4.25
14	1.60	32	4.76
16	1.82	34	5.32
18	2.06	36	5.95
20	2.34	38	6.63
22	2.65	40	7.38

（「1999 日本機械学会蒸気表」による）

しかし，含まれている水蒸気の量が増減しなくても，空気の温度や圧力（全圧）が変動すればそれにともなって相対湿度 φ の値も変わるので，相対湿度を工業計算に用いるのは不便である。

問8 空気に含まれている水蒸気の量が増減しなくても，空気の温度や圧力が変わると相対湿度 φ の値も変わるのはなぜか。

B 絶対湿度

湿り空気から水蒸気を除いた空気を**乾き空気**(dry air)という。乾き空気 1 kg と水蒸気 H [kg] とが混ざって湿り空気となっているとき，この湿り空気の**絶対湿度**(absolute humidity)を H [kg-水蒸気/kg-乾き空気] で表す（図5-10）。水蒸気分圧 p と絶対湿度 H との間には，次の関係がある。

---

① 空気調和には，空気の清浄化や風速分布の適正化まで含むことがある。空気調節，エアコンディショニングなどともよばれる。

② 標準大気圧 (1 atm) = 101.325 kPa = 1 013.25 hPa = 760 mmHg

$$H = \frac{m_w}{m_h - m_w} = \frac{18}{29} \times \frac{p}{P-p}$$

$$= 0.62 \times \frac{p}{P-p} \quad [\text{kg-水蒸気/kg-乾き空気}] \quad (5\text{-}8)$$

m_h ：湿り空気の質量 [kg]

m_w ：湿り空気中に含まれている水蒸気の質量 [kg]

P ：湿り空気の全圧 [kPa]

p ：湿り空気中に含まれている水蒸気の分圧 [kPa]

18 ：水の分子量

29 ：空気の平均分子量

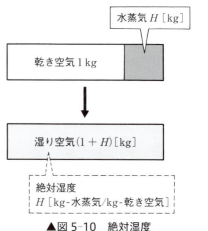

▲図 5-10　絶対湿度

絶対湿度は，空気の温度・圧力が変わっても，水蒸気の量が増減しないかぎり変わらないので，工業計算によく用いられる。相対湿度の場合は，たとえば，数字が同じといっても，季節が違えば温度が異なるので，水分量は異なる。

> **参考**　絶対湿度のように，乾き空気を基準とする表し方を**乾量基準**(dry basis)という。これに対して，湿り空気全体を基準とする表し方を**湿量基準**(wet basis)というが，湿量基準の湿度はあまり使われない。

湿り空気の水蒸気分圧 p がその温度の飽和水蒸気圧 p_s に等しい場合，すなわち相対湿度 $\varphi = 100\%$ の場合の絶対湿度を**飽和湿度**(saturated humidity)といい，H_s で表す。

$$H_s = 0.62 \times \frac{p_s}{P - p_s} \quad [\text{kg-水蒸気/kg-乾き空気}] \quad (5\text{-}9)$$

 湿り空気 100 kg 中に，1.5 kg の水蒸気が含まれているとき，この空気の絶対湿度はいくらか。

2　湿り空気の性質

湿り空気のもっている熱量は，同じ温度でも湿度が大きいほど大きい。このことは，空気の関係するいろいろな操作に影響を及ぼす。そこで，湿り空気と熱との関係を調べてみよう。ただし，ここでは，0～120 ℃，101.3 kPa の場合にかぎって扱う。

 A　湿り比熱容量　　乾き空気 1 kg とその中に含まれている水蒸気 H [kg] の温度を 1 K(1 ℃)だけ高めるのに必要な熱量を，**湿り比熱容量**(humid heat capacity)といい，C_H [kJ/(kg-乾き空気・K)] で表す。C_H は次の式で計算することができる。

$$C_H = 1.00 + 1.93\,H \quad [\mathrm{kJ/(kg\text{-}乾き空気\cdot K)}] \qquad (5\text{-}10)$$

H ：湿り空気の絶対湿度 [kg-水蒸気/kg-乾き空気]

1.00：乾き空気の平均定圧比熱容量(0〜200℃) [kJ/(kg・K)]

1.93：水蒸気の平均定圧比熱容量(0〜200℃) [kJ/(kg・K)]

B 湿り空気のもっている熱量

0℃の乾き空気と0℃の水とを基準状態として，それらのもっている熱量を0とすれば，t [℃] の湿り空気1 kgのもっている熱量[1] i は，乾き空気1 kgおよびその中に含まれている水蒸気 H [kg] のそれぞれがもっている熱量の和になり，次の式で計算される。

$$\begin{aligned} i &= 2.50 \times 10^3 H + C_H t \\ &= 2.50 \times 10^3 H + (1.00 + 1.93\,H)\,t \quad [\mathrm{kJ/kg\text{-}乾き空気}] \qquad (5\text{-}11) \end{aligned}$$

2.50×10^3：0℃における水の蒸発潜熱 [kJ/kg][2]

H：湿り空気の絶対湿度 [kg-水蒸気/kg-乾き空気]

t ：湿り空気の温度 [℃]

問 10 式(5-10), (5-11)が成り立つ理由を説明せよ。

問 11 30℃，101.3 kPa，$H = 0.020$ kg-水蒸気/kg-乾き空気 の湿り空気の，湿り比熱容量と湿り空気のもっている熱量を求めよ。

3 湿度の測定

空気の湿度は，いろいろな方法で測定することができる。次におもな**湿度計**（hygrometer）をあげる。

A 露点湿度計

湿度が飽和に達していない湿り空気を冷やしていくと，ある温度 t_d [℃] 以下になったとき水滴が生じる。これは，温度が下がっても空気中の水蒸気分圧 p は変化しないが，飽和水蒸気圧 p_s が小さくなってついに空気中の水蒸気分圧 p と同じ値になり，さらに冷やせば余分になった水蒸気が水滴に変わるためである。この温度 t_d を，はじめの湿り空気の**露点**（dew point）という。このとき，

$$p = p_s$$

であるから，露点がわかれば水蒸気分圧がわかり，湿度を知ることができる。

露点湿度計（dew-point hygrometer）は，この原理によって露点を測定する装置である(図5-11)。

容器にエーテル（ジエチルエーテル）を入れ，空気を送ってエーテルを蒸発させると，エーテルと容器の温度が下がる。銀めっきをした観測面に曇り（水滴）を生じたときの温度と，放置して曇りの消えたときの温度とを読み，その平均値を露点とする。

エーテルで冷却するかわりに，電子冷却装置を用い，観測面に光を当てて反射光を光センサーで検出すれば，測定操作を自動化することができ，工業的な計測，制御にも応用される。

▲図 5-11　露点湿度計

---

[1] 湿り空気のもっている熱量を**湿りエンタルピー**（humid enthalpy）という。

[2] 付録3. 湿度図表参照。

B 乾湿球湿度計

湿度が飽和に達していない湿り空気の中に水滴があると、次のようなことが起こる（図 5-12）。

ⓐ 水滴の表面から水が蒸発し、水蒸気が空気中に拡散していく。それにともなって蒸発潜熱が水滴から奪われるので、水滴の温度は空気の温度よりも低くなる。

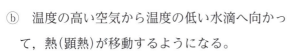

H', H：水滴表面に接した空気とまわりの空気の湿度 [kg-水蒸気/kg-乾き空気]
t', t：水滴の温度とまわりの空気の温度 [℃]
$H' > H, \quad t' < t$

▲図 5-12 湿り空気中の水滴

ⓑ 温度の高い空気から温度の低い水滴へ向かって、熱（顕熱）が移動するようになる。

ⓐの熱移動の速度（熱流量[1]）は、水滴の温度が低くなるほど小さくなる。一方、ⓑの熱移動の速度（熱流量）は、水滴の温度が低くなるほど大きくなる。

このため、やがてはⓐの潜熱の熱流量と、ⓑの顕熱の熱流量とが等しくなり、水滴の温度はある値 t_w [℃] で平衡に達して、それ以上変化しなくなる。この温度 t_w [℃] を、その湿り空気の**湿球温度**(wet-bulb temperature)という。空気の湿度が低いほどⓐの水の蒸発が起こりやすいので、湿球温度は低くなる。

そこで、空気の温度（**乾球温度**(dry-bulb temperature)）と湿球温度とを測定すれば、その空気の湿度を知ることができる。これが**乾湿球湿度計**(psychrometer)（**乾湿計**、図 5-13）の原理である（湿球温度計は、感温部が水のうすい膜で覆われているので、湿球温度が表示される）。

> **参考** 乾湿球湿度計のうち、壁掛け式（図 5-13（a））は、周囲からの熱放射線や風速の影響で、正しい値を示さないことがある。アスマン式（図（b））は、感温部を金属製の二重円筒で覆って熱放射線をさえぎり、ファンを用いて感温部に一定速度で通風を行うようになっているので、正確な湿度を測定することができる。

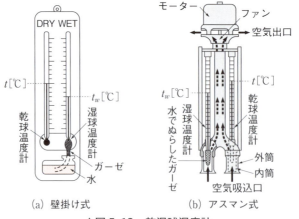

▲図 5-13 乾湿球湿度計

---

[1] 熱流量の単位は [W] である。p. 89 参照。

4 湿度図表

湿り空気のいろいろな性質を図表に表したものを，**湿度図表**（**湿度線図**）humidity chart という。湿度図表にはいくつかの種類があるが，付録3に湿度図表（t-H 図表）を示した。t-H 図表は，湿り空気の温度と絶対湿度との関係などを表したものである。

湿度図表を利用すると，湿り空気に関する各種の数値を読み取ることができ，また，調湿・水の冷却・乾燥などの操作条件を決めたり，操作中の空気の温度・湿度などの変化を図上で追跡したりすることができる。

図5-14に，湿度図表（t-H 図表）のおもな読み方を示す。

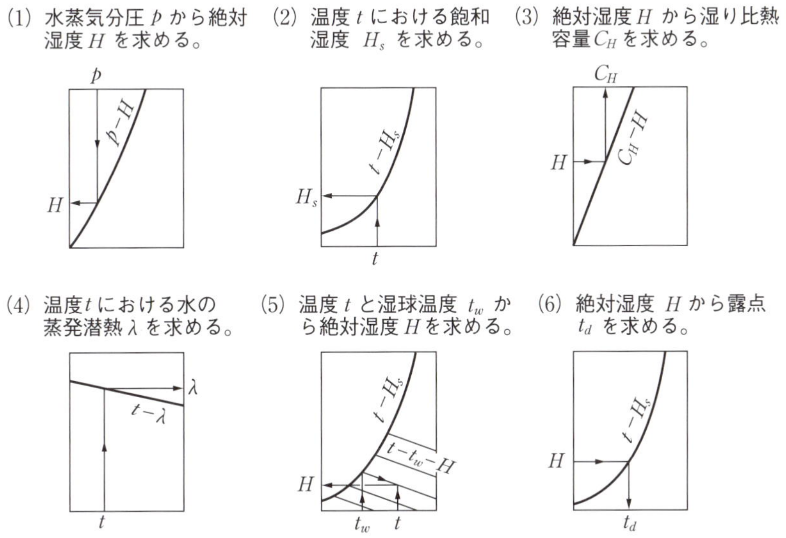
(1) 水蒸気分圧 p から絶対湿度 H を求める。
p
p−H
H
(2) 温度 t における飽和湿度 Hs を求める。
t−Hs
Hs
t
(3) 絶対湿度 H から湿り比熱容量 CH を求める。
CH
CH−H
H
(4) 温度 t における水の蒸発潜熱 λ を求める。
λ
t−λ
t
(5) 温度 t と湿球温度 tw から絶対湿度 H を求める。
t−Hs
t−tw−H
H
tw
t
(6) 絶対湿度 H から露点 td を求める。
t−Hs
H
td

▲図5-14　湿度図表の読み方

Column　乾湿球湿度計（壁掛け式）における湿度の求め方

① 乾球温度計が示している値を読む。この値が気温となる。

② 湿球温度計が示している値を読む。乾球と同じか，湿球の示度の方が低い。

③「乾球の示度」－「湿球の示度」を求め，湿度表を読む。

【例】乾球の示度 → 18 ℃

湿球の示度 → 17 ℃ の場合

示度の差は 1.0 ℃ なので，表の縦軸 18 ℃ と横軸 1.0 ℃ でみて 90 % とわかる。

▼湿度表①

乾球の示度［℃］	乾球と湿球の示度の差［℃］					
	0.0	0.5	1.0	1.5	2.0	2.5
20	100	95	90	86	81	77
19	100	95	90	85	81	76
18	100	95	90	85	80	75
17	100	95	90	85	80	75
16	100	95	89	84	79	74
15	100	94	89	84	78	73
14	100	94	89	83	78	72

① アスマン式は通風を行っているので，この湿度表とは異なる湿度表を用いる。

問12　25 ℃，101.3 kPa，絶対湿度 0.010 kg-水蒸気/kg-乾き空気 の空気を，65 ℃ に加熱して乾燥装置に送り込む。加熱後の空気の絶対湿度・湿り比熱容量・露点・湿球温度を，湿度図表から求めよ。

問13　101.3 kPa，乾球温度 30 ℃，湿球温度 25 ℃ の空気の絶対湿度と湿り比熱容量を，湿度図表から求めよ。

5　調湿

空気の湿度が低すぎると，生活環境として好ましくないだけでなく，静電気が起きやすくなるなど，工業的にも不都合な場合がある。

調湿には，空気の湿度を上げる**増湿**と，湿度を下げる**減湿**とがある。

 空気を増湿する方法としては，室内に水蒸気または微細な水滴を直接吹き込むのが最も簡単で，繊維工場や，冬季に暖房をした室内などでは，この方法がよく用いられる。そのほか，充てん塔やスプレー塔[①]の中で温水と接触させた空気を，室内に送り込む方法もある。

 夏季の高温多湿の空気を冷房する場合，温度だけでなく，相対湿度も下げなければ，快適な空気にはならない。

空気を減湿する方法はいろいろあるが，冷水，または冷凍機の冷却管に空気を接触させて空気中の水蒸気を凝縮させる方法がよく用いられる。これを冷却減湿法という。

図 5-15 は湿度図表（t-H 図表）の一部分を示したもので，①の状態の空気を②の状態にするときには，まず，空気を t_c [℃] 以下の温度の冷水または冷却管に接触させて冷却する。①の状態の空気が露点 t_d まで冷やされると，A の状態になって，水蒸気が凝縮しはじめ，t-H_s 曲線に沿って B に至る。そこで，凝縮して生じた水を分離し，適当な方法で空気の温度を上げて②の状態にすればよい。

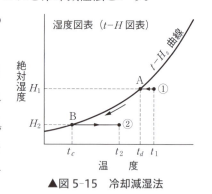

▲図 5-15　冷却減湿法

問14　101.3 kPa，32 ℃，絶対湿度 0.026 kg-水蒸気/kg-乾き空気 の空気を冷却減湿法で減湿し，27 ℃，絶対湿度 0.012 kg-水蒸気/kg-乾き空気 にしたい。何℃ まで冷却してから 27 ℃ にすればよいか。

---

① p. 157 参照。

3節 水の冷却

> **この節で学ぶこと**
> 工業用水の消費量の中では冷却用水が大きな割合を占めているので，温かくなった冷却用水を再び冷やして繰り返し利用すれば，水資源の節約になり，また経済的にも有利である。この節では，冷水塔のしくみ，構造，取り扱いについて学ぶ。

1 冷水塔

A 冷水塔の働き

温水を空気と接触させると，水の一部分が蒸発して水から蒸発潜熱を奪うので，水温が下がる。この現象を利用して水温を下げる装置を**冷水塔**（冷却塔）(cooling tower)という。

B 冷水塔の構造

冷水塔には木製の格子やプラスチック製の波板などが充てんしてあり，温水を上から流し，空気は下から流す（向流）か，または横から流す（十字流）。空気の流し方には，自然通風式と強制通風式とがある。

自然通風式（図 5-16）は空気を送るための動力を必要としないが，大きさのわりには能力が小さく，風や気温の影響を受けやすい。強制通風式（図 5-17）は動力を必要とするが，比較的小形で能力が大きく，運転も安定しているので，多く使われている。

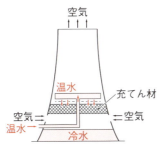

暖まった空気が軽くなって上昇する力を利用して，下から空気を吸い込む。

▲図 5-16　自然通風式冷水塔（煙突式）

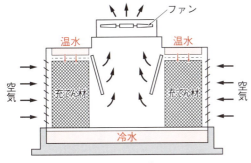

空気は側面から吸い込まれる。

▲図 5-17　強制通風式冷水塔

冷水塔用の巨大なファン

2 冷水塔の取り扱い

A 空気の温度と湿度

温水に同じ温度の空気が接触しても温水の温度は下がらない，と思われやすいが，空気の湿度が飽和に達していなければ，水が蒸発するから，理論的にはその空気の湿球温度[①]まで水温は下がる。

温水の熱は主として水の蒸発によって奪われるが，空気の温度が低ければ，それに加えて顕熱の移動も起こる。したがって，冷水塔にとっては低温・低湿度の空気が望ましい。

参考 空気の温度や湿度を任意に変えることはできないので，冷水塔は，条件の悪い夏季の高温多湿の空気に合わせて設計される。

問15 30 ℃ の水 1 kg が蒸発すると，2430 kJ の蒸発熱が奪われる。30 ℃ の水の 1 % が蒸発すると，水温は何 ℃ まで下がるか。ただし，水の比熱容量を 4.2 kJ/(kg·K) とする。

問16 32 ℃，絶対湿度 0.020 kg-水蒸気/kg-乾き空気 の空気を用いて，温水を理論的に何 ℃ まで冷却することができるか。付録 3. 湿度図表から調べよ。

B 空気量

温水の温度と流量が決まっている場合，冷水塔に送り込む空気量（空気の流量）を多くするほど，温水から奪われる熱量も多くなり，水温は空気の湿球温度に近づく。

しかし，空気量を多くすると送風機の動力消費量（運転費）も多くなり，また，あまり空気量が多すぎれば，水が流下できなくなったり，水滴が空気で吹き飛ばされて塔の外に出てしまったりする。逆に，空気量が足りなければ，水は予定した温度まで冷えない。したがって，適量の空気を送り込む必要がある。

冷却しようとする温水の流量が多ければ，空気量も多くしなければならず，それにともなって塔径を大きくすることも必要になる。

C 水の管理

冷水塔内では，温水を空気と接触させるため，空気中の不純物が温水に吸収されてしまう。また，温水の蒸発にともなって温水中の不純物（カルシウムイオン，マグネシウムイオンなど）が濃縮される。これらによって，熱交換器などに腐食やスケールの生成などの問題が起こる。そこで，不純物をある程度の濃度に抑えるために，水を少しずつ捨てる。これを**ブローダウン**（blow-down）という。また，冷水塔の内部は，適度な温度が維持されているので，藻が発生しやすい。腐食，スケールの生成，藻の発生などを防ぐために，水に適当な薬品を溶かし込むこともある。

温水は，蒸発やブローダウンによって減り，飛まつになって気流とともに失われる分もあるから，減少した分は新しい水を補う。

[①] p. 112 参照。

4節 乾燥

この節で学ぶこと

乾燥(drying)とは，湿った材料から水分(または有機溶媒)を蒸発させて除く操作で，化学工業の最終工程でよく行われる。この節では，さまざまな乾燥器や，物質を乾燥させるにあたっての基礎知識について学ぶ。

乾燥させる材料はふつうは固体であるが，液状や泥状の場合もある。風や太陽の熱を利用する自然乾燥は，広い敷地を必要とし，時間がかかり，天候にも左右されるため，工業的には加熱による強制乾燥が行われる。

1 乾燥器

乾燥操作の要点は，水分の蒸発に必要な熱を供給することと，発生した水蒸気を除くことである。

乾燥器（dryer）には，乾燥させる材料の形や性質などに応じて，さまざまな形式のものがあるから，それぞれの材料に適した乾燥器を選ぶことが大切である。不適格な選定を行うと，製品が割れたり，いびつになったりすることがある。

乾燥器を操作方法で分類すると，そのつど材料を入れ替えるバッチ式乾燥器と，材料を連続的に加熱部に供給する連続式乾燥器とに分けられる。小規模の乾燥はバッチ式で行う場合が多い。

また，加熱方法によって分類すると，熱風によって材料に熱を伝える熱風乾燥器，金属壁を通じて熱を伝える伝導乾燥器，赤外線電球などを熱源にする赤外線乾燥器，電子レンジと同じ原理を利用して，電磁波を照射することで物質の分子を振動させて対象物の温度を上昇させて加熱する高周波乾燥器がある。このうち，熱風乾燥器が最も多く用いられている。

図5-18に熱風乾燥器の代表的なものをあげた。

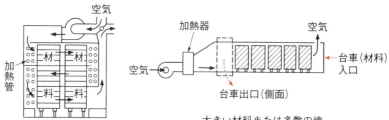

(a) 箱形乾燥器（バッチ式）
粒状や塊状の材料の小規模な乾燥に用いられる。

(b) トンネル乾燥器（連続式）
大きい材料または多数の塊状材料の長時間乾燥に用いられる。

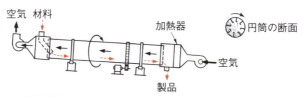

(c) 回転乾燥器（連続式）
比較的水分の少ないフレーク状や粉粒状の材料の乾燥に用いられる。

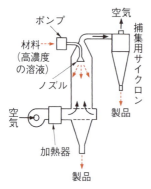

(d) 噴霧乾燥器（連続式）
液状材料を霧状にし，熱風と向流接触させて乾燥させる方式で，粉ミルクや洗剤などの乾燥に用いられる。

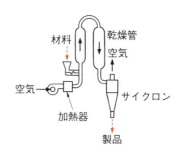

(e) 気流乾燥器（連続式）
粉状や粒状の材料を高速の熱風中に並流の状態で浮遊させ，短時間で乾燥させる。

▲図 5-18　熱風乾燥器

2 乾燥の機構

A 含水率

固体に含まれている水分の割合を**含水率**[1]といい，二つの表し方がある。

湿り固体の質量を m [kg]，その中の乾き固体[2]の質量を m_0 [kg] としたとき，次の式で表される値を乾量基準の含水率という。

$$W = \frac{m - m_0}{m_0} \quad [\text{kg-水/kg-乾き固体}] \tag{5-12}$$

これに対して，$\frac{m - m_0}{m}$ [kg-水/kg-湿り固体] で表される値を湿量基準の含水率という。乾燥の計算には，乾量基準の含水率のほうが便利である。以下では，乾量基準の含水率をたんに含水率とよぶ。

問17 含水率が 0.60 の湿った材料 100 kg を乾燥器で完全に乾燥させるとき，蒸発する水分は何 kg か。

B 平衡含水率と自由含水率

固体を温度・湿度が一定の空気中に放置すると，水分を吸収または放出して，やがて平衡状態に達する。このときの固体の含水率を**平衡含水率**といい，W_e で表す。平衡含水率は，物質の種類によって異なり，空気の温度が高いほど，また湿度が低いほどその値は小さい。図5-19に各種材料の平衡含水率を示す。

材料を一定の温度・湿度の空気中で乾燥させたとき，その材料の含水率は，その乾燥条件での平衡含水率より低くはならない。固体の最初の含水率から，そのときの平衡含水率を引いた値が，その乾燥条件において除くことができる水分の割合である。これを**自由含水率**といい，W_f で表す（図5-20）。

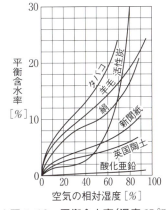

▲図5-19 平衡含水率（温度25℃）

---

[1] 含水率を100倍して％で表すこともある。
[2] 水分を完全に除いた固体をいう。

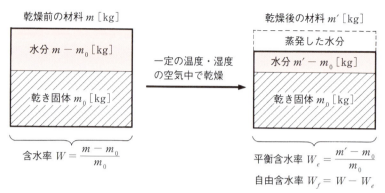

▲図 5-20　平衡含水率と自由含水率

問 18　水に浸したタオルを絞ってその質量をはかったら，122.5 g であった。これを 25 ℃，相対湿度 60 % の空気中に長時間放置したら 58.0 g になり，さらに加熱して完全に水分を除いたら，53.5 g になった。水に浸して絞ったタオルの含水率と，平衡含水率および自由含水率を求めよ。

C 乾燥速度

　固体材料の乾燥を行うと，その質量は時間とともに減少する。固体の**乾燥速度**は，単位時間に減少した含水率の大きさ [kg-水/(kg-乾き固体・h)]，または単位表面積から単位時間に蒸発した水分の量 [kg-水/(m²・h)] などで表す。

　乾燥速度は，加熱の方法，空気の温度・湿度・流速などによって変わるほか，固体自身の性質・形状・位置などによっても異なる。

　図 5-21 は，湿った粘土のかたまりを熱風で一定の乾燥条件のもとに乾燥させたときの，乾燥時間に対する含水率の変化を表したものである。この曲線の傾き $\Delta W/\Delta \theta$ の絶対値は，乾燥速度を表す。各時刻の乾燥速度を求め，これと含水率との関係をグラフで表すと，図 5-22 のような曲線ができる。これを**乾燥特性曲線**という。
drying characteristic curve

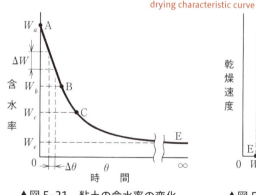

▲図 5-21　粘土の含水率の変化

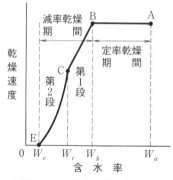

▲図 5-22　粘土の乾燥特性曲線

はじめの間は，粘土の内部の水分が表面に移動するため，表面が水でぬれている。したがって，蒸発は表面で起こり，乾燥速度は一定である（図 5-21，5-22 の A→B）。この期間を**定率(恒率)乾燥期間**という。定率乾燥期間を過ぎると，内部から表面への水分の移動速度が蒸発速度に追いつけなくなり，表面への水分が補給されにくくなるため，表面が部分的に乾いた状態になり，乾燥速度が小さくなる（B→C）。この期間を**減率乾燥第 1 段**といい，定率乾燥期間との境界（図の B）の含水率 W_b を**限界含水率**という。さらに乾燥が進むと，表面が乾いた状態になり，蒸発は粘土のかたまりの内部で起こるようになる。そのため，乾燥速度は急激に減少し，無限時間後には平衡含水率 W_e に達して，乾燥速度は 0 になる（C→E）。この期間を**減率乾燥第 2 段**という。なお，減率乾燥第 1 段と第 2 段を合わせて**減率乾燥期間**という。

以上は粘土についての例であるが，減率乾燥期間の第 1 段と第 2 段の境界がはっきりしない材料も多い。図 5-23 の (a) は繊維状の材料の乾燥特性曲線で，減率乾燥期間の第 1 段と第 2 段の境界がない。また (b) はセッケンやにかわの乾燥特性曲線で，定率乾燥期間がなく，乾燥のはじめから減率乾燥期間になっている。

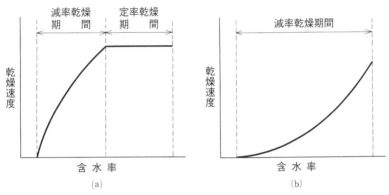

▲図 5-23　乾燥特性曲線の例

定率乾燥期間の乾燥速度は，空気の温度と湿球温度[①]との差，および固体の表面積に比例する。したがって，乾燥速度を大きくするためには，できるだけ高温・低湿度の空気を用い，表面積を大きくし，かつ通風をよくするのが有効である。

減率乾燥期間では，固体内部の水は蒸気や液として外表面に向かって移動する。したがって，減率乾燥期間の乾燥速度は，固体内部における水分の移動速度に支配されるため，空気の湿度や通風状態の影響は少なく，乾燥速度を大きくするためには，材料の大きさを小さくするかまたは厚さを薄くし，温度[②]を高くするのが有効である。しかし，温度が高すぎたり乾燥速度が大きすぎたりすると，乾燥が不均一となりやすく，形状物の乾燥ではわん曲やひび割れの原因となる。また，高温では材料が変質するおそれもある。

---

① 定率乾燥期間においては，固体の表面の温度は空気の湿球温度とほぼ同じになる。
② 減率乾燥期間においては，固体の表面の温度は空気の温度に近くなる。

5節 ボイラー

この節で学ぶこと

水蒸気（**スチーム**，steam，略して**蒸気**ともいう）または温水を供給するために水を加熱する装置を**ボイラー**（boiler）という[①]。この節では，ボイラーを理解するための初歩的な基礎知識について学ぶ。

問19 熱媒としての水蒸気の長所をあげよ。

1 ボイラーの構成

ボイラーは，ボイラー本体，燃焼室や燃焼装置，付属品や付属装置の三つの部分から成り立っている。

 A ボイラー本体　　密閉容器に水を入れて加熱し，必要な温度・圧力の蒸気（または温水）をつくる部分を**ボイラー本体**という。

B 燃焼室・燃焼装置　　燃料を空気とともに送り込んで燃焼させ熱を発生させる空間部分を**燃焼室**といい，使用する燃料の性質に適応した構造の**燃焼装置**（バーナーなど）を備えている。

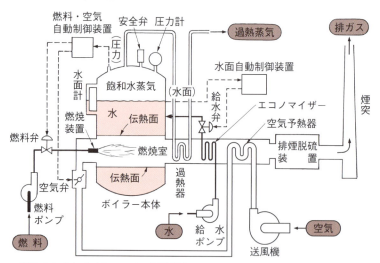

容量の大きなボイラーでは，**過熱器**（スーパーヒーター，superheater），**エコノマイザー**（economizer），**空気予熱器**（air preheater，エアヒーターともいう）などが付属設備として備えられる。

過熱器は，ボイラー本体で発生した飽和水蒸気をさらに加熱して過熱蒸気とする。エコノマイザーはボイラーの給水を予熱し，空気予熱器は燃焼用空気を予熱する。これらは燃焼ガスの通路に取り付けられて，熱回収をすることによりボイラーの効率を向上させている。

▲図5-24　ボイラーの構成

---

① 水以外の熱媒（沸点の高い特殊な有機液体）を加熱するボイラーもある。p.125 表5-3 参照。

付属品・付属装置　ボイラーが安全で効率よい運転をするために，安全弁や圧力計，水面測定装置，給水装置，通風装置，自動制御装置，煙突などの**付属品**や**付属装置**がある。

2 ボイラーの種類

たんにボイラーといえば蒸気を供給する蒸気ボイラーをさすことが多く，温水を供給するボイラーは温水ボイラーとよばれる。

ボイラーは，本体の構造によって，表 5-2 のように分類される。

▼表 5-2　ボイラーの種類

丸ボイラー	水管ボイラー	特殊ボイラー
立てボイラー 炉筒煙管ボイラー	自然循環式水管ボイラー 強制循環式水管ボイラー 貫流ボイラー	廃熱ボイラー 特殊燃料ボイラー 熱媒ボイラー

A 丸ボイラー

丸ボイラーは，円筒形の胴体を縦または横に置いたもので，胴体内部に燃焼室や，燃焼ガスの通る煙管などがある。

丸ボイラーは構造が簡単で，保有水量(内部に保持している水の量)が多いため熱の保有量も大きく，蒸気の使用量が変動しても圧力が変動しにくいという長所があるが，反面，燃料をたきはじめてから蒸気が出はじめるまでに時間がかかる。また，構造上，高圧・大容量のボイラーには適しない。

1. 立てボイラー

立てボイラーは，直立した胴体の下部に燃焼室がある。狭い場所に据え付けることができ，取り扱いが簡単であるが，効率は低い。低圧・小容量のボイラーとして用いられる。

2. 炉筒煙管ボイラー

炉筒煙管ボイラーは，横に置いた胴体の中に，炉筒とよばれる太い筒形の燃焼室と，多数の煙管を組み合わせて設けたもので，外形に比べて伝熱面積が大きく，効率がよく，据え付けも取り扱いも容易である。丸ボイラーの中では現在最も多く用いられている(図 5-25)。

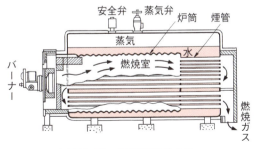

▲図 5-25　炉筒煙管ボイラー

問 20　炉筒煙管ボイラーの炉筒は，平滑な円筒ではなく，波形の凹凸が設けてある。その理由を考えよ。

B 水管ボイラー

水管ボイラーは，細長い**ドラム**と多数の水管を組み合わせたもので，水管の中で水が沸騰して蒸気を発生する。伝熱面積が大きく，高温・高圧の蒸気が得られ，大容量のものも製作できる。水管ボイラーには，次の三つの形式がある。

●1. 自然循環式水管ボイラー

自然循環式水管ボイラーでは，水管内の水が加熱されて沸騰しながら管内を上昇し，蒸気ドラムに入る。ここで蒸気と水とが分かれ，水は降水管を下降して自然に循環する。管の形により直管式と曲管式がある（図5-26）。

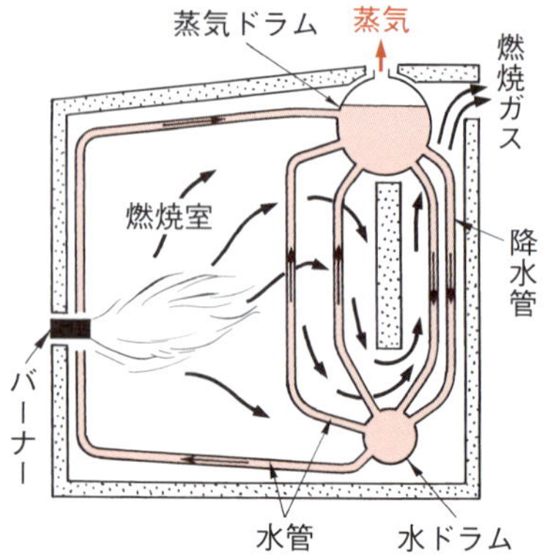

●2. 強制循環式水管ボイラー

循環ポンプを用いて水管内の水を強制的に循環させるのが，強制循環式水管ボイラーである。水の循環が自然循環式より確実で，細い水管を自由な配置に多数設けることができるので，高圧・大容量のボイラーに適している。

●3. 貫流ボイラー

貫流ボイラーは，水管だけで構成され，ドラムがない。水は循環せず，給水ポンプから押し出された水は水管を通過する間にすべて蒸気に変わる（図5-27）。高圧・大容量のボイラーに適するが，蒸気の使用量の変動につれて蒸気の圧力や水管内の状況も変動しやすいので，これに速やかに対応できる自動制御装置が必要である。また，水が水管内で全部蒸発してしまうため，とくに純度が高い高度な純水を用いる必要がある。

なお，この形式のボイラーは，構造が簡単で，保有水量が少ないため，短時間で蒸気が出はじめるなどの長所があり，低圧でごく小容量のボイラーにもよく用いられる。

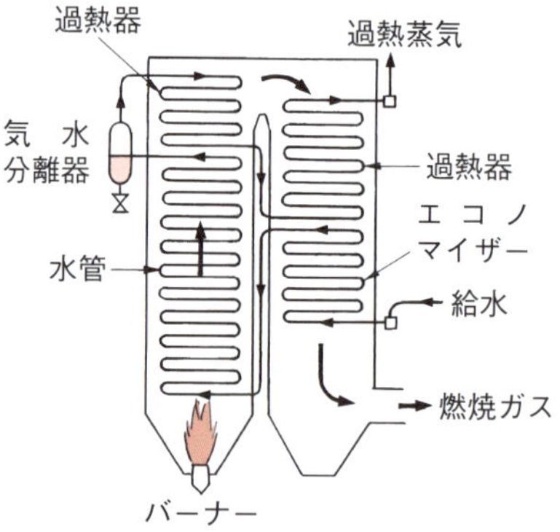

この図は水の循環の原理だけを示したもので，実際には多数の水管が，燃焼室の内壁に沿ってはりめぐらされている。

▲図5-26 自然循環式水管ボイラー（曲管式）

▲図5-27 貫流ボイラー

> **参考** 温水を供給するためのボイラーをとくに**温水ボイラー**とよぶ。通常の炉筒煙管ボイラーや水管ボイラーのほか，鋳鉄製ボイラーも多く用いられる。ボイラー本体内は水で満たされ，蒸発部分はない。

C 特殊ボイラー

熱源，加熱方法，熱媒などがふつうのボイラーと異なるものを**特殊ボイラー**といい，表5-3のようなものがある。

▼表5-3 特殊ボイラー

廃熱ボイラー	加熱炉や反応装置から発生する高温の気体の熱を利用するボイラー。
特殊燃料ボイラー	木材くず，産業廃棄物，パルプ廃液（黒液），都市ごみなど，通常の燃料以外のものを用いるボイラー。
熱媒ボイラー	沸点の高い特殊な有機液体を加熱して，低圧で高温の蒸気を発生させるボイラー。

問21 どのようなボイラーがどこにあるか，調べてみよ。

3 燃料と燃焼

A 燃料の種類

ボイラー用の燃料には表5-4のようなものがある。

▼表5-4 ボイラー用の燃料

液体燃料	重油・軽油・灯油など。品質が安定していて，輸送・貯蔵や燃焼の調節が容易なため，最も多く使われ，なかでも重油が多い。
固体燃料	代表的なものは石炭で，重油に比べて取り扱いが不便なため，一般用のボイラーでは使用量が少ないが，火力発電用ボイラーにはよく用いられる。
気体燃料	液化天然ガス（LNG），液化石油ガス（LPG），都市ガスなど。液化天然ガスはメタンが主成分で，近年使用量が増加している。

B 燃焼方式と燃焼装置

●**1. 重油の燃焼**

重油は，**バーナー**(burner)で霧状にし，空気とともに燃焼室内に吹き込んで燃焼させる。重油バーナーの形式はいろいろあるが，図5-28はその一例である。

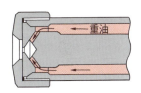

重油に高圧を加えて旋回させながら小穴から噴出させる。

▲図5-28 圧力噴霧式バーナー（油圧バーナー）

●**2. 石炭の燃焼** 石炭を燃焼させる方法には，鉄製の格子の上に石炭を置いて下から空気を送って燃焼させる火格子燃焼と，石炭の微細な粉末（微粉炭）を重油と同様に空気で吹き飛ばして燃焼させる微粉炭燃焼とがある。

●**3. 気体燃料の燃焼** 気体燃料は，ガスバーナーで燃焼させる。ガスバーナーには，ガスと空気を別々に吹き出し，拡散によって混合しながら燃焼させる**拡散形バーナー**と，ガスと空気をあらかじめ混合してから吹き出して燃焼させる**予混合形バーナー**とがある。

問22 身近にボイラーがあれば，バーナーの構造を調べてみよ。

C 空気の所要量

燃焼室に送り込んだ空気は，そのすべてが燃焼に使われるわけではなく，一部分は燃焼室で燃焼に使われないまま通過する。したがって，燃料を完全に燃焼させるためには，空気を**理論空気量**(理論的に必要な空気量)より多く送り込む必要がある。この余分の空気を**過剰空気**といい，供給する空気量 L と理論空気量 L_t との比 $\dfrac{L}{L_t}$ を**空気比**(空気過剰係数)という。

しかし，燃焼で生じた熱は，余分に送り込んだ空気を加熱するためにも消費されるから，空気比を必要以上に大きくすれば熱損失が多くなる。空気比の値はふつう，固体燃料で 1.4〜1.8，重油や微粉炭で 1.2〜1.4，気体燃料で 1.1〜1.3 である。

空気比が適正であるかどうかを管理するために，酸素濃度計および二酸化炭素濃度計を用いて，煙道ガス中の O_2 および CO_2 の濃度の測定が行われる。

D ボイラー効率

ボイラー効率とは，次のような値である。

$$\text{ボイラー効率} = \frac{\text{蒸気の発生に利用された熱量}}{\text{燃料の燃焼によって供給された熱量}} \times 100\ [\%]$$

ボイラー効率は，旧式の立てボイラーでは 40 % 前後であるが，新形の立てボイラーでは 80 % 前後のものも少なくない。また，大容量のボイラーでは 90 % を超えるものもある。

4 ボイラーの給水

ボイラーは水を加熱する装置であるから，給水の水質の管理は重要である。ボイラー内部の腐食は事故につながるし，伝熱面に**スケール**が付着すると効率が低下する。

ボイラー内部の腐食防止のためには，給水の pH の調整と溶存酸素の除去が行われる。

スケールは，給水中のカルシウムイオン・マグネシウムイオンがボイラー内で濃縮され，炭酸塩・硫酸塩・ケイ酸塩などの固体となって，伝熱面に付着することで生じる。スケールの付着防止のためには，イオン交換樹脂を用いて給水中のカルシウムイオンとマグネシウムイオンの除去が行われる。

また，ボイラー内の水に不純物が濃縮されるのを防ぐために，水の一部を間欠的または連続的に排出させる。これを**吹出し**という。

6節 冷凍機

> **この節で学ぶこと**
>
> 物質から熱を奪って，物質の温度を周囲の大気の温度より低くする操作を**冷凍**(refrigeration)という。この節では，代表的な冷凍機と，あわせてヒートポンプについて学ぶ。

熱は高温の物体から低温の物体に向かって自然に移動する。冷凍は，逆に低温から高温に向かって熱を移動させるのであるから，水を低いところから高いところへくみ上げる場合のように，そのための装置とエネルギーを必要とする。その装置が**冷凍機**(refrigerator)で，必要なエネルギーは電力や熱などの形で供給される。

冷凍機は，家庭用の冷蔵庫や，家庭用・自動車用のエアコンディショナーなどとしても多数用いられているが，大きな建物全体の冷房や，大量の食品の冷凍・冷蔵，大量の製氷などには，さらに大規模な冷凍機が用いられ，化学工業の分野では，天然ガスの液化，石油分解ガスの成分の分離などに，高度の冷凍技術が応用されている。

1 冷凍機

冷凍機には，蒸気圧縮式や吸収式などの種類があり，蒸気圧縮式が最も広く用いられている。

A 蒸気圧縮式冷凍機   **蒸気圧縮式冷凍機**(vapor compression refrigerator)は，およそ図5-29(a)のような構造で，**冷媒**[①]が内部を❶→❷→❸→❹→❶の方向に循環し，凝縮と蒸発を繰り返して，熱を放出したり吸収したりする。

冷凍機の各部分で冷媒の状態がどのように変化するかを，図5-29の(a)と(b)を見比べながら追ってみよう。

[①] アンモニアやフロンなどのように，液化に必要な圧力が比較的低く，蒸発温度が低く，蒸発潜熱が大きい気体。

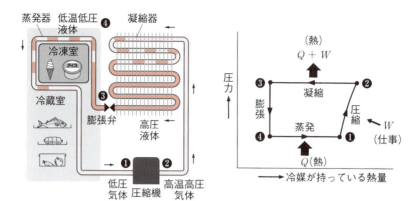

▲図 5-29　蒸気圧縮式冷凍機の原理

❶→❷圧縮　　蒸発器から戻ってきた冷媒蒸気(気体)は，**圧縮機**に吸い込まれ，圧縮されて出ていく。冷媒蒸気は，圧縮の仕事(エネルギー)Wを受けて圧力が上昇し，もっている熱量[1]が増加し，温度も上昇する。

❷→❸凝縮　　圧縮機から出た高温・高圧の冷媒蒸気は**凝縮器**に入る。ここで外側から常温の空気(大型の冷凍機では水)で冷やされ，凝縮(液化)して液体に変わる。もっていた熱を奪われるので冷媒のもっている熱量は減少するが，圧力は下がらない。

❸→❹膨張　　高圧の冷媒液体が**膨張弁**[2]の狭いすきまを通過すると，圧力が下がり，一部分が蒸発するので温度も下がる。しかし，周囲の物質との間で熱や仕事の出入りがないので冷媒のもっている熱量は変わらない。蒸気と混ざった冷媒液体は蒸発器に入る。

❹→❶蒸発　　低温・低圧の冷媒液体は，**蒸発器**の中で周囲の物質から蒸発潜熱Qを奪いながら蒸発(気化)し，蒸気に変わる(蒸発器の周囲の物質は冷却される)。熱を得た冷媒のもっている熱量は増加する。冷媒蒸気は再び圧縮機に吸い込まれ，蒸発器内はつねに低圧に保たれる。

このようにして冷媒が図 5-29 (b)の上で一回りすることを，**冷凍サイクル**という。この間に冷媒は仕事Wと熱Qを受け取り，またWとQに相当する熱を放出する。

問23　家庭にある冷蔵庫を観察して，圧縮機や凝縮器・蒸発器などがどこにあるかを考えてみよ。

---

[1]　単位質量の冷媒のもっている熱量。
[2]　小型の冷凍機では，膨張弁のかわりに毛細管を用いることもある。

B 吸収式冷凍機

図5-30は，アンモニアを冷媒とする**吸収式冷凍機**の原理 absorption refrigerator を示す。

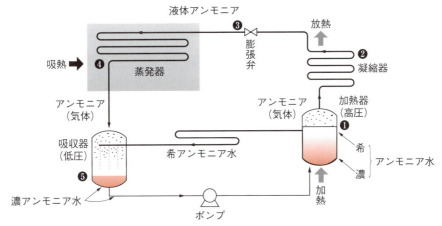

▲図5-30　吸収式冷凍機の原理

❶圧縮　密閉された加熱器の中で濃アンモニア水を加熱すると，水に対するアンモニアの溶解度が減少してアンモニア（気体）が発生し，アンモニア水は薄くなる。容器が密閉されているため，アンモニアは圧縮されたのと同様に高圧となり，また，加熱されているから温度も高い。

❷凝縮　高温・高圧のアンモニア（気体）は凝縮器に入り，外側から空気または水で冷却されて凝縮し，液体アンモニアになる。

❸膨張　液体アンモニアは，膨張弁を通過すると圧力が下がり，一部分が蒸発するので温度も下がり，蒸発器に入る。

❹蒸発　液体アンモニアは，蒸発器内で周囲から蒸発潜熱を奪って気体のアンモニアに変わり（このとき周囲の物質は冷却される），吸収器に入る。

❺吸収　吸収器には，加熱器に残った希アンモニア水が冷却されて送り込まれるので，アンモニアはこれに吸収され，蒸発器内はつねに低圧に保たれる。希アンモニア水は濃アンモニア水となり，ポンプで加熱器に戻される。以上で冷凍サイクルが成り立つ。

> **参考**　アンモニアの代わりに臭化リチウムの水溶液を冷媒とする吸収式冷凍機もある。すなわち，臭化リチウム（LiBr）の水溶液を加熱器内で加熱すると，水蒸気が発生し（LiBr水溶液は濃くなる），水蒸気は凝縮器内で水となり，この水が膨張弁を通って低圧の蒸発器内に入り，蒸発して冷却作用をする。水蒸気は吸収器に入って，濃いLiBr水溶液に吸収され，薄くなったLiBr水溶液が加熱器に戻される。

問24　吸収式冷凍機は，蒸気圧縮式とどこが異なるか。

2 ヒートポンプ

家庭用冷房機の運転中，室外機(室外に置かれた凝縮器)からは温風が吹き出しているが，これは室内で吸収した熱を室外の空気中に放出しているのである。したがって，冷房機を逆に使えば暖房機にもなる。家庭用の冷暖房兼用機は，夏には冷房機として使い，冬には冷媒の流れを逆方向に切り換えて暖房機としている。

上の暖房機の場合のように，冷凍サイクルを利用して低温の物質から熱を吸収し，その熱をより高温の物質の加熱に利用する装置のことを**ヒートポンプ**(heat pump)という。ヒートポンプによる加熱は，同じ熱量を得る場合を考えると，電熱器などと比べて電力消費が少ない。

ヒートポンプは暖房設備に利用されるほか，化学工業でも各種の廃熱の利用のために用いられている。

> **参考**　家庭用ヒートポンプの暖房運転の例(イメージ)
>
>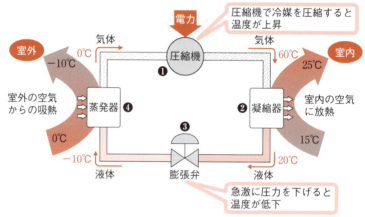
>
> ❶圧縮　冷媒気体は圧縮機で圧縮され，高温になる。
> ❷凝縮　高温の冷媒気体は，凝縮器に入って室内の空気に熱を放出し(暖房)，液体になる。
> ❸膨張　冷媒液体は膨張弁で膨張し，低温になる。
> ❹蒸発　低温の冷媒液体は，蒸発器で室外の空気から熱を吸収し，気体になる。
>
> ▲図 5-31　ヒートポンプのイメージ図
>
> ある日の室内の温度は 15 ℃，室外の温度は 0 ℃ であった(図 5-31)。このように外気の温度が室内より低い場合でも，ヒートポンプを使えば，室外の空気から熱を吸収し，室内の空気に熱を放出して暖房を行うことができる。
>
> ヒートポンプの圧縮機を動かすには電力が必要だが，消費するエネルギーより多い量のエネルギーを室外から取り込むことができて，暖房として使用することができる[①]。

[①] 2020 年時点では，外部から投入されたエネルギーの 7 倍の熱エネルギーが得られるものがある。

Column	フロン

　メタンやエタンなどの炭化水素の水素原子をフッ素原子などで置換した化合物などを一般にフロンという。フロンは，空気調和[①]，冷凍機[②]やヒートポンプなどで冷媒として多く用いられてきたが，オゾン層破壊の原因物質ならびに温室効果ガスであることがあきらかとなった。

　「モントリオール議定書」[③](1987年)によって，物質を指定し，製造，消費および貿易を規制することが採択され日本も批准した。国内では「オゾン層保護法」[④](1988年)により，フロンの生産および輸入の規制を行っている。議定書は改正を重ねて段階的に規制強化がはかられている。

		CFC → 転換 → HCFC → 転換 → HFC			CO$_2$
1987年	オゾン層破壊効果(係数)*1	1~0.5	0.5~0.005	0 (＝オゾン層を破壊しない)	
	モントリオール議定書 (＝オゾン層保護法)	生産・輸入規制 ※1998年全廃 ※2030年全廃		対象外	
1997年	温室効果 (係数)*2	3800~8100	90~1800	140~11700	1
	京都議定書	対象外		排出抑制 (1990年比−6%)	

＊1　CFC11のオゾン破壊効果を1とする。
＊2　CO$_2$の温室効果を1とする。

▲図5-32　フロンの規制(オゾン層破壊効果，温室効果)

　モントリオール議定書で規制の対象とされたCFC(クロロフルオロカーボン)およびHCFC(ハイドロクロロフルオロカーボン)は「特定フロン」，その代替物質として利用されているHFC(ハイドロフルオロカーボン)は「代替フロン」とよばれる。HFCはオゾン層を破壊しないのでオゾン層破壊係数は0である。

　しかし，HFCは，「京都議定書」(1997年)[⑤]による温室効果ガスに該当し，「グリーン冷媒」とよばれるオゾン層を破壊せず温室効果も低い低環境負荷な冷媒に順次転換されている。

問 25　図5-32で，意味がわからない用語について調べてみよう。

章末問題

1. 30℃，3.0%の食塩水を1.5 kg/sの割合で蒸発缶に送り込み，5.5%にして取り出す。缶の中での食塩水の沸点は93℃で，加熱には110℃の飽和水蒸気を用いるとすれば，毎秒何kgの水蒸気が必要か。ただし，熱損失は無視し，食塩水の比熱容量および蒸発潜熱は水の値に等しいと仮定して計算せよ。

---

① p.109参照。　② p.127参照。
③ 正式には「オゾン層の保護のためのウィーン条約」(1985年)に基づいた「オゾン層を破壊する物質に関するモントリオール議定書」。
④ 正式には「特定物質の規制等によるオゾン層の保護に関する法律」。
⑤ 正式には「第3回気候変動枠組条約締約国会議(地球温暖化防止京都会議，COP3)」での「気候変動に関する国際連合枠組条約の京都議定書」。

2. 25 % の食塩水の蒸気圧と温度との関係は次のようである。デューリング線図を作成し，20，40，101.3 kPa における沸点を読み取れ。

温度 [℃]	20	40	60	80	100	110
蒸気圧 [kPa]	1.81	5.73	16.0	37.2	79.8	112

3. 7.3 % の食塩水を毎秒 3.0 kg の割合で蒸発缶に供給し，25.0 % にして取り出す。缶の中の圧力を 70 kPa，加熱用飽和水蒸気の圧力を 198 kPa，総括伝熱係数を 1.5 kW/(m^2·K) とし，熱損失は考えないこととして，必要な水蒸気量および伝熱面積を求めよ。ただし，原液はドレンの廃熱で予熱されて 70 ℃ で缶に入るものとし，原液の比熱容量および缶液の蒸発潜熱は水の値と等しいものとする。食塩水の沸点については，前問を参照せよ。

4. 1. において，総括伝熱係数を 2.0 kW/(m^2·K) とすれば，必要な伝熱面積は何 m^2 か。

5. 30 ℃，101.3 kPa の空気の相対湿度を測定したところ，70 % であった。この空気の絶対湿度を求めよ。

6. 25 ℃，101.3 kPa，$H = 0.010$ kg-水蒸気/kg-乾き空気 の湿り空気の湿り比熱容量を計算し，湿度図表から求めた値と比較せよ。

7. 28 ℃，101.3 kPa の空気の露点を測定したら，20 ℃ であった。この空気の絶対湿度を計算し，湿度図表から求めた値と比較せよ。

8. 32 ℃，101.3 kPa，絶対湿度 0.026 kg-水蒸気/kg-乾き空気 の空気を冷却減湿法で減湿し，25 ℃，絶対湿度 0.012 kg-水蒸気/kg-乾き空気 の空気を得るには，どうすればよいか。

9. 33 ℃，101.3 kPa，絶対湿度 0.016 kg-水蒸気/kg-乾き空気 の空気を冷水塔に送る場合，理論的には，温水の温度を何℃ まで下げることが可能か。

10. 湿った硫安の結晶を毎時 5.0 t の割合で，回転乾燥器を用いて，含水率 2.0 % から 0.2 % まで乾燥させている。空気(熱風)は 180 ℃，絶対湿度 0.025 kg-水蒸気/kg-乾き空気 で入り，0.045 kg-水蒸気/kg-乾き空気 で出てくる。空気の流量(乾量基準)を求めよ。

11. 含水率 10.0 % の合成樹脂粒を熱風乾燥器で乾燥させ，含水率 1.0 % の製品 2020 kg/h(湿量基準)を得ている。材料は 25 ℃ で乾燥器に入り，90 ℃ で出てくる。材料の加熱および水分の蒸発に費やされる熱量は合計毎時何 kJ か。ただし，水分は 90 ℃ で蒸発するものとし，乾燥材料の比熱容量は 2.0 kJ/(kg·K) とする。

12. ボイラーに天然ガスを毎時 100 m^3(0 ℃，101.3 kPa)の割合で送って燃焼させる。空気比を 1.2 とするには，0 ℃，101.3 kPa の空気を毎時何 m^3 送り込めばよいか。ただし，天然ガスの成分はメタン CH$_4$ で，空気の組成は酸素 21 vol% とする。

13. 次の用語の意味を簡単に説明せよ。

エントレインメント　　　多重効用蒸発　　　相対湿度　　　絶対湿度

露点　　　湿球温度　　　含水率　　　定率乾燥期間　　　炉筒煙管ボイラー

貫流ボイラー　　　過剰空気　　　ボイラー効率　　　ヒートポンプ

14. 家庭用の給湯機に使われるヒートポンプについて，原理や利点・欠点を調べて発表しよう。

物質の分離と精製

第 6 章

化学工業の原料は，一般に有用成分以外にいろいろな成分が混ざった混合物である。このため，不要な成分を分離して有用成分の含有率を高める必要がある。

また，反応装置を出た生成物にもいろいろな成分が混ざっているので，これを分離して，目的成分を必要な純度まで精製するのがふつうである。

分離や精製の方法はいろいろあるが，この章では，蒸留・吸収・抽出などについて学ぶ。

ウイスキー蒸留用のポットスチル(単蒸留装置)

1節 蒸留

この節で学ぶこと

液体混合物から蒸気圧の違いを利用して各成分に分離する操作を**蒸留**(distillation)という。蒸留は実験室でも行われるが，石油精製や石油化学の工場では大規模な蒸留装置を用いて行われているように，化学工業における分離技術の代表的なものである。ここでは2成分の混合物(2成分系)の蒸留について学ぶ。

1 蒸留の原理

A 気液平衡関係

香水の豊かな香りは，鼻にある神経細胞が液体から気体へと変化した香料分子をとらえたものである。この液体から気体への状態変化を蒸発という。いま液体物質を密閉容器内に入れてある温度に放置すると，液体の一部は蒸発し，やがて平衡に達する。このときの気体の圧力を，その温度における飽和蒸気圧またはたんに蒸気圧という。

蒸気圧は物質の種類により特有の値をもつ。例えば水とメタノールを別々の密閉容器に入れ，同じ温度に放置すると，どちらも蒸発が起こり，平衡に達する。このとき，蒸発しやすいメタノールの方が水より高い蒸気圧を示す。図 6-1 の例のように，水とメタノールを混ぜた溶液を加熱すると，どちらの成分も蒸発して平衡に達するが，メタノールの方が高い蒸気圧を示すことに変わりはない。その結果，気相には低沸点成分であるメタノールが多く存在し，液相には高沸点成分の水が多く存在するようになる。

一般に，一定圧力のもとで2成分混合物の液相(液)と気相(蒸気)とが平衡状態にあるとき，沸点にある液相の組成と気相の組成は決まった値を取る。

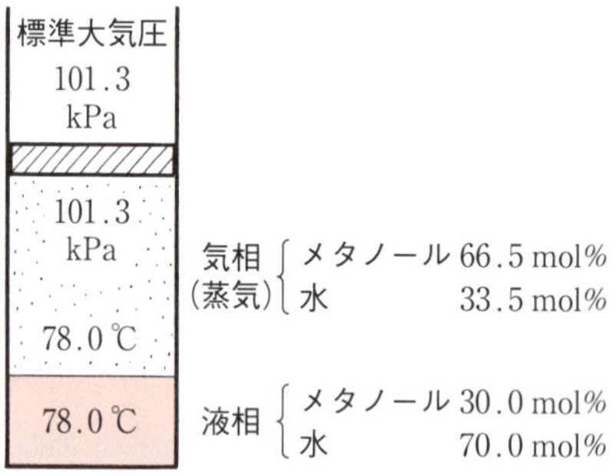

標準大気圧 101.3 kPa		
101.3 kPa 78.0℃	気相 (蒸気)	メタノール 66.5 mol% 水　　　　 33.5 mol%
78.0℃	液相	メタノール 30.0 mol% 水　　　　 70.0 mol%

メタノールと水との混合液を，自由に移動できるピストンを備えた容器に入れ，一定の外圧のもとで加熱すると，温度が沸点に達し，外圧と等しい圧力の蒸気が発生する。
このとき，液相と気相(蒸気)とは平衡関係にあり，沸点，液相の組成，気相の組成の間には，一定の関係がある。

▲図 6-1　メタノール-水系の気液平衡

この関係を，2成分系の**気液平衡関係**（vapor-liquid equilibrium）という。メタノール-水系の 101.3 kPa（1 atm）における気液平衡関係の数値を，表 6-1 に示す。ここで，気相と液相の組成（濃度）は，低沸点成分（この例ではメタノール）のモル分率で表し，x は液相の組成，y は気相の組成を表す。

▼表 6-1 メタノール-水系の気液平衡関係
（全圧 101.3 kPa）

t [℃]	x	y
100.0	0.000	0.000
96.4	0.020	0.134
93.5	0.040	0.230
91.2	0.060	0.304
89.3	0.080	0.365
87.7	0.100	0.418
84.4	0.150	0.517
81.7	0.200	0.579
78.0	0.300	0.665
75.3	0.400	0.729
73.1	0.500	0.779
71.2	0.600	0.825
69.3	0.700	0.870
67.5	0.800	0.915
66.0	0.900	0.958
65.0	0.950	0.979
64.5	1.000	1.000

（化学工学協会編「化学工学便覧（改訂4版）」による）

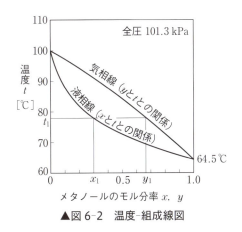

▲図 6-2 温度-組成線図

B 温度-組成線図

気液平衡関係を表すのに，図 6-2 のような**温度-組成線図**（**沸点-組成線図**）がよく用いられる。図の**液相線**は液の組成 x と沸点 t，**気相線**は蒸気の組成 y と蒸気が凝縮する温度（露点）t との関係を表す。ある温度で横軸に平行に引いた直線と液相線および気相線との交点は，この温度で平衡状態にある液の組成 x と蒸気の組成 y を表す。すなわち，図 6-2 の x_1 の組成の混合液を加熱すると，温度 t_1 で沸騰し，このとき発生する蒸気の組成は y_1 である。逆に，y_1 の蒸気を冷却すると，温度 t_1 で組成 x_1 の凝縮液を生じる。

問 1 表 6-1 の値を用いて，方眼紙に温度-組成線図を作図せよ。

問 2 全圧 101.3 kPa のとき，濃度が 25 mol% のメタノール水溶液は何℃で沸騰するか。また，このとき発生する蒸気中のメタノールの濃度は何 mol% か。

問 3 全圧 101.3 kPa のとき，メタノールの蒸気 80 mol% と水蒸気 20 mol% の混合蒸気は，何℃で凝縮するか。また，このときの凝縮液中のメタノールの濃度は何 mol% か。

C x-y 線図

温度-組成線図は，温度を含む気液平衡関係を表しているが，蒸留の計算では，液の組成 x と，これと平衡状態にある蒸気の組成 y との関係だけを表した，図 6-3 のような **x-y 線図**を用いることが多い。x-y 線図の曲線を **x-y 曲線**または**平衡線**という。

図 6-3 において，メタノールを x_1 含む混合液を加熱すると，発生する蒸気中にはメタノールが y_1 含まれる。いまこの蒸気を凝縮したとすると，その凝縮液の組成は蒸気の組成に等しい。すなわち，凝縮液に含まれるメタノールのモル分率は，y_1 から引いた水平線と対角線とが交わる点を与える x_2 となり，x-y 線図から容易に，かつ，正確に求めることができる。また，x-y 線図のふくらみは，混合液を構成する各成分の蒸発しやすさの違いを表している。つまり，x-y 線図は蒸留の難易度を視覚的に示しており，非常に便利である。

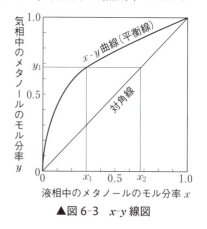

▲図 6-3 x-y 線図

問 4 表 6-1 の値を用いて，方眼紙に x-y 線図を作図せよ。

D 気液平衡関係の測定

気液平衡関係の数値は，実験によって得るのがふつうである。このとき用いる装置には，図 6-4 のような**オスマー型平衡蒸留器**などがある。

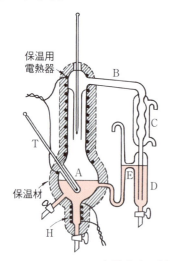

フラスコ A に任意の濃度の混合液を入れて電熱器 H で加熱・沸騰させると，蒸気は B を経て C で冷却され，留出液となって D にたまり，E からあふれ出て A にもどる。これを続けるとやがて A 液と D 液とは平衡状態になるので，温度計 T で温度 t [℃] を読み，A 液と D 液の組成を測定すれば x と y が求められる。混合液の濃度を変えて実験を繰り返せば表 6-1 のような数値が得られる。

▲図 6-4 オスマー型平衡蒸留器

E 気液平衡関係の計算

●1. ラウールの法則 分子構造や化学的性質のよく似た二つの液体 A（低沸点成分），B（高沸点成分）の，ある温度における飽和蒸気圧を P_A [kPa]，P_B [kPa] とし，それと同じ温度における A と B の混合液中の A のモル分率を x，混合液と平衡状態にある気相中の成分 A，B の分圧を p_A

[kPa], p_B [kPa] とすると，ほぼ次の関係が成り立つ。

$$p_A = P_A x \qquad [kPa]$$
$$p_B = P_B(1 - x) \qquad [kPa] \qquad (6\text{-}1)$$

この関係を**ラウールの法則**という。
Raoult's law

理想溶液[1]では，この法則が完全に成り立つ。ベンゼン-トルエン系やメタノール-エタノール系は理想溶液に近く，ラウールの法則がほぼ成り立つが，この法則からかなりはずれる系も多い。

●**2. 比揮発度**　ある温度における二つの液体 A，B の飽和蒸気圧 P_A [kPa]，P_B [kPa] の比 α を，A の B に対する**比揮発度**という。
relative volatility

$$\alpha = \frac{P_A}{P_B} \qquad (6\text{-}2)$$

理想溶液に近い系では，α は温度によってあまり変わらない。

ベンゼン-トルエン系の比揮発度を表 6-2 に示す。

▼表6-2　ベンゼン-トルエン系の比揮発度

温度 [℃]	ベンゼンの 飽和蒸気圧 P_A [kPa]	トルエンの 飽和蒸気圧 P_B [kPa]	比揮発度 α
80.1	101.3	39.0	2.60
90.0	136.1	54.2	2.51
100.0	180.0	74.2	2.43
110.6	237.8	101.3	2.35

●**3. 気液平衡関係の計算**　混合液が理想溶液に近い場合には，気液平衡関係を近似的に計算で求めることができる。

2 成分系の蒸気の混合物の全圧が P [kPa]，その成分 A，B の分圧がそれぞれ p_A [kPa]，p_B [kPa] であるとき，ドルトンの分圧の法則から，

$$P = p_A + p_B \qquad [kPa] \qquad (6\text{-}3)$$

これに，式(6-1)を代入すると，

$$P = P_A x + P_B(1 - x) \qquad [kPa] \qquad (6\text{-}4)$$

$$x = \frac{P - P_B}{P_A - P_B} \qquad (6\text{-}5)$$

また，蒸気中の成分 A のモル分率 y は，

$$y = \frac{p_A}{P} \qquad (6\text{-}6)$$

で表されるから，これに式(6-1)，(6-4)を代入すると，

$$y = \frac{P_A x}{P_A x + P_B(1 - x)} \qquad (6\text{-}7)$$

---

[1]　成分の混合や濃度変化が起こっても分子間力に変化がなく，体積や温度にも変化を生じないような，仮想的な溶液をいう。

1 節　蒸留　**137**

したがって，任意の温度 t における A，B の飽和蒸気圧がわかれば，式(6-5)，(6-7)から x-y の関係だけでなく，x と t との関係，y と t との関係などの気液平衡関係が求められる。

なお，式(6-7)に式(6-2)を代入すると，次式が得られる。

$$y = \frac{\alpha x}{1 + (\alpha - 1)x} \tag{6-8}$$

したがって，α がわかれば，式(6-8)によっても x-y の関係を計算で求めることができる。また，α が大きくなるほど，同じ x の値に対する y の値も大きくなることがわかる。なお，α の値は温度によって多少変わるので，ふつうそれぞれの成分の沸点における α の値の相乗平均値[①]を用いる。

問 5 式(6-7)から式(6-8)を導け。

例題 1 表6-2および式(6-8)から，全圧 101.3 kPa におけるベンゼン-トルエン系の，$x = 0.1$ のときの y の値を求めよ。

解答

表6-2から，101.3 kPa でのベンゼンの沸点における比揮発度 α は 2.60，トルエンの沸点における α は 2.35 であるから，両者の相乗平均値をとると，

$$\alpha = \sqrt{2.60 \times 2.35} = 2.47$$

これと x を式(6-8)に入れて，

$$y = \frac{2.47 \times 0.1}{1 + (2.47 - 1) \times 0.1} = 0.215$$

問 6 ベンゼン-トルエン系について，式(6-8)によって x が 0.2，0.3，…，0.9 のときの y の値を求め，x-y 線図をつくれ。

問 7 次の表はベンゼン-トルエン系の気液平衡関係の実測値である。これを問6でつくった x-y 線図上にのせて，計算値と実測値を比較してみよ。

▼ベンゼン-トルエン系の気液平衡関係（全圧 101.3 kPa）

温度 [℃]	110.6	108.8	104.9	103.0	101.5	97.8	95.0	92.8
x	0.000	0.042	0.132	0.183	0.219	0.325	0.407	0.483
y	0.000	0.089	0.257	0.334	0.395	0.530	0.619	0.688
温度 [℃]	90.8	88.6	86.4	84.1	82.0	81.2	80.1	
x	0.551	0.628	0.712	0.810	0.900	0.941	1.000	
y	0.742	0.800	0.853	0.911	0.958	0.973	1.000	

（日本化学会編「化学便覧(基礎編)改訂3版」による）

---

① 二つの正の数 a，b の相乗平均値は $\sqrt{ab}$ である。

問 8　メタノールと水の飽和蒸気圧は，101.3 kPa でのそれぞれの沸点では，右の表のようである。各温度における比揮発度の相乗平均値を用いて，式(6-8)から x と y の関係を求め，実測値(表6-1)と x-y 線図上で比較せよ。

温度 [℃]	メタノールの飽和蒸気圧 [kPa]	水の飽和蒸気圧 [kPa]
64.5	101.3	24.5
100.0	354	101.3

2　単蒸留

A　単蒸留

混合液を加熱し，発生する蒸気をそのまますべて凝縮させて留出液を得る操作を，**単蒸留**という。
simple distillation

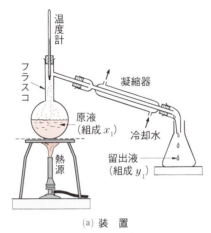

(a) 装　置　　(b) 原液と留出液の組成の変化

▲図 6-5　単蒸留

図 6-5(a)のような装置で原液(メタノール水溶液)を加熱すると，はじめは原液の組成が x_1 であるが，メタノールの濃度の高い蒸気が発生するので，原液中のメタノールの濃度は，図 6-5(b)の $x_1 \rightarrow x_2 \rightarrow x_3 \cdots$ のように低くなっていく。同時に沸点も $t_1 \rightarrow t_2 \rightarrow t_3 \cdots$ のように上昇し，発生する蒸気の組成も $y_1 \rightarrow y_2 \rightarrow y_3 \cdots$ となって，留出液の濃度もしだいに低くなる。このように単蒸留では，混合物を各成分に十分分離することはできないので，酒類の蒸留を除けば工業的にはほとんど利用されていない。

B　分縮

図 6-5(a)のフラスコの中で発生した蒸気が，フラスコの内壁でわずかに冷やされると，蒸気の一部は壁で凝縮する。この現象を**分縮**という。図 6-5(b)からもわかるように，このとき生じた凝縮液は蒸気よりも低沸点成分の濃度が低く，残った蒸気は低沸点成分の濃度が高くなるから，分縮は，成分の分離の目的にはつごうのよい現象である。実験室での図 6-5(a)のような単蒸留では，分縮が起こっているのがふつうである。
partial condensation

問 9　図 6-4 で，フラスコを保温してあるのはなぜか。

3 還流と連続蒸留

A 単蒸留の改良

先に学んだように，単蒸留で得られる留出液は，あまり濃縮されていない。より濃縮された液が必要な場合には，図6-6(a)のように留出液を用いて繰り返し単蒸留を行うことになる。しかし，単蒸留を行うごとに留出液は少なくなり，手数もかかるし，加熱と冷却を繰り返すので熱もむだになる。

図(b)は図(a)を改良した方法で，蒸気を次のかまの液に直接吹き込んで蒸気を凝縮させ，そのとき出る潜熱で液を沸騰させるので，加熱と冷却はそれぞれ1回だけですむ。

B 還流

図6-6(b)において，第2，第3のかまに吹き込まれた蒸気は，液によって熱を奪われ，その一部が凝縮する。そのときの凝縮液は蒸気よりも高沸点成分に富んでいる。また，各かまの液は蒸気から熱が与えられ，その一部が気化し，低沸点成分に富む蒸気が発生する。このように各かまでは，蒸気と液体との接触により，濃縮が進むことになる。

図(c)では，第3のかまから出た蒸気の凝縮液の一部を留出液として取り出し，残りを第3のかまに戻している。この操作を**還流**(reflux)といい，各かまの液は順次下のかまに戻す。こうすることにより，装置全体の濃縮効果を高めることができ，極めて重要な役割を果たしている。

図(c)の，第3のかまへの還流液と留出液との流量の比を，**還流比**(reflux ratio)という。還流比を大きくする(還流液の流量を大きくする)ほど，凝縮液の低沸点成分の濃度は高くなるが，留出液の流量は小さくなる。なお，凝縮液の全量を還流させることを全還流という。

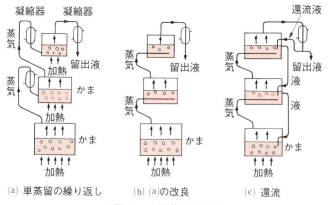

▲図6-6 単蒸留の改良

連続蒸留

図6-7(a)は，図6-6(c)の各かまを積み重ねて一つの塔の形にしたものである。各かまにあたるものを**段**，段で構成された塔を**段塔**(plate column)という。塔最下部では混合液の加熱・沸騰が行われるので，この部分を**加熱缶**という。

●**1. バッチ蒸留**　図6-7(a)のような蒸留では，留出液を取り出すにつれて，留出液および各段液の低沸点成分の濃度は低下する。したがって，ある程度留出液が取れたところで操作を打ち切ることになる。このような蒸留を**バッチ蒸留**(**回分蒸留**)(batch distillation)といい，少量の原液を処理するときに用いられる方法である。

●**2. 連続蒸留**　図6-7(a)のようなバッチ蒸留では，塔頂から，原液より低沸点成分を多く含む液が留出する。一方，塔底の液は原液より低沸点成分の濃度が低くなっている。したがって，塔頂と塔底の間のどこかの位置には，原液の組成にほぼ等しい段ができることになる。いま，仮に上から2段目の段液の濃度が原液の濃度と同じになっているとすれば，その段に原液を少しずつ追加し，塔底の液を少しずつ抜き取ることによって，留出液および各段液の液量も濃度も変化しなくなり，蒸留をいつまでも続けることができる(図6-7(b))。このような蒸留を**連続蒸留**(continuous distillation)といい，大量の原液を処理する蒸留はすべてこの方法で行われる。

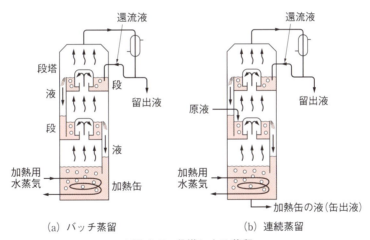

▲図6-7　段塔による蒸留

4 蒸留装置とその操作

A 蒸留装置

図6-8は，連続蒸留装置の一般的な構成を示したもので，蒸留塔のほか，**凝縮器**，**予熱器**（preheater），**リボイラー**（reboiler）などからなる。また，予熱器は缶出液の熱で原液を予熱する装置である。リボイラーは加熱缶を塔底部とは別の種類の装置と考えたもので，塔底部から出た高沸点成分の多い液を加熱して，蒸気を発生させるための装置である。

蒸留塔としては，段塔のほかに充てん塔も用いられる。

段塔には，**トレー**（tray）（棚段）に設けた多数の蒸気上昇管の上に切り欠きや穴のあるキャップをかぶせた**バブルキャップ塔**（泡鐘塔，図6-9(a)），トレーに直径数mmの穴を多数開けた**多孔板塔**（図6-9(b)），蒸気の流量によって蒸気の流路の大きさが変わる**バルブ塔**（図6-9(c)）などがある。

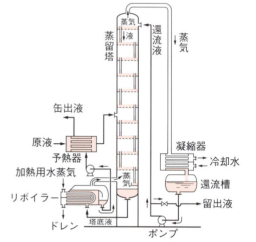

▲図6-8 蒸留装置の構成

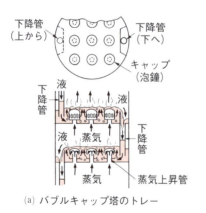

(a) バブルキャップ塔のトレー

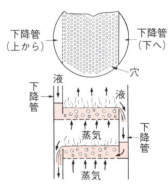

(b) 多孔板塔のトレー

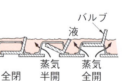

(c) バルブ塔のトレー

▲図6-9 トレーの構造

図6-10に示す**充てん塔**（packed column）は，塔内にラシヒリングなどの充てん物を詰めて蒸気と液をよく接触させ，段塔と同様の働きをさせるものである。

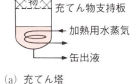

▲図 6-10　充てん塔と充てん物

B　連続蒸留の操作

　連続蒸留では，図 6-11 に示すように，段液の組成が原液の組成と等しいような中間の段に原液を供給する。この段を**原料段**という。原液は沸点まで予熱されて供給されるが，すべて液の状態で供給される場合もあれば，すべて蒸気の状態や両者の混ざった状態で供給される場合もある。原料段の上の段から塔頂までは，低沸点成分が濃縮されて原液の濃度より濃くなっていくので，この部分を**濃縮部**という。一方，原料段から下では，塔内を下降する液に含まれる低沸点成分が上昇する蒸気により回収されていることになるので，この部分を**回収部**という。

　連続蒸留では，原液の温度・流量を一定に保ち，還流比やリボイラーの加熱用水蒸気量などを調節して，一定濃度の留出液と缶出液を取り出すのがふつうである。

　これらの量は互いに関連しているので，一つの量が変われば他の量も変えてバランスを保つ必要があり，それらの調節は自動制御によって行われる。

　連続蒸留の自動制御については，第 9 章で学ぶ。

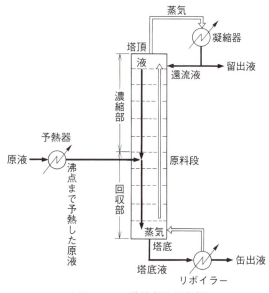

▲図 6-11　濃縮部と回収部

5 蒸留の計算

連続蒸留装置について物質収支を調べ，目的とする濃度の留出液を得るのに必要な段数と還流比との関係を導いてみよう。液と蒸気の流量は［kmol/h］，濃度は低沸点成分のモル分率で表す。

A 蒸留装置の物質収支

●1. 気液の流量
蒸留装置全体の物質の流れを図6-12に示す。

原液は沸点まで予熱されて，すべて液として原料段に入るものとし，その流量を F［kmol/h］とする。塔の各段で蒸気が還流液中を通りぬけ，このときに蒸気（高沸点成分の濃度が高い）の一部が凝縮して液になり，液（低沸点成分の濃度が高い）の一部は気化して蒸気になる。もし各段で凝縮する蒸気の流量 ΔV と，蒸発する液の流量 ΔL が等しいと仮定すれば，段に入る液量は，蒸発して少し減るが蒸気が凝縮して液になるため，段を出る液量と同じである。蒸気も同様である。すなわち，蒸気流量は塔内のどの段でも同じ V［kmol/h］で，液流量は濃縮部では L［kmol/h］である。しかし，回収部では原液が原料段から加わるため，どの段でも $(L+F)$ と一定となる。

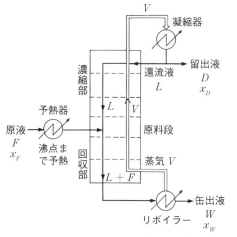

F, D, W, V, L：流量［kmol/h］
x_F, x_D, x_W：低沸点成分のモル分率

▲図6-12 蒸留装置の物質の流れ

問 10 原液が冷たいまま原料段に入ると，塔内の気液の流量はどうなるか。

●2. 濃縮部の物質収支
図6-13(a)のように，濃縮部の任意の段（第 n 段）から上について物質収支を考える[①]。破線で囲んだ部分への出入りだけを考えると，入量は第 $(n+1)$ 段からの上昇蒸気量 V，出量は留出液量 D と第 n 段からの下降液量 L であるから，

全物質収支　　$V = L + D$　　［kmol/h］　　(6-9)

成分物質収支　　$V y_{n+1} = L x_n + D x_D$　　［kmol/h］　　(6-10)

が成り立ち，両式から V を消去すれば次の式が導かれる。

$$y_{n+1} = \frac{L x_n}{L + D} + \frac{D x_D}{L + D} \quad (6\text{-}11)$$

[①] 段の位置は，最上段から下に向かって順に，第1段，第2段…とよぶ。

ここで，還流比を R で表し，

$$R = \frac{L}{D} \tag{6-12}$$

とおくと，

$$y_{n+1} = \frac{R}{R+1} x_n + \frac{x_D}{R+1} \tag{6-13}$$

式(6-13)は，第 n 段の段液の組成[1] x_n と，その段に下から上がってくる蒸気の組成 y_{n+1} との関係を表す。これを x-y 線図上に表すと，点 (x_n, y_{n+1}) は傾きが $\frac{R}{R+1}$，縦軸との切片が $\frac{x_D}{R+1}$ の直線にのる。このような直線を**操作線**といい，濃縮部の操作線をとくに
operating line
濃縮線という。いま，$x_n = x_D$ とおくと，$y_{n+1} = x_D$ となることから，この直線は点 (x_D, x_D) を通ることがわかる。

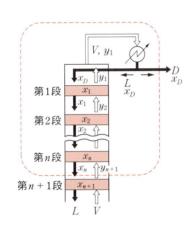
(a) 濃縮部の物質の流れ

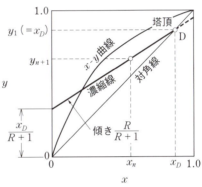
(b) 濃縮線

▲図 6-13　濃縮部の物質の流れと濃縮線

問 11　式(6-9)，(6-10)から(6-11)を，また式(6-11)，(6-12)から(6-13)を導け。

問 12　全還流（R は無限大）とすると，濃縮線はどうなるか。

●3. 回収部の物質収支

図 6-14(a)のように，回収部の任意の段（第 m 段）から下について物質収支を考える。破線で囲んだ部分への出入りだけを考えると，入量は第 m 段からの下降液量 $(L+F)$，出量は缶出液量 W と第 $(m+1)$ 段からの上昇蒸気量 V であるから，

全物質収支　　$L + F = V + W$　　[kmol/h]　　(6-14)

成分物質収支　　$(L+F)x_m = Vy_{m+1} + Wx_W$　　[kmol/h]　　(6-15)

---

[1] 段液の組成は，一つの段の上でも場所によって多少異なるが，ここでは一様であると仮定する。

ゆえに,

$$y_{m+1} = \frac{V+W}{V}x_m - \frac{W}{V}x_W$$

$$= \frac{R'+1}{R'}x_m - \frac{x_W}{R'} \tag{6-16}$$

ただし, $R' = \dfrac{V}{W}$ である。

式(6-16)は第$(m+1)$段を出る蒸気の組成 y_{m+1} と,その上の段液の組成 x_m との関係を示したもので,回収部における操作線にあたり,これを**回収線**という。これをx–y線図上に表すと,点(x_m, y_{m+1})は傾きが $\dfrac{R'+1}{R'}$,縦軸との切片が $-\dfrac{x_W}{R'}$ の直線にのる。いま,$x_m = x_W$ とおくと,$y_{m+1} = x_W$ となることから,回収線は缶出液の組成が x_W となる点で対角線と交わり,点(x_W, x_W)を通ることがわかる。R' と缶出液の組成 x_W が決まれば,回収線はx–y線図上で図6-14(b)のような直線になる。

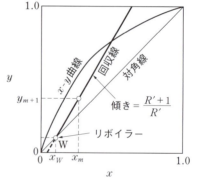

(a) 回収部の物質の流れ　　　(b) 回収線

▲図6-14　回収部の物質の流れと回収線

B 蒸留塔の段数

● 1. 理論段数

濃縮線と回収線を同じx–y線図上に引くと,図6-15のように,二つの操作線が点Fで交わる。この点は原料段に相当し,その液濃度は x_F である。

図6-16(a)で,留出液の組成 x_D は,第1段で発生した蒸気の組成 y_1 に等しいので,この組成の関係はx–y線図の対角線上の点Dで示される。この蒸気の組成 y_1 と第1段の液の組成 x_1 とは平衡状態にあるから,y_1 と x_1 の関係はx–y曲線(平衡線)上の点1で示される。また,第1段の液の組成 x_1 と第2段から上ってくる蒸気の組成 y_2 との関係は,濃縮線上の点1′で示される。

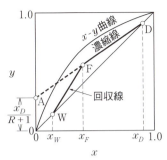

x_F, x_D, x_W, R が決まったら，次の順序で操作線を引く。
① 対角線上に $x = x_D$ の点 D と，$x = x_W$ の点 W を定める。
② $\dfrac{x_D}{R+1}$ の値を求め，y 軸上に点 A を定める。
③ 点 D と点 A を結ぶ直線を引く。
④ 直線 DA 上に $x = x_F$ の点 F を定める。
⑤ 点 F と点 W を直線で結ぶ。

▲図 6-15　操作線の引き方

以下同様に，x–y 曲線と濃縮線の間で階段状に $1'$→2→$2'$→3… とたどっていけば，各段で発生する蒸気の組成と段液の組成を求めることができる。点 F を越えたら，濃縮線のかわりに回収線を用いて，点 W を越えるまでたどればよい。

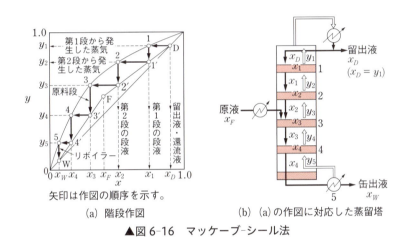

矢印は作図の順序を示す。
(a) 階段作図　　(b) (a) の作図に対応した蒸留塔

▲図 6-16　マッケーブ–シール法
McCabe-Thiele method

このような**階段作図**によって，各段の段液と蒸気の組成が求められ，同時に，蒸留塔の必要な段数や，原料段の位置も求められる。この方法を**マッケーブ–シール法**という。階段作図で得られた階段の数を**ステップ数**（number of steps）というが，これはリボイラーも 1 段として数えているので，蒸留塔の段数はステップ数から 1 を引いた数になる。また，点 F を越える段が原料段になる。

マッケーブ–シール法は，段上の液とそこから発生する蒸気とが平衡状態にあると仮定し（そのような段を**理想段**という），その他いくつかの仮定を設けて段数を求める方法で，求められた段数を**理論段数**という。

問13　p.144 からの物質収支では，理想段であるという仮定以外にどのようなことを仮定したか。

例題 2

メタノール 30 mol% の水溶液を，101.3 kPa のもとで段塔を用いて連続蒸留し，メタノール 92 mol% の留出液とメタノール 6 mol% の缶出液とに分離したい。還流比を 1.3 としたときの理論段数は何段か。また，原料段は第何段か。

解答

メタノール-水系の x–y 線図の上に，$x_D = 0.92$，$x_F = 0.30$，$x_W = 0.06$，$\dfrac{x_D}{R+1} = \dfrac{0.92}{1.3+1} = 0.40$ の点をとって図 6-17 のように操作線を引き，点 D から点 W まで階段作図をして，ステップ数 6.3 段，理論段数 5.3 段[①]，原料段は第 5 段（塔頂から 5 段目）となる。

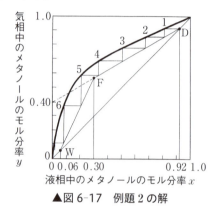

▲図 6-17 例題 2 の解

問 14 例題 2 で還流比を 1.0 にしたときの理論段数を求めよ。

2. 実際に必要な段数

実際の蒸留塔は，理論段数を求めるときに設けた仮定のとおりではない。目的とする濃度の留出液と缶出液を得るために必要な段数は，理論段数より多くなるのがふつうである。理論段数 N_t と実際に必要な段数 N_a との比を**塔効率** E (column efficiency) という。すなわち，

$$E = \frac{N_t}{N_a} \tag{6-17}$$

E の値はふつう 0.5〜0.8 ぐらいで，液の性質や段の構造，操作条件などが複雑に影響する。したがって，E の値を正確に予測することは困難であるが，多くの研究結果や，実際の蒸留塔のデータが発表されているので，それらによってある程度推定することができる。E がわかれば，実際に必要な段数 N_a は，理論段数 N_t を E で割れば求められる。

問 15 例題 2 で実際に用いられている塔の段数が 10 段であるとすると，塔効率はいくらか。

[①] ステップ数と理論段数には端数をつけておき，実際に必要な段数を求めてから端数を切り上げればよい。

●3. 還流比と段数との関係

階段作図で還流比を変えれば，操作線の傾きが変わり，したがって理論段数も変わる。

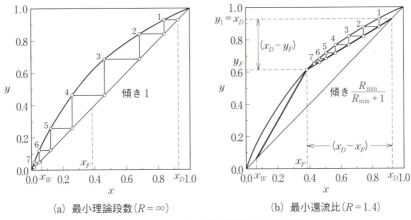

(a) 最小理論段数 ($R = \infty$)　　(b) 最小還流比 ($R = 1.4$)

▲図 6-18　最小理論段数と最小還流比

凝縮液をすべて還流させた全還流の場合，R は無限大であるから，濃縮線の傾きは $\dfrac{R}{R+1} = 1$ になり，図 6-18(a) のように操作線は対角線と一致する。このとき理論段数は最小となり，この段数を**最小理論段数** $N_{\min}$ というが，これでは留出液が得られないから，還流比はこれよりも小さくしなければならない。

還流比 R を小さくしていくと，濃縮線の傾きも小さくなり，操作線は x-y 曲線に近づき，理論段数が増える。そして，図 6-18(b) のように濃縮線と回収線の交点 F が x-y 曲線の上にくると，理論段数は無限大となる。このときの還流比を**最小還流比** $R_{\min}$ といい，図 6-18 から次のようにして求められる。

$$濃縮線の傾き = \frac{R_{\min}}{R_{\min} + 1} = \frac{x_D - y_F}{x_D - x_F} \tag{6-18}$$

ゆえに，
$$R_{\min} = \frac{x_D - y_F}{y_F - x_F} \tag{6-19}$$

実際の蒸留では，還流比は $R_{\min}$ より大きくしなければならない。

還流比 R と理論段数 N_t との関係を図 6-19 に示す。

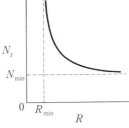

▲図 6-19　還流比と理論段数との関係

問 16　例題 2 の最小還流比および最小理論段数を求めよ。

●1. 塔の高さ
実際に必要なステップ数に**段間隔**をかければ、塔の高さが決まる。液が泡立ちやすい場合や、蒸気の上昇速度が大きい場合は、段間隔を大きくする。段間隔は、石油関係では 45～90 cm、段数の多い塔では 15～30 cm 程度である。

●2. 塔径
単位時間あたりの処理量が決まっている場合、塔径(塔の直径)を小さくすると蒸気の上昇速度が大きくなり、エントレインメント(飛まつ同伴)や蒸気の吹き抜けなどによって塔効率が低下したり、圧力損失が大きくなって液が下降管を逆流したりする。逆に、塔径を大きくすると、太さのわりに処理量が少ないので不経済であり、蒸気速度が小さくなるので、多孔板塔では段液が穴から漏れ落ちてしまう。したがって、塔径はこうした現象が起きない蒸気速度になるように決められる。

6 特殊な蒸留

A 共沸混合物の蒸留

混合液の成分の組み合わせによっては、ある組成で液の組成と蒸気の組成とが等しくなる場合がある。そのような組成の混合液を**共沸混合物**といい、その沸点を**共沸点**という。
azeotropic mixture

エタノールの水溶液は、エタノール 89.4 mol%(質量百分率では 95.6 %)で共沸混合物になり、その共沸点は 101.3 kPa のもとで 78.15 ℃ で、ほかの濃度のときの沸点と比べて最も低い。このような共沸混合物を**最低共沸混合物**という。また、硝酸-水系では、共沸点が最も高い沸点になるので**最高共沸混合物**という。これらの気液平衡関係を表したのが図 6-20 である(図の中の点 A は共沸混合物を示す)。

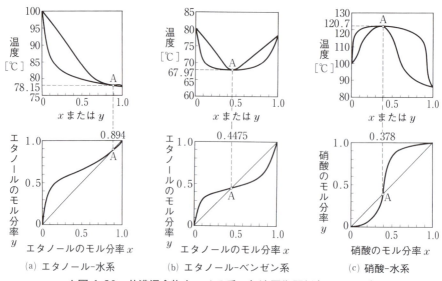

▲図 6-20 共沸混合物をつくる系の気液平衡関係(101.3 kPa)

図からもわかるように，共沸混合物をつくる混合液は，ふつうの蒸留ではその成分に分離することはできない。また，共沸混合物はつくらないが比揮発度が小さい混合液の場合も，必要な段数が増えるので，ふつうの蒸留による分離は困難である。これらの混合液を分離するためには，次のような特殊な蒸留法が用いられる。

● **1. 共沸蒸留**　原液の両方の成分あるいは一方の成分と最低共沸混合物をつくるような，第3の成分(共沸剤)を加えて蒸留する方法を，**共沸蒸留**という。図6-21にエタノール-水系の共沸蒸留の例を示す。第3の成分としてシクロヘキサンを加えて第1塔で蒸留すると，塔底から純エタノールが得られ，塔頂からエタノール-水-シクロヘキサンの3成分共沸混合物が留出する。塔頂からの共沸混合物はシクロヘキサン層と水層に分かれるから，シクロヘキサン層は第1塔に還流し，水層は第2塔でエタノールを回収して塔底から水を捨てる。

　共沸蒸留の例としては，このほかに，ベンゼン-シクロヘキサン系の分離(共沸剤はアセトン)，酢酸-水系の分離(共沸混合物はつくらないが比揮発度が小さい。共沸剤は酢酸ブチル)などがある。

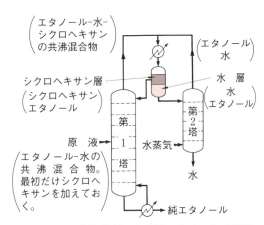

▲図6-21　共沸蒸留による純エタノールの製造

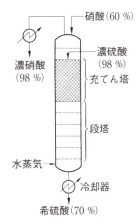

▲図6-22　抽出蒸留による濃硝酸の製造

● **2. 抽出蒸留**　原液の両方の成分よりも沸点が高く，一方の成分をよく溶かすような第3の成分(溶剤)を加えて蒸留する方法を，**抽出蒸留**という。図6-22は濃硝酸を得るための抽出蒸留の例で，第3の成分として濃硫酸を加えている。塔頂からは濃硝酸が，塔底からは希硫酸が得られ，希硫酸は濃縮して再使用する。抽出蒸留の例としては，このほかに，ベンゼン-シクロヘキサン系の分離(溶剤はフェノール)，エタノール-水系の分離(溶剤はグリセリン)などがある。

B	減圧蒸留と水蒸気蒸留

●**1. 減圧蒸留**　常圧では沸点が非常に高い物質や，温度を上げると分解や変質を起こす物質を蒸留する場合，蒸留塔内の圧力を下げると，沸点が下がって蒸留しやすくなる。このようにして行う蒸留を**減圧蒸留**（または**真空蒸留**）という。潤滑油の蒸留などに広く利用されている。
vacuum distillation

●**2. 水蒸気蒸留**　沸点が高く，水と溶け合わないような物質を，不揮発性物質と分離するために，原液に水を混ぜて蒸留するか，かまの原液に水蒸気を吹き込んで蒸留する方法がある。これを**水蒸気蒸留**という。
steam distillation

　水と溶け合わない液体と水との混合液では，両者はそれぞれ単独に存在するときと同じ蒸気圧を示すので，両者の蒸気圧の和が外圧と等しくなる温度で沸騰する。したがって，101.3 kPa のもとでは，混合液の沸点は必ず 100 ℃ よりも低くなる。水蒸気蒸留によれば，常圧のもとで 100 ℃ 以下の温度で蒸留することができ，留出した両成分がいっしょに凝縮して 2 層に分かれるので，目的の液体と水とを容易に分離することができる。

　水蒸気蒸留は，沸点が高く変質しやすい物質の蒸留や，不揮発性物質中の揮発性不純物の除去などに利用される。アニリンやテレビン油の蒸留，食用油の精製などはその例である。

問17　沸点の高い液体を比較的低い温度で蒸留する方法としては，減圧蒸留と水蒸気蒸留がある。二つの方法を比較し，それぞれの長所と短所をあげよ。

C	気体や固体の分離・精製

　常温では気体の物質でも，液化すれば蒸留によってその成分を濃縮したり，分離したりすることができる。たとえば，空気を液化して低温で蒸留すれば，成分が分離されて，窒素・酸素・アルゴンなどが得られる。

　また，固体を精製したい場合に，その固体を気化しやすい化合物に変えてから蒸留によって精製し，精製された化合物を還元などの反応によって高純度の固体とする方法がある。たとえば半導体に用いられるケイ素は，この方法で精製されている。

2節 吸収

この節で学ぶこと

気体の混合物を液体に接触させ，可溶成分のみを分離する操作を，**吸収**(absorption)または**ガス吸収**(gas absorption)という。吸収は，気体中の有用な成分の回収，気体中の有害な成分の除去，気体と液体との反応で反応生成物を得るなどの目的で行われる。ここでは，ガス吸収について学ぶ。

1 気体の溶解度

混合気体を液体と接触させておくと，液体に溶ける成分はしだいに液体中に吸収されていくが，十分に時間がたつと，ついには平衡状態となる。このときの液体中に吸収された成分(溶質)の濃度を，その成分気体のその液体に対する**溶解度** solubility という。

吸収に用いられる液体(溶剤または吸収剤という)は，水または水溶液が多いが，水に溶けにくい気体の吸収には有機溶剤なども用いられる。ここでは，主として水に対する気体の溶解について扱う。

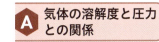
一定温度では，気体の水に対する溶解度は，気体の分圧が大きいほど大きく，溶解度の小さい気体では図6-23(a)のように，溶解度 C は分圧 p に比例する。すなわち，

$$C = Hp \tag{6-20}$$

これを**ヘンリーの法則**といい，比例定数 H を**ヘンリー定数**という[1]。H は気体と液体の種類および温度が決まれば一定の値になる。C の単位には [kg/100 kg-水] (または [kmol/m³] など)が，p の単位には [kPa] (または [atm] など)が用いられる。C と p の単位が変われば，ヘンリー定数 H の値も変わる。

溶解度の大きい気体ではヘンリーの法則は成り立たない。この場合は，図6-23(b)に示すようにグラフは曲線になるが，気体の分圧の低い範囲ではヘンリーの法則が近似的に成り立つと考えることができる。

問 18 p の単位を [kPa]，C の単位を [kg/100 kg-水] で表すとき，H の単位はどうなるか。

---

[1] 式(6-20)を $p = H'C$ で表すこともある。この場合の H' もヘンリー定数とよばれるが，$H' = \dfrac{1}{H}$ である。したがって，どの式によって定義されたヘンリー定数かについては注意が必要で，変数の単位の取り方によってその値は大きく違ったものとなる。

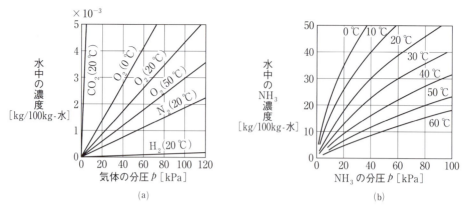

▲図6-23 水に対する気体の溶解度

問19 酸素が水に溶解するときのヘンリー定数 H は，20 ℃ で 4.4×10^{-5} kg/(100 kg-水・kPa) である。101.3 kPa の空気(酸素の分圧 21 kPa)と接している 20 ℃ の水 1 kg には，酸素が何 mg 溶けているか。また，それは 0 ℃，101.3 kPa で何 mL か。

気体の溶解度は，溶解する気体成分の液相中でのモル分率 x と，気相中でのモル分率 y とで表すこともあり，吸収塔の設計計算などにはこの表し方がよく用いられる。なお，ヘンリーの法則が成り立つ場合には，

$$y = kx \tag{6-21}$$

となる。k もヘンリー定数とよばれるが，x と y に単位がないので，k にも単位がなく，k の数値も H とは異なる。

例題 3　二酸化硫黄 SO_2 の水に対する溶解度は，30 ℃ において次のようである。30 ℃，全圧 101.3 kPa のときの SO_2 の分圧および溶解度を，モル分率 y，x で表し，グラフを作成せよ。

p [kPa]	0.227	0.626	1.08	1.57	2.62
C [kg/100 kg-水]	0.05	0.10	0.15	0.2	0.3

解答

気体を理想気体として，全圧を P [kPa]，SO_2 の分圧を p [kPa] とすると，

$$y = \frac{p}{P} \tag{6-22}$$

$P = 101.3$ kPa だから，$p = 0.227$ kPa のときは，

$$y = 0.00224$$

一般に，溶質の分子量を M_G ，溶媒の分子量を M_L ，溶質の濃度を C [kg/100 kg-溶媒] とすると，液相中の溶質のモル分率 x は，

$$x = \frac{\dfrac{C}{M_G}}{\dfrac{C}{M_G} + \dfrac{100}{M_L}} \quad (6\text{-}23)$$

であるが，濃度 C が非常に小さいときは，$\dfrac{C}{M_G}$ は $\dfrac{100}{M_L}$ に比べて非常に小さいから，

$$x \fallingdotseq \frac{CM_L}{100\,M_G} \quad (6\text{-}24)$$

としてもよい。

式 (6-24) に，$C = 0.05$ kg/100kg-水，$M_G = 64.1$，$M_L = 18.0$ を入れると，

$$x = \frac{0.05 \times 18.0}{100 \times 64.1} = 1.40 \times 10^{-4}$$

同様に計算すれば，次の表および図 6-24 のようになる。

x	y
1.40×10^{-4}	0.224×10^{-2}
2.81 〃	0.618 〃
4.21 〃	1.07 〃
5.62 〃	1.55 〃
8.42 〃	2.59 〃

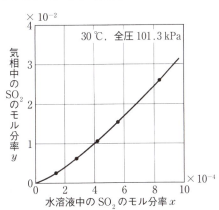

▲図 6-24 SO₂ の水に対する溶解度

問 20 式 (6-22)，(6-23) が成り立つことを説明せよ。

問 21 濃度 C が非常に小さいとき，式 (6-23) の代わりに式 (6-24) を用いてよい理由を説明せよ。

問 22 アンモニア NH_3 の水に対する溶解度は，20 ℃ において次のようである。20 ℃，全圧 101.3 kPa のときの NH_3 の分圧および溶解度を，モル分率 y，x で表し，グラフを作成せよ。

p [kPa]	1.60	2.42	4.23	9.28	15.2
C [kg/100 kg-水]	2	3	5	10	15

B 気体の溶解度と温度との関係

気体の分圧が一定のとき，気体の溶解度は温度が高くなると小さくなる。これは温度の上昇にともない，溶媒や溶けた気体のもつエネルギーが大きくなり，溶媒との相互作用をふりきるぐらいエネルギーが大きくなった気体分子が，気相へと飛び出すためである。気体の全圧が一定のときには，気体の溶解度は液体の沸点で0になるが，溶けた気体が液体と化学反応を起こす場合には，その気体の溶解度は沸点でも0にならない。水に対する気体の溶解度と温度との関係を図6-25に示す。

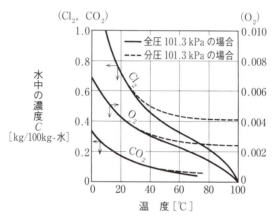

全圧（気体の分圧と水蒸気分圧との和）が101.3 kPaの場合には，100℃（水の沸点）で溶解度は0になる（図の実線）。これは100℃で飽和水蒸気圧が101.3 kPaに達し，気体の分圧が0になってしまうからである。

もし，高温になるほど全圧を高くして気体の分圧がつねに101.3 kPaになるようにすれば，溶解度は図の破線のようになり，100℃でも0にならない（ただし，この場合は水は沸騰しない）。

▲図6-25 水に対する気体の溶解度と温度との関係

C 吸収とストリッピング

気体の溶解度は，圧力が高く温度が低ければ大きく，圧力が低く温度が高ければ小さくなる。したがって，吸収の操作は高圧・低温で行うのが合理的である。一方，溶剤を繰り返し使いたいときや，吸収された気体を取り出して利用したいときは，溶剤を加熱したり減圧したりして吸収された気体を追い出す。この操作を**ストリッピング**（**放散**）という。これは，吸収の逆の操作にあたるので，ストリッピングの操作は低圧・高温で行うのが合理的である。

ただし，実際にはこのことだけでなく，吸収・ストリッピングの速度の大小，前後の単位操作や反応操作との関係，加熱・冷却のための費用なども考えて，操作の条件が決められる。

2 吸収装置とその操作

A 吸収装置

吸収装置は，気体と液体との接触装置であるから，蒸留と同様に充てん塔や段塔が用いられるが，そのほかにもいろいろな形式のものがある。

● **1. 充てん塔** 蒸留に用いられるのと同様に，塔の中にラシヒリングなどの充てん物を詰め，塔頂から液体を，塔底から気体を向流に流して吸収を行わせる装置で(図6-26)，吸収装置としては代表的なものである。充てん物の表面が全体によくぬれるように，塔頂に液分散器を設け，また，液体が塔壁に偏らないように，塔の適当な位置に液再分散器を設ける。吸収では腐食性の気体を扱うことも多いので，塔や充てん物の材質に注意する必要がある。

● **2. 段塔** 蒸留と同様に，バブルキャップ塔や多孔板塔が用いられる。液体を塔頂から，気体を塔底から流すと，気体が気泡となって段上の液体の中を通過し，吸収が行われる。

● **3. 気泡塔** 段のない塔に液体を満たし，底から気体を泡として吹き込む装置を**気泡塔** (bubble column) という。

● **4. スプレー塔** 中空の塔に気体を流し，ノズルから液体を噴霧して吸収を行わせる装置が**スプレー塔** (spray column) である(図6-27(a))。吸収のほかに，気体中の粉じんの除去にも用いられる。

● **5. ぬれ壁塔** 垂直管の内壁に沿って液体を薄膜状に流下させ，管内に気体を上または下から流して吸収を行う装置を**ぬれ壁塔** (wetted-wall column) という(図6-27(b))。管外に冷却水を通すことができるので，塩酸の製造（HClの水への吸収）など発熱をともなう吸収に用いられる。

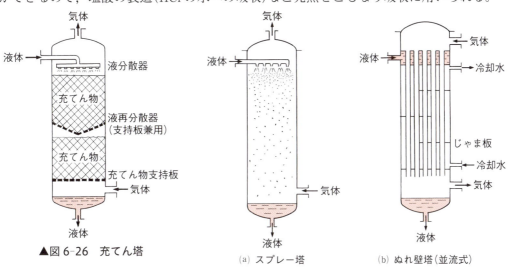

▲図6-26 充てん塔

(a) スプレー塔　　(b) ぬれ壁塔（並流式）

▲図6-27 スプレー塔とぬれ壁塔

B 充てん塔の操作　　ガス吸収塔では，液体の流量が少ないと，塔底近くでは液体が溶質でほとんど飽和され(気体と液体の濃度が平衡になる)，それ以上吸収できなくなって効率が落ちる。吸収塔のうち，充てん塔では液体の流量が少ないと，気体と液体の流路が偏って，気体が塔内を吹き抜けてしまう**チャネリング**(channeling)(偏流)という現象が起こる。したがって，充てん塔の操作では，ある流量以上の液体を流下させる必要がある。

また，液体や気体の流量が大きすぎると，塔内に液体がたまって流下しにくくなり，圧力損失が大きくなる**ローディング**(loading)や，ついには塔頂から液体があふれ出る**フラッディング**(flooding)という現象が起こる。したがって，このようなことが起こらないように，気体と液体の流量(または塔径)を決めなければならない。

なお，エントレインメント(飛まつ同伴)によって，液体が失われたり気体の使用目的に支障が生じたりしないように，吸収塔を出た気体を飛まつ分離器に通して液体(飛まつ)を回収する(図6-28)。

問23　蒸留の場合は，塔頂でエントレインメントが起こっても，それほど問題にはならない。それはなぜか。

3　吸収プロセス

酸素・窒素・水素などが水に吸収される場合は，これらの気体がたんに溶解するだけで，水との間で化学反応を起こすことはない。このような吸収を**物理吸収**(physical absorption)という。二酸化炭素・塩素・アンモニアなどは，水に吸収されるとそのごく一部分が水と化学反応を起こすが，量が少ないためこれらの場合も物理吸収として扱うことがある。

一方，二酸化炭素や二酸化硫黄が水酸化ナトリウム水溶液に吸収される場合は，これらの気体は液相中の溶質と化学反応を起こす。このような吸収を**反応吸収**(または**化学吸収**)(chemical absorption)という。

物理吸収か反応吸収かの区別がはっきりしない場合もあるが，工業的な吸収プロセスでは，反応吸収を利用している例が少なくない。

次に，工業的な吸収プロセスの例をあげる。

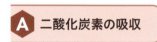 **A 二酸化炭素の吸収**　　二酸化炭素 CO_2 の吸収には，メタノールなどの液体を用い，数 MPa(数十 atm)の加圧下で物理吸収させる方法や，炭酸カリウム K_2CO_3 の熱水溶液に加圧下で反応吸収させる方法，水酸化ナトリウム NaOH の水溶液に反応吸収させる方法など，各種の方法がある。合成ガスその他の原料ガスの精製に用いられる。

B 二酸化硫黄の吸収　二酸化硫黄 SO_2 は，亜硫酸ナトリウム Na_2SO_3 や水酸化ナトリウムの水溶液，あるいは石灰石や消石灰の懸濁液を用いて反応吸収させる。吸収された SO_2 は硫酸ナトリウム（ボウ硝）$Na_2SO_4 \cdot 10H_2O$ や硫酸カルシウム（セッコウ）$CaSO_4 \cdot 2H_2O$ として回収され，利用される。主として排煙脱硫に用いられる。

C 窒素酸化物の吸収　燃焼排ガス中の窒素酸化物は大部分が一酸化窒素 NO で，濃度が低く水に難溶で反応性も乏しい。そこで，NO を酸化剤で酸化して二酸化窒素 NO_2 に変えてからアルカリ水溶液に吸収させる。酸化剤としてオゾン O_3 を用いる気相酸化，吸収液に過マンガン酸カリウム $KMnO_4$ や亜塩素酸ナトリウム $NaClO_2$ を添加する液相酸化などがある。吸収された NO は，硝酸アンモニウム NH_4NO_3 や硝酸カリウム KNO_3 として回収され，利用される。

4 ストリッピングプロセス

　一般に，吸収プロセスから出た吸収液は，ストリッピングプロセスに送られる。そこでは加熱や減圧操作が行われ，吸収された成分は放散・回収される。同時に回収液は再生され，吸収プロセスにて再利用される。ストリッピングプロセスは，物質移動の方向が正反対なだけで，吸収プロセスとまったく同様に取り扱うことができる。図 6-28 に，ガス吸収とストリッピングを組み合わせたプロセスの概要を示す。

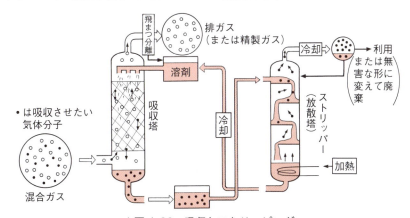

▲図 6-28　吸収とストリッピング

問 24　重油や石炭を燃料とするボイラーなどの燃焼ガスには，どのような有害成分が含まれているか。また，それらを除去する方法を考えよ。

3節 抽出

この節で学ぶこと

固体または液体の原料から，ある成分だけを溶剤で溶かし出す操作を**抽出**(extraction)という。原料が固体の場合を**固液抽出**(solid-liquid extraction，または**固体抽出，浸出**)，原料が液体の場合を**液液抽出**(liquid-liquid extraction，または**液体抽出**)という。ここでは抽出による成分の分離について学ぶ。

1 固液抽出

固液抽出は家庭でも行われている。緑茶・紅茶・コーヒーなどをいれる行為は，固液抽出である。工業的には，動植物油脂工業，製糖工業，湿式冶金工業[①]などに固液抽出が利用されている。

小規模な場合はバッチ操作(回分操作)で行われるが(図6-29)，大規模な場合には連続操作(図6-30)で行うことが多い。抽出液は蒸留装置で溶剤と抽出物とに分離し，溶剤は再利用する。

実験室で固液抽出を行うとき用いる装置で，操作はバッチ式である。溶剤蒸気が凝縮器で凝縮して原料を浸し，抽出液が円筒沪紙を満たすと，サイホンの働きで下のフラスコに落下する。こうして何回も抽出を繰り返すうちに，目的成分の大部分が抽出され，下のフラスコに集まる。

▲図6-29 バッチ式固液抽出装置の例（ソックスレー抽出器）

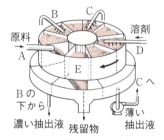

上部の円盤形の部分が矢印の方向にゆっくり回転している。Aで装入された原料は，D→C→Bの順に送られた溶剤で抽出され，Bで最も濃い抽出液が得られる。残留物はEから落下する。

▲図6-30 連続式固液抽出装置の例

2 液液抽出

A バッチ式液液抽出

実験室で液液抽出を行う場合には，分液漏斗がよく用いられる。図6-31は，エーテル(ジエチルエーテル)を用いてエタノール水溶液からエタノールを抽出する場合の例である。

---

① 水溶液を用いて砕いた鉱石中の金属成分を溶かし出し金属を取り出す工業を，湿式冶金工業という。

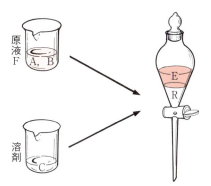

F：原液(エタノール水溶液)
A：溶質(エタノール)
B：溶媒(水)
C：溶剤(エーテル)
E：抽出液(エーテル相)
R：抽残液(水相)

▲図6-31　分液漏斗による液液抽出

　エタノールは水に完全に溶けて原液となっている。この原液にエーテルを加えてよく振り混ぜてから，静置する。エーテルは，エタノールをよく溶かすが，水とはほとんど溶け合わないため，エーテル相と水相とに分かれる。

　抽出液(エーテル相)中には，多量のエタノールと微量の水が溶けているので，これを蒸留してエーテルを除けばエタノールが得られる。抽残液(水相)中には，少量のエタノールと微量のエーテルが溶けている。

　抽残液に新しい溶剤(エーテル)を加えて同じ操作を繰り返せば，原液中のエタノールを多く抽出することができる。このような操作を**多回抽出**(multistage extraction)という。これに対して，1回だけ行う抽出操作を**単抽出**(1回抽出)(single-stage extraction)という。

　この例のように，溶剤の性質としては，溶質だけをよく溶かし，溶媒とできるだけ混ざらないことが大切である。

　液液抽出を工場で行う場合には，かくはん槽を用いることが多い(図6-32)。この場合も，単抽出では目的の成分が十分に抽出されないので，多回抽出を行うのがふつうである。

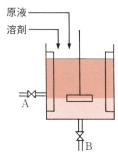

溶剤と原液をよくかくはんしてから，静置して2相に分け，A，Bどちらかの管から目的に応じて抽出液または抽残液を取り出す。

▲図6-32　かくはん槽による液液抽出

B 連続式液液抽出

かくはん槽（ミキサー）を用いて連続的に液液抽出を行うためには，静置槽（セトラー）を別に設ける。この一組を**ミキサーセトラー** mixer-settler という（図6-33）。

しかし，これだけでは目的成分が十分に抽出されないので，二組以上のミキサーセトラーを組み合わせたものが多く用いられる。

二つの液体を接触させる装置としては，かくはん槽のほか，液の流れを利用する**フローミキサー** flow mixer も用いられる。図6-34にその例を示す。

塔形の装置（段塔，充てん塔，スプレー塔）を用いた連続式液液抽出装置も用いられるが，液と液の接触を助けるために塔内にかくはん機を設けたり，液に脈動を与えたりする。

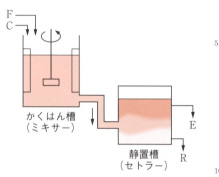

F：原液，C：溶剤，R：抽残液，E：抽出液。RとEは上下が逆の場合もある。

▲図6-33 ミキサーセトラー

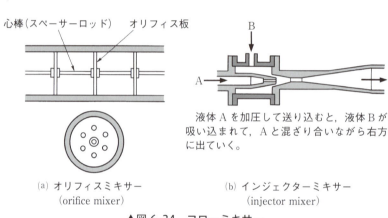

液体Aを加圧して送り込むと，液体Bが吸い込まれて，Aと混ざり合いながら右方に出ていく。

(a) オリフィスミキサー　　　(b) インジェクターミキサー
　　（orifice mixer）　　　　　　（injector mixer）

▲図6-34 フローミキサー

3 液液抽出の計算

A 液液平衡関係

蒸留の計算に気液平衡関係が必要なように，液液抽出の計算には，抽出液の濃度と抽残液の濃度との平衡関係，すなわち**液液平衡関係** liquid-liquid equilibrium が必要である。ところが，蒸留の場合は成分の数が最低二つであったが，液液抽出では少なくとも三つの成分（原液を構成する溶媒と溶質，および抽出用の溶剤）が関係する。そのため，液液平衡関係を図示するには**三角図** triangular diagram が用いられる。図6-35に三角図による濃度の表し方を示す[①]。

---

① 三角図の形は正三角形でもよい。また，直角三角形の直角をはさむ2辺の長さは等しくなくてもよい。

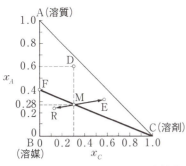

三角図の各頂点は純物質を表し，各辺上の点は2成分の混合物の組成を，三角形内の点は3成分の混合物の組成を表す。
　すなわち，各成分 A，B，C の質量分率[①]を x_A，x_B，x_C とすれば，
$$x_A + x_B + x_C = 1$$
となる。点 F は $x_A = 0.4$，$x_C = 0$，$x_B = 0.6$ の2成分混合物を，点 D は $x_A = 0.6$，$x_C = 0.3$，$x_B = 0.1$ の3成分混合物を表す。

　いま，点 F で表される原液と溶剤 C とを 7：3（質量比）の割合で混合すると，混合物の組成は，線分 FC の長さを $\overline{\mathrm{FM}}：\overline{\mathrm{MC}} = 3：7$ に内分する点 M で表される（$\overline{\mathrm{FM}}$ は線分 FM の長さを表す）。
　もし，点 M で表される混合物が，抽出液 E と抽残液 R の2液相に分かれたとすれば，その質量比は，
$$(\text{E の質量)：(R の質量}) = \overline{\mathrm{RM}}：\overline{\mathrm{ME}}$$
となる。

▲図 6-35　三角図

B　溶解度曲線とタイライン

　表 6-3 は，エタノール-水-エーテル（ジエチルエーテル）系の液液平衡関係である。この表において，例えば2番目のデータは，質量分率 0.067 のエタノールと 0.062 のエーテルを含む水相と，質量分率 0.029 のエタノールと 0.950 のエーテルを含むエーテル相が，互いに混ざり合うことなく，分離して存在することを示している。ここで，3成分系のうちの残りの一つである水の質量分率は，各相におけるエタノールとエーテルの割合の和を1から引いた値として求められる。

　表に示される値を三角図上に表し，それぞれを線でつなぐと，図 6-36 のような曲線が得られる。これを**溶解度曲線**(solubility curve)という。溶解度曲線は，3成分系の混合液が均一に溶け合う場合と2相に分離する場合の境界の組成を表すものである。すなわち，溶解度曲線より外側にある組成の混合液は均一に溶け合い，内側にある場合は2相に分かれる。

　表中の同じ行に示された組成を結ぶ線分を**タイライン**(tie line)（**対応線**）という。表 6-3 の場合，2番目から10番目のデータについて9本のタイラインを引くことができる。なお，表中の最下行のデータに着目すると，水相とエーテル相の組成が等しく，混合液はこの点において均一相を形成することがわかる。この点を**プレイトポイント**(plait point)という。

　溶解度曲線は系によって大きく異なり，また同じ系でも温度によって変化する。

[①] ある成分の質量を全体の質量で割った値を，その成分の質量分率という。質量分率の 100 倍が質量百分率である。

▼表6-3 エタノール-水-エーテル系の液液平衡関係(25℃)

水相の組成 (質量分率)		エーテル相の組成 (質量分率)	
エタノール	エーテル	エタノール	エーテル
0.000	0.060	0.000	0.987
0.067	0.062	0.029	0.950
0.125	0.069	0.067	0.900
0.159	0.078	0.102	0.850
0.186	0.088	0.136	0.800
0.204	0.096	0.168	0.750
0.219	0.106	0.196	0.700
0.242	0.133	0.241	0.600
0.265	0.183	0.269	0.500
0.280	0.250	0.282	0.400
0.285	0.319	0.285	0.319

(Smith：Design of Equilibrium Stage Processes による)

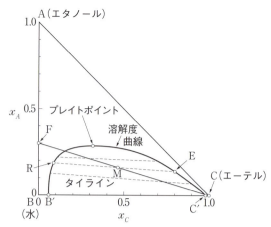

原液F（組成が点Fで表される液）に溶剤Cを加えてよくかくはんし，混合液Mをつくる。これを静置すると，抽出液Eと抽残液Rとに分かれる。
このような実験をいろいろな組成の混合液について繰り返すと，表6-3のような関係が得られ，溶解度曲線とタイラインを引くことができる。

▲図6-36 溶解度曲線とタイライン

問25 表6-3の値を用いて，三角図に溶解度曲線とタイラインを引け。

C 単抽出の計算

分液漏斗でよく振り混ぜたあと，またはかくはん槽でよくかくはんしたあとの二つの液相の組成は，平衡状態にあると考えてよい。そのような場合の抽出液の組成や量，抽出率などを，三角図を用いて求めてみよう。

例題4

図6-32のような装置を用いて，25℃で，30%（質量百分率）のエタノール水溶液40 kgに，エーテル60 kgを加えて抽出を行ったときの，抽出液・抽残液の組成と質量，およびエタノールの抽出率を求めよ。

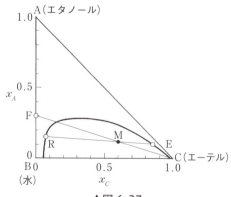

▲図6-37

解答

はじめに図 6-37 の点 F$(x_A = 0.30)$と点 C を結ぶ直線を引き，$\overline{FM} : \overline{MC} = 60 : 40$ になるように点 M を決める。点 M を通るタイライン(ちょうど点 M を通る線がなければ，上下のタイラインに準じて引く)の両端の点 E，R の座標を読めば，

抽出液 E の組成　$x_A = 0.10,\ x_C = 0.85,\ x_B = 0.05$

抽残液 R の組成　$x_A = 0.16,\ x_C = 0.08,\ x_B = 0.76$

また，抽出液と抽残液の質量の和は$(60 + 40)\,\mathrm{kg}$ で，その比は $\overline{RM} : \overline{ME}$ であるから，

$$抽出液の質量 = (60 + 40) \times \frac{\overline{RM}}{\overline{RE}}$$

$$= 100 \times \frac{0.60 - 0.08}{0.85 - 0.08} = 68\ [\mathrm{kg}]$$

$$抽出率 = \frac{抽出液中のエタノールの量}{エタノールの全量} = \frac{68 \times 0.10}{40 \times 0.30} = 0.57$$

すなわち，抽出率は 57 % である。

問 26　25 ℃ で，25 % のエタノール水溶液 100 kg を，100 kg のエーテルで抽出するときの抽出率を求めよ。

D 多回抽出の計算　　例題 4 でもわかるように，1 回だけの抽出では抽出率が低いので，これを高めるために，多回抽出を行う。例題 4 の場合ならば，図 6-37 の点 R の液を原液と考えて，これに新たに溶剤を加えて抽出を行うと，2 回目の抽出液・抽残液が得られる。例題 4 の方法に従うと，2 回目の抽出液中に含まれるエタノールの量を算出できる。ここで 1 回目の回収量と 2 回目の回収量の総和を取り，それを原料中に存在したエタノールの全量で割ると，2 回抽出で得た総括の回収率を得ることができる。以下，これを繰り返すことで，多回抽出による総括の回収率を計算できる。

問 27　例題 4 の抽残液に，40 kg のエーテルを加えて 2 回目の抽出を行うと，抽出率は合わせて何 % になるか。

問 28　例題 4 で，エーテル 100 kg を加えて抽出を行うと，抽出率はいくらになるか。また，この抽出率と問 27 の抽出率とを比較せよ。

3 節　抽出　**165**

Column　超臨界抽出

　二酸化炭素やエチレンなどの気体の温度と圧力が臨界温度および臨界圧[①]を超えると，液体と気体の中間の性質をもつ**超臨界流体**（supercritical fluid）となる。超臨界流体を溶剤として用いる抽出法を**超臨界抽出**（supercritical extraction）という。

　超臨界流体は抽出力が大きく，しかも抽出液を減圧すれば容易に溶剤が気化し，溶質を取り出すことができる。とくに二酸化炭素は，人体に無害で，臨界温度が常温に近いので，すぐれた溶剤である。

　コーヒー豆・紅茶からのカフェインの抽出や，香料の抽出などが実用化されている。

　図 6-38 は，二酸化炭素により，米糠（こめぬか）から高圧抽出した液体を分離するプロセスの一例である。

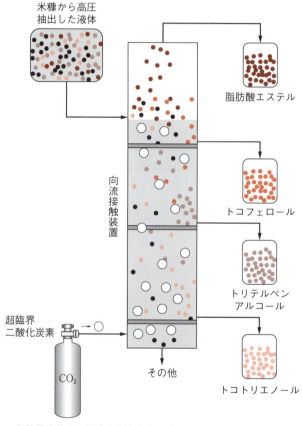

超臨界流体は，温度や圧力を少し変えるだけでその物性を大きく変化させることができる。すなわち，溶剤のもつ溶解力を，容易に，かつ連続的に制御することができる。このことを利用すると，混合物からの目的成分の選択的な抽出・分離が連続的に可能となる。

▲図 6-38　超臨界抽出の例

---

① 二酸化炭素の臨界温度は 31.1 ℃，臨界圧は 7.38 MPa，また，エチレンでは 9.5 ℃，5.08 MPa である。

4節 その他の分離・精製法

この節で学ぶこと

物質の分離・精製法としては，これまでに蒸留・吸収・抽出を学んだが，そのほかにも吸着やイオン交換などの方法がある。また，各種の膜を利用した膜分離も多く利用されている。ここでは，それらの概要を学ぶ。

1 吸着・イオン交換・電気透析

A 吸着

活性炭は，冷蔵庫内の異臭を取り除くための脱臭剤として，家庭でも利用されている。

異臭の原因となる気体分子は，冷蔵庫内を移動して活性炭表面に近づく。このとき，気体と固体の界面では，気体分子と固体分子との間に相互作用による結合力が働き，気体分子が2次元的に高濃度に保たれた状態ができる。このように，気相中の物質が，それと接触する固相の表面に濃縮される現象を **吸着**（adsorption）といい，活性炭のような物質を **吸着剤**（adsorbent）という。

物質を吸着している吸着剤を，加熱したり減圧したりすると，吸着されている物質は，吸着剤から離れて放出される。これを **脱離**[①]（desorption）という。

吸着剤を用いて脱色・脱臭・乾燥といった不純物の除去，あるいは混合物の分離などを行う操作を **吸着操作** という。

吸着剤の表面には，通常，多数の細孔があり，物質は，吸着剤の外表面だけではなく，細孔内にも入りこんで細孔内の表面にも吸着される。吸着剤がどの物質をどの程度吸着することができるかは，吸着剤の性質で決まる。吸着剤としては，内部表面積が大きく，吸着する物質の選択性にすぐれ，脱離(吸着剤の再生)が容易で，しかも粒子がこわれにくいものがよい。活性炭のほか，シリカゲル・活性アルミナ・活性白土・ゼオライトなどが，吸着剤として広く用いられている。

工業的に製造された **合成ゼオライト** は，平均孔径が 0.5 nm，1 nm などの均一な細孔を有する無機多孔性物質である。この細孔の孔径より小さい分子は，細孔内に吸着され，細孔の孔径より大きい分子は，細孔内に入れないので吸着されない。細孔が分子レベルのふるいの役目をするので，このような物質を **分子ふるい**（molecular sieve）という。

合成ゼオライトは，n-パラフィンをイソパラフィンや芳香族化合物から分離したり，アルコール・アセトン・炭化水素などの溶媒に含まれている微量の水分を除いたりするのに用いられるほか，空気中の酸素や窒素の濃縮など，さまざまな用途がある。

---

① 脱着ともいう。

B イオン交換

イオン交換体とよばれる固体粒子を用いて，水溶液中の種々のイオンを，イオン交換体のもつイオンと交換させることによって回収または除去する操作を，**イオン交換**(ion exchange)という。イオン交換体としては，一般に**イオン交換樹脂**(ion-exchange resin)が用いられる。

広く使われているポリスチレンゲル形イオン交換樹脂には，酸性のスルホ基をもつ**陽イオン交換樹脂**(cation-exchange resin)と，塩基性のアルキルアミノ基をもつ**陰イオン交換樹脂**(anion-exchange resin)とがある。これらの樹脂に NaCl などの塩類の水溶液を加えると，図 6-39 のようなイオン交換反応が起こり，水中の塩類が除かれる。これらの反応は可逆反応で，酸または塩基の水溶液で樹脂を再生することができる。

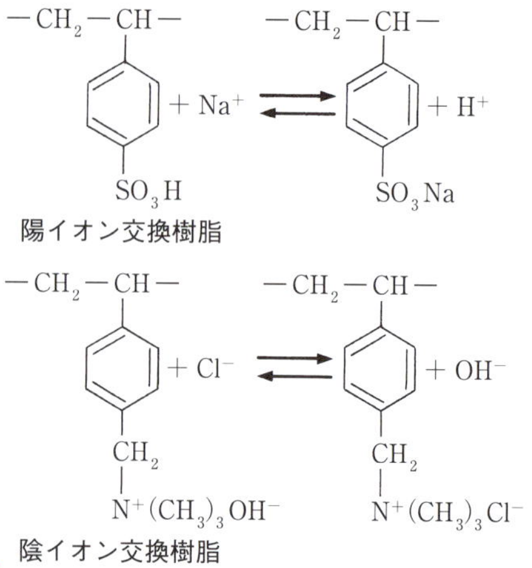

▲図 6-39　イオン交換反応

C 電気透析

図 6-40 は，イオン交換膜を用いて食塩水を濃縮する方法の原理を示したもので，海水の濃縮(製塩)や淡水化に用いられている。このような方法を**電気透析**(electrodialysis)という。

イオン交換膜(ion-exchange membrane)は，イオン交換樹脂を膜状に成形したもので，膜が破れないように補強材で補強されている。

イオン交換膜のおもな機能は，イオンの選択透過性であって，陽イオンを選択的に透過させる**陽イオン交換膜**と，陰イオンを透過させる**陰イオン交換膜**とがある。

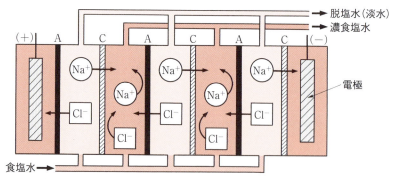

A は陰イオン交換膜，C は陽イオン交換膜である。
イオン交換膜で仕切られた多数の室に食塩水を入れて電圧を加えると，Na^+イオンは C を通るが A を通らず，Cl^-イオンは A を通るが C を通らない。したがって，一つおきに食塩の濃い室と薄い室ができる。

▲図 6-40　電気透析による食塩水の濃縮

2 膜分離

　液体中の固体粒子を分離する際よく用いられる方法に，濾過がある[①]。これは濾紙や濾布を用いて行う方法で，1 μm より大きな固体粒子を取り除くことができる。さらに小さな粒子を分離する場合には，濾紙や濾布より小さい孔径をもつ多孔体の**膜**(membrane)を用いる。
　膜には，はっきりとした網目構造はもたないが，特定の物質を選択的に透過させるものもある。このような膜では，物質が膜に溶け込み，膜の中を移動(拡散)して膜のもう一方の面から出ることで物質の分離が行われる。
　このように膜の細孔径と粒子の大きさの差，あるいは膜への溶解のしやすさ(親和性)の違いを利用して，溶液(または混合気体)から物質を分離する方法を，**膜分離**(membrane separation)という。
　濾紙あるいは膜を用いて液体中の粒子を分離する際，液体が膜の中を透過できるように液体に圧力をかけることが多い。このような分離法は，濾別する粒子の大きさによって表 6-4 のように分類される。

▼表 6-4　膜を用いる濾過法[②]

	分離される粒子の大きさ	応用例
精密濾過	100 nm～10 μm	大腸菌の除去，懸濁液の清澄化
限外濾過	2 nm～100 nm	コロイド粒子やタンパク質分子の分離，バクテリアの除去
ナノ濾過	1 nm～2 nm	低分子有機物の分離，純水の製造
逆浸透	水に溶解している分子やイオンなどの大きさ(注)	海水の淡水化(p.170 参照)，ジュースの濃縮

注　逆浸透膜は水分子は通すが，水に溶解している分子やイオンは通さない。

　そのほか，膜の両側の溶液の濃度差によって分離する方法として，血液の人工透析などに用いられる**透析**がある。
　膜分離に使用される膜(分離膜)は，高分子系(アセチルセルロース，ポリアミド，ポリエチレンなど)や無機系(アルミナ，非晶質のシリカ，ゼオライトなど)の素材でつくられる。
　分離膜は，**モジュール**(module)とよばれる小形の装置の形で用いられる。
　モジュールには，膜の表面積を大きくとれるものや，薄膜であっても加圧に耐えられる構造のものなど，さまざまな形状が考案されている。

---

① p.189 参照。
② **精密濾過**(microfiltration；MF)，**限外濾過**(ultrafiltration；UF)，**ナノ濾過**(nanofiltration；NF)，**逆浸透**(reverse osmosis；RO)

図6-41は中空糸膜モジュールの例で，ほかに平面状の膜を巻き込んだスパイラルモジュールや，支持管の内側に膜を設けた管形モジュールなどがある。図6-42に，モジュールを組み込んだ海水淡水化処理設備の一例を示す。

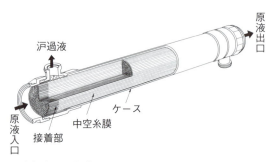

内径1 mm程度の，マカロニを細くしたような中空の糸状の膜を束ねたもので，大きな膜面積が得られる。
▲図6-41　中空糸膜モジュール

▲図6-42　分離膜モジュールを組み込んだ海水淡水化処理設備(福岡地区水道企業団海水淡水化センター(まみずピア))

A　限外沪過

　通常の沪過では分離することができない微小なコロイド粒子を沪別する方法を**限外沪過**といい，限外沪過に使われる膜を**限外沪過膜**という。

　沪別される粒子の大きさはおよそ2～100 nmで，タンパク質などの高分子やコロイド粒子を含む溶液を濃縮したり，これらの溶液から低分子溶質を除去したりすることができる。

B　逆浸透

　逆浸透は，海水の淡水化を目的として開発された膜分離法である。

　半透膜で仕切られた容器の一方に海水を，他方に真水を入れると，水は膜を通過して海水側へ移動する。この移動を止めるためには，海水に約2.3 MPaの圧力を加える必要がある。この圧力が海水の浸透圧であって，これ以上の圧力を海水に加えれば，逆に水が真水側へ移動し，海水から真水(淡水)が得られる。この方法が逆浸透で，加圧に耐え，水の分子はよく通すがイオンは通さない各種の**逆浸透膜**(アセチルセルロース系，その他)が開発されている。逆浸透のための装置としては，スパイラルモジュールがよく用いられる。

　海水の淡水化法としては蒸発法もあるが，省エネルギーの点からは逆浸透法がすぐれている。

C　気体分離膜

　膜を用いて，混合気体からある特定の気体を選択的に分離することができる。たとえば，ポリイミド系の膜を用いると，空気中の窒素を濃縮することができる。これは，膜に対する酸素や二酸化炭素の親和性が，窒素に比べて大きいという性質を利用している。このような膜を**気体分離膜**という。窒素の濃縮以外にも，水素やヘリウムの膜分離が実用化されている。

章末問題

1. 次の表は，101.3 kPa における，水-酢酸系およびアセトン-水系の気液平衡関係の実測値で，組成 x，y は，先に書いてある成分の mol% で，水-酢酸系では水の，アセトン-水系ではアセトンの mol% である。この値を用いて，それぞれの系の温度-組成線図および x-y 線図を作図せよ。

▼水-酢酸系

温度 [℃]	117.8	115.0	110.8	109.1	107.0	104.7	103.1	101.7	100.8	100.4	100.0
x	0.0	5.0	17.0	23.3	32.2	51.5	64.0	77.0	89.3	94.4	100.0
y	0.0	10.2	28.0	36.4	47.7	64.3	75.5	84.8	92.9	96.1	100.0

(日本化学会編「化学便覧(基礎編)改訂 4 版」による)

▼アセトン-水系

温度 [℃]	100.0	87.8	83.0	76.5	66.2	61.8	60.0	58.9	57.4	57.1	56.2
x	0.0	1.0	2.3	4.1	12.0	26.4	44.4	60.9	79.3	85.0	100.0
y	0.0	33.5	46.2	58.5	75.6	80.2	83.2	84.7	90.0	91.8	100.0

(日本化学会編「化学便覧(基礎編)改訂 3 版」による)

2. 50 mol% の酢酸水溶液がある。これを段塔で蒸留して，酢酸 85 mol% の水溶液と酢酸 20 mol% の水溶液とに分離したい。最小理論段数と最小還流比を求めよ。

3. アセトン C_3H_6O を 30.5 %(質量百分率)含む水溶液がある。

(1) この中のアセトンのモル分率を求めよ。

(2) この液を単蒸留するとき，最初に留出する液に含まれるアセトンの mol% および %(質量百分率)を求めよ。

4. ベンゼン 50 mol%，トルエン 50 mol% の混合物を連続蒸留して，ベンゼン 94 mol% の留出液と，ベンゼン 8 mol% の缶出液とに分離したい。次の値を求めよ。

(1) 最小理論段数

(2) 最小還流比

(3) 還流比を最小還流比の 1.5 倍にしたときの理論段数と，原料段の位置

(4) (3)の条件で塔効率が 65 % のときの，実際に必要な段数

(5) (4)の段数で，段間隔を 50 cm としたときの塔のおよその高さ

　　ただし，x-y 線図は，p.138 問 7 のベンゼン-トルエン系の気液平衡関係の実測値を用いて作図せよ。

5. 窒素 N_2 は水にわずかに溶け，その溶解度についてはヘンリーの法則が成り立つ。20 ℃ において窒素が水に溶けるときのヘンリー定数を，p.154 図 6-23(a)から概算せよ。

6. SO_2 を 1.55 vol% 含む空気(全圧 101.3 kPa)がある。この空気に水を接触させて，SO_2 を十分溶かし込んだとき，水中の SO_2 濃度は質量百分率で何% になるか。p.154 例題 3 の数値を利用して求めよ。ただし，空気の量は水に比べて非常に多く，空気中の SO_2 濃度は吸収によって変化しないものとする。

7. 25℃ で，25%(質量百分率)のエタノール水溶液 50 kg に，エーテルを 50 kg ずつ 2 回加えて抽出を行ったときの，エタノールの抽出率を求めよ。

8. 次の用語の意味を簡単に説明せよ。

　　分縮　　還流比　　リボイラー　　充てん塔　　共沸蒸留
　　ストリッピング　　チャネリング　　多回抽出　　逆浸透

STC 水蒸気蒸留について考えよう

　実験室でのアニリンの水蒸気蒸留は，図 6-43 に示すような方法で行われる。図 6-44 には，水とアニリンの各蒸気圧曲線が示されている。蒸気圧が外圧と等しくなる温度が沸点である。ここで，水とアニリンの混合液を考えると，その蒸気圧は，両者の蒸気圧の和で与えられる。

　このことをふまえて，水蒸気蒸留について，原理や利点，欠点について考えてみよう。

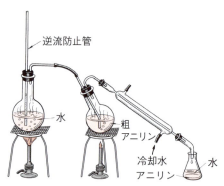

▲図 6-43　実験室でのアニリンの水蒸気蒸留

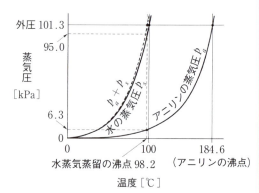

▲図 6-44　水およびアニリンの蒸気圧曲線

固体の取り扱い 第7章

化学工業の原料や製品には，固体の状態のものも少なくない。固体は，液体・気体と違って流れ動く性質はなく，そのままでは管で輸送することもできない。

しかし，固体を細かく砕くと，液体のように流れ動いたり，液体や気体に浮遊したりするなど，固体の大きなかたまりとは違った挙動を示すようになり，取り扱いは容易になる。

反応槽への粉体原料の投入作業

1節 固体と粉体

この節で学ぶこと

固体の微粒子の集まりを**粉体**(powder)という。日常生活では，小麦粉や粉末洗剤など，粉体がふつうに使われているし，セメント工業や薬品工業などの化学工業でも，広く粉体が取り扱われている。ここでは，粉体の性質や取り扱い方について学ぶ。

1 固体と粉体

図 7-1 は，顔料・医薬品などの製造原料として用いられる塩化バリウムの製造プロセスを示したものである。

図 7-1 の製造プロセスは，

❶ 固体の粉砕
❷ 固体の混合
❸ 固体と固体との反応
❹ 固体と液体との反応
❺ 固体と液体との分離

という操作からなっている。これらは固体を取り扱う際の主要な操作のいくつかで，このほかに集じんや沪過などの操作がある。これらの操作については，あとで学ぶ。

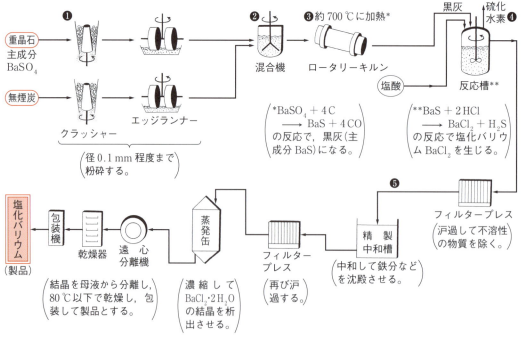

▲図 7-1 塩化バリウムの製造プロセス

図7-2は，化学工業で扱われる各種の粉体の例と，その粒子の大きさを示したものである。粒子の大きさを表すとき，その大きさを代表する数値を**粒径**(粒度)といい，球形粒子は直径で，立方体の粒子は一辺の長さで表される。不規則な形をした粒子の場合には，任意の方向を向いている粒子に一定方向の平行線を外接させたときの平行線間の距離で示す定方向径，粒子と同じ表面積または同じ体積をもつ球の直径で示す球相当径などがある。また，あとで学ぶストークス径[①]も粒径の表し方の一つである。

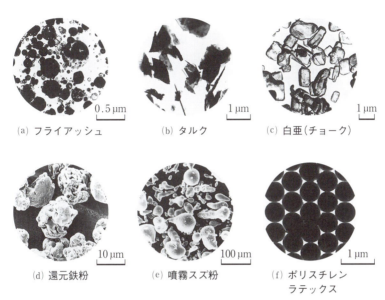

▲図7-2　粉体の例とその粒子の大きさ

 固体を取り扱う操作を含むプロセスの例をあげてみよ。

2　粒径とその分布

工業で取り扱われる粉体は，一般に均一な粒径の粒子の集まりではなく，粒径にかなりのばらつきがあるのがふつうである。

どのような粒径の粒子がどのような割合で混ざっているかを表したものを，**粒径分布**(粒度分布)といい，それを調べる方法としては，**ふるい分析法**(ふるい分け法)と**沈降分析法**(沈降法)とがある。ここでは，ふるい分析法について学ぶ。

---

① p.185 参照。

A ふるい分析法

大小さまざまな粒子が混ざっている粉体を，粒径によって二つ以上の群に分けるには，一定の大きさの網目をもった**ふるい**でふるい分ける操作がよく行われる。これを**ふるい分析法**という。このとき，ふるいを通過した粒子を**ふるい下**，ふるいの網の上に残った粒子を**ふるい上**という。

JIS[1]によるふるい分析法[2]では，JIS に従ってつくられた種々の目の開きをもつ**試験用ふるい**[3]を，目の細かいものを下にして順に積み重ね，最上部に試料の粉体を入れ，全体をふるい分け装置に取り付けて十分に揺り動かす。一定時間ののち，それぞれのふるい上の質量をはかり，それが粉体の全質量の何%（質量百分率）にあたるかを求める。

B 粒径分布の表し方

上のようにしてそれぞれのふるい上の質量百分率がわかったら，それぞれのふるいに対する**残留率**を求める。

残留率とは，あるふるいで全部の粉体をふるい分けした場合に，そのふるい上の質量が粉体の全質量の何%にあたるかを表す値である。したがって，あるふるいの残留率は，それよりも目開きの大きいふるいのふるい上の質量百分率を合計することにより求められる。

求められた残留率を縦軸にし，ふるい目の開き（粒径）を横軸にしてグラフで表すと，**残留率曲線**（ふるい上分布曲線）が得られる。

また，逆に，ある粒径以下の粒子（ふるい下）が全体の何%にあたるか（これを**通過率**という）を表す曲線をかくこともできる。これを**通過率曲線**（ふるい下分布曲線）という。これらの曲線は粒径分布を表すのによく用いられる。

そのほか，粒径を等間隔に区切ったとき各粒径範囲に入る粒子の質量の割合を**頻度分布**（度数分布）といい，それを**ヒストグラム**（柱状図）で表したものや，ヒストグラムの頂部を曲線で結んだ**頻度分布曲線**も，粒径分布を表すのに用いられる。

---

① 日本産業規格。
② JIS Z 8815。
③ JIS Z 8801-1。なお従来は，**標準ふるい**とよばれていた。

第 7 章　固体の取り扱い

例題 1

図 7-3 のようなふるいの組み合わせで，ある試料のふるい分析を行ったところ，各ふるいの上に残った粒子の質量百分率は図の右側の数値のようになった。この結果から残留率曲線，通過率曲線，頻度分布を表すヒストグラム，および頻度分布曲線を作成せよ。

ふるい目の開き	ふるい上の質量百分率
1.18 mm	全体の 0.0 %
0.850 mm	全体の 13.8 %
0.600 mm	全体の 26.5 %
0.425 mm	全体の 26.6 %
0.300 mm	全体の 16.3 %
0.180 mm	全体の 11.2 %
0 mm	全体の 5.6 %

▲図 7-3 ふるい分析の結果

解答

ふるい目の開き [mm]	ふるい上の質量百分率 [%]	残留率 [%]	頻度分布 [%/0.1 mm][1]
1.18	0.0	0.0	
0.850	13.8	13.8	> 4.2
0.600	26.5	40.3	> 10.6
0.425	26.6	66.9	> 15.2
0.300	16.3	83.2	> 13.0
0.180	11.2	94.4	> 9.3
0	5.6	100.0	> 3.1

上の結果から，次のようなグラフが得られる（図 7-4）。

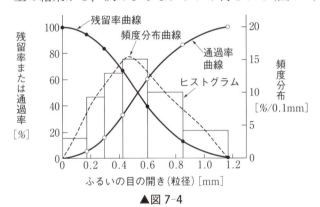

▲図 7-4

問 2 通過率と残留率の関係を表す式をつくってみよ。

問 3 JIS 試験用ふるいで，ある粉体のふるい分析を行ったところ，次のようになった。残留率曲線，通過率曲線，頻度分布を示すヒストグラム，および頻度分布曲線を作成せよ。

目の開き [mm]	1.40	1.00	0.710	0.600	0.500	0.355	0.212
残留率 [%]	0.0	8.1	42.3	68.5	85.0	96.8	100.0

---

[1] %/0.1 mm とは，二つのふるい目の開きに対応する残留率 [%] の差を，ふるい目の開きの間隔 0.1 mm あたりに換算した値である。

平均粒径　粒径分布が通過率または残留率で与えられている場合，それらの値がともに 50 % となる粒径を**メジアン径**(または中位径，50 % 径)という。
median diameter

　また，粒径分布が頻度分布で与えられている場合，頻度分布が最大となる粒径を**モード径**(または最頻度径)という。
modal diameter

　これらの値は，粉体の粒径がばらつきをもっているとき，その**平均粒径**として用いられる。平均粒径には，ほかにもいろいろな表し方がある。
mean particle diameter

　なお，ふるい分けの際，目の開き a [mm] のふるいを通過し，目の開き b [mm] のふるいの上にたまった粉体粒子の平均粒径は，ふつう $\dfrac{a+b}{2}$ [mm] または $\sqrt{ab}$ [mm] で表す。

問 4　例題1からモード径を求めよ。

問 5　問3の結果からメジアン径を求めよ。

3 粉体の流動性

 安息角　粉体を水平面上に流下(注入)させると，水平面に対してある角度をもった円錐形の山になる。この角度 θ を**安息角**という(図 7-5(a))。また，底面が水平な容器の底の穴から粉体を流出(排出)させると，容器内に残った粉体の表面は底面に対してある角度をもつ。この角度 θ' も安息角といい(図 7-5(b))，一般に $\theta' > \theta$ である。
angle of repose

　安息角は，粉体の流動性を表す値の一つとして用いられ，粉体の貯蔵容器の出口角度を決めたり，混合機を選定したりする際の参考資料となる。

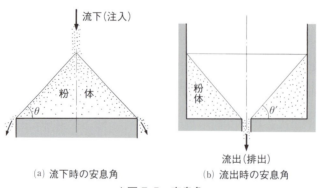

▲図 7-5　安息角

問 6　漏斗から砂を流し出して，高さ 3.5 cm の円錐形の山をつくった。山の直径は 10.0 cm であった。安息角は何度か。

B 貯蔵容器からの粉体の排出

底面が水平な貯蔵容器の排出口から粉体を流出させると、排出口の近くにある粒子が粉体全体の圧力を受けてアーチをつくる(図7-6)。このアーチが崩れて粉体の一部が流出すると、また次のアーチがつくられる。このような繰り返しにより粉体が流出するので、貯蔵されている粉体の量(高さ)に関係なく、粉体の流出速度はほぼ一定になる。

排出口の口径がある値より小さいと、アーチが崩れなくなり粉体の流出が止まる。このような現象を**閉塞**(choking, packing)という。アーチを生じやすい場合には、容器に振動を与えると流出しやすくなる。

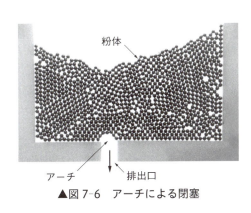

▲図7-6 アーチによる閉塞　　▲図7-7 ホッパーの適当な形状

また、粉体を**ホッパー**[①]から排出するとき、最初に入れた粉体を先に容器から出すためには、粉体層全体がおよそ平均的に沈下するように、ホッパー底部の壁面の角度を水平に対して十分に大きくとる。すなわち、ホッパー底部の壁面の水平に対する傾斜角をα、粉体の排出時の安息角をθ'とすると、

$$\alpha > \left(45° + \frac{\theta'}{2}\right)$$

であればよいことが知られている(図7-7)。

C 偏析

図7-5(a)の山をよく観察すると、周辺部分に粒径の大きい粒子が集まり、粒径の小さい粒子は中心部に堆積していることがわかる。この現象を**偏析**(segregation)という。

粉体をほかの容器に移す場合には、粒径の偏りを少なくするために、受けるほうの容器の径を細くするなどして、偏析が起こりにくいようにくふうする必要がある。

問 7 底部の壁面の水平に対する傾斜角が63°のホッパーがある。安息角が何度未満の粉体ならば、図7-7のように平均的に流出するか。

---

① 粉体の貯蔵容器には、供給装置としての機能を主とするホッパー(hopper)や、長時間の貯蔵に使用されるサイロ(silo)などがある。底部はふつう、円錐形または角錐形とする。

2節 粉砕と混合

この節で学ぶこと

固体を取り扱う場合,固体のかたまりを砕いて目的に応じた粒径の粉体にしたり,数種類の粉体を混合して分布の一様な混合物をつくったりするなどの操作が必要となる。ここでは固体の粉砕や混合の方法について学ぶ。

1 粉砕

A 粉砕の目的

固体のかたまりに力を加えて小さい粒の集まり,すなわち粉体を製造する操作を,**粉砕**(grinding)という。化学工業では,原料や中間物あるいは製品が固体である場合には,粉砕を行うことが多い。

粉砕の目的は,①固体の表面積を増す,②固体と他の固体や液体とをできるだけ一様に混ぜ合わせる,③鉱石などの中の異なった成分を分離する,などであるが,このうち①について考えてみよう。

ある粉体 m [kg] が,1辺 d_p [m],密度 ρ_p [kg/m³] の立方体 n 個から構成されているとすれば,$n = \dfrac{m}{d_p^3 \rho_p}$ で,1個の表面積は $6d_p^2$ [m²] であるから,この粉体1kgの全表面積 A_p [m²/kg] は,

$$A_p = \frac{6d_p^2 n}{m} = \frac{6}{d_p \rho_p} \quad [\text{m}^2/\text{kg}] \quad (7\text{-}1)$$

である。一般に,単位質量の粉体の全表面積を,粉体の**比表面積**(specific surface area)という。

式(7-1)でわかるように,立方体の比表面積は1辺の長さ(粒径)に反比例する(図7-8)。立方体にかぎらず,相似形の固体粒子については,同様の関係がある。したがって,一定量の固体を粉砕すると,その表面積は粒径にほぼ反比例して増加する。

固体を粉砕して表面積を増加させると,溶解や反応の速度が大きくなり,また表面への吸着量が大きくなるので,多くの場合つごうがよいが,一方,吸湿性が大きい,飛散しやすい,反応が激しすぎるなどの欠点が現れることもある。

問 8 粒径が等しい球形粒子からなる粉体について,粒径と密度から比表面積を求める式を導け。

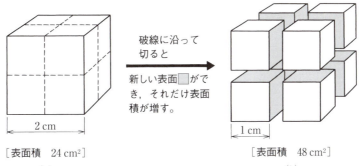

[表面積　24 cm²]　　　　　　　　　　　　　　　　[表面積　48 cm²]
　　　(a)　　　　　　　　　　　　　　　　　　　　　　(b)

立方体の密度を ρ_p [kg/m³] とすれば，比表面積 A_p [m²/kg] は式(7-1)から，
図(a)において，　　　　　　　　　　　　　　図(b)において，

$$A_p = \frac{6}{0.02 \times \rho_p} = \frac{300}{\rho_p} \text{ [m}^2\text{/kg]} \qquad A_p = \frac{6}{0.01 \times \rho_p} = \frac{600}{\rho_p} \text{ [m}^2\text{/kg]}$$

である。すなわち，粒径が $\frac{1}{2}$ になると，比表面積は2倍になる。

▲図 7-8　粉砕による表面積の増加

B　粉砕機

粉砕機は，図7-9に示すような各種の力を利用し，固体の
crusher, grinder
硬度や圧縮強度に応じて効率よく粉砕できるようにつくられ
ている。

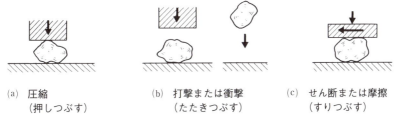

(a)　圧縮　　　　　　　(b)　打撃または衝撃　　　　　(c)　せん断または摩擦
　（押しつぶす）　　　　　　（たたきつぶす）　　　　　　　（すりつぶす）

▲図 7-9　粉砕機で固体に加えられるおもな力

　図7-10は，粉砕機の例を示したものである。ポルトランドセメントなどの細かい粉体
を製造するのにボールミルが用いられるなど，目的の粉体を得るには，原料の材質・大き
さ，また，粉砕後の粒径などに合った粉砕機を選択する必要がある。表7-1に，粉砕機の
およその分類を示す。

▼表 7-1　粉砕機のおよその分類

分　類	粒径（原料固体　⟶　粉砕された固体）	図7-10 の例
粗 砕 機	数十 cm～数 cm　⟶　数 cm～数 mm	(a)
中 砕 機	数 cm～数 mm　⟶　数 mm～数百 µm	(b)
微粉砕機	数 mm 以下　⟶　数十 µm～数 µm 以下	(c), (d)

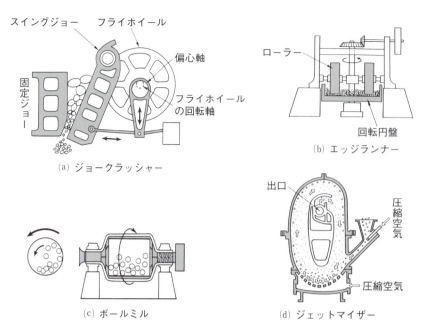

(a) ジョークラッシャー (b) エッジランナー

(c) ボールミル (d) ジェットマイザー

▲図 7-10　粉砕機の例

2　粉体の混合

A　混合の目的と原理　　2種類以上の粉体をかくはんして，成分濃度の分布を一様にすることを，粉体の**混合**という。
mixing

　粉体を混合する目的はさまざまであるが，セメントやガラスの製造では，原料がすべて固体であるので固体どうしを反応しやすくするために，まず原料を粉砕してからよく混合する。また，粉状の農薬や医薬品は，純品をそのまま使用することはほとんどなく，適当な効力をもつ薬剤とするために，多量の増量剤（無害な粉体）と混合している。

　粉体を混合するためにかくはんを行った場合，はじめは粉体が粒子群となって相互に移動し，全体として大まかに混合される（図7-11(b)）。次いで，隣り合う粒子が互いにその位置を入れ換えることにより細部の混合が進行する（図7-11(c)）。

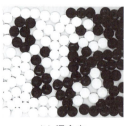
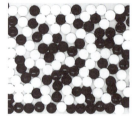

(a) 混合前　　(b) 混合中　　(c) 混合後

▲図 7-11　混合の進み方

実際の混合では，はじめ急速に混合が進み，ある時間後に良好な混合状態となる。しかし，その後は混合と分離（偏析）とを繰り返し，前に得られた良好な混合状態よりもむしろ，悪くなることが多い。したがって，最適な混合状態になるように混合操作の時間を決めることが大切である。

B 混合機

　混合する粉体には，それぞれ粒径，粒子の密度，安息角，凝集性などの違いがあり，これらの性質の違いが混合の進み方に関係するので，粉体の性質や混合の目的に応じた**混合機**（mixer）を選定・使用する必要がある。混合機の例を図7-12に示す。

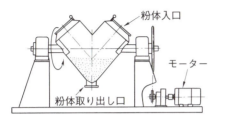

粉体を入れた容器全体を回転させることによって混合する。

(a) V形混合機

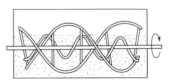

断面がU字形の容器内に粉体を入れ，リボン状のかくはん羽根を回転させて混合する。

(b) リボン混合機

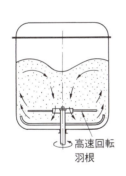

家庭用のミキサーを大きくしたような形式。

(c) 高速回転羽根混合機

大形のサイロの下部から空気を送入し，粉体を流動状態にして循環させ，混合する。

(d) 流動化混合機

▲図7-12　混合機の例

3節 粉体の分離

この節で学ぶこと

粉体は一般にいろいろな粒径の粒子を含んでいるが，この中からある粒径の粒子を取り出すことが必要となる場合がある。また，濁った液体中の固体粒子や排煙中の粉じんのように，粉体が液体や気体の中に分散しているときには，粉体と流体を分離する必要も生じる。ここでは，粉体の分離法について学ぶ。

沈降

液体または気体の中に浮遊（懸濁）している粉体の粒子が，重力（または遠心力など）によって沈んでいくことを，**沈降** settling, sedimentation という。ここで，その際の速度，すなわち**沈降速度**について考えてみよう。

粉体には，いろいろな粒径と形状をもつ粒子が含まれているが，ここでは球形粒子が1個だけ沈降する場合を考える。

球形粒子の受ける力

流体中にある粒子は，重力 F_g [N] と浮力 F_b [N] とを受けている。いま，球形粒子の粒径（直径）を D_p [m]，質量を m [kg]，密度を ρ_p [kg/m³]，流体の密度を ρ [kg/m³]，重力の加速度を g [m/s²] とすると，

$$F_g = mg = \left(\frac{\pi D_p^3}{6}\right)\rho_p g$$

$$F_b = \frac{m}{\rho_p}\rho g = \left(\frac{\pi D_p^3}{6}\right)\rho g$$

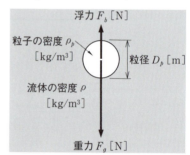

▲図 7-13 球形粒子の受ける重力と浮力

したがって，実際に下向きに働く力 W [N] は，

$$W = F_g - F_b = m\left(\frac{\rho_p - \rho}{\rho_p}\right)g$$
$$= \left(\frac{\pi D_p^3}{6}\right)(\rho_p - \rho)g \quad [\text{N}] \quad (7\text{-}2)$$

である（図 7-13）。

粒子が下向きの力 W [N] を受けて，静止している流体中を沈降しはじめると，流体から上向きの抵抗力 R_f [N] を受けるようになる。流体の粘度を μ [Pa·s]，粒子の沈降速度を v [m/s] とすると，R_f は，

$$R_f = 3\pi\mu D_p v \quad [\text{N}] \quad (7\text{-}3)$$

である。ただし，式(7-3)は，粒径基準のレイノルズ数 $Re_p = \dfrac{D_p v \rho}{\mu}$ がおよそ 1 より小さい場合(粒子の沈降速度が非常に小さいとき)だけ成り立つと考えてよい。式(7-3)の関係を**ストークスの抵抗法則**という。
Stokes's law of resistance

問 9　ストークスの抵抗法則を，ことばで表してみよ。

B 沈降する球形粒子の終速度　流体中を沈降する球形粒子の速度はしだいに大きくなるが，それとともに流体からの抵抗力も増大するので，短時間ののちに抵抗力 R_f と下向きの力 W とがつり合って，沈降速度が一定の状態になる。このときの沈降速度を**終速度**といい，これを v_t で表すと，式(7-2)と式(7-3)から，
terminal velocity

$$\left(\frac{\pi D_p^{\,3}}{6}\right)(\rho_p - \rho)g = 3\pi\mu D_p v_t$$

すなわち，

$$v_t = \frac{(\rho_p - \rho)gD_p^{\,2}}{18\,\mu} \quad \text{[m/s]} \quad (\text{ただし } Re_p < 1) \tag{7-4}$$

が導かれる。

　式(7-4)は，粒子が球形で，しかも $Re_p < 1$ の場合にかぎって成り立つ。したがって，球形粒子についてこの式で v_t を求めた場合は，Re_p を求めて，その値が 1 より小さいことを確認しなければならない。

問10　直径 0.10 mm の鋼製の球(密度 $8.0 \times 10^3\,\mathrm{kg/m^3}$)を，粘度 1.0 Pa·s の油(密度 $0.90 \times 10^3\,\mathrm{kg/m^3}$)中に落下させたときの終速度を求めよ。

問11　式(7-4)の関係を利用して，液体の粘度を測定することができる。その具体的な方法を考えてみよ。

C ストークス径　式(7-4)を用いれば，球形粒子の粒径 D_p から終速度 v_t を計算することができるが，また逆に，v_t を測定すれば D_p を求めることもできる。すなわち，式(7-4)から次の式が導かれる。

$$D_p = \sqrt{\frac{18\,\mu v_t}{(\rho_p - \rho)g}} \quad \text{[m]} \quad (\text{ただし } Re_p < 1) \tag{7-5}$$

　式(7-5)は，粒子が球形の場合についての式であるが，球形でない粒子についても，v_t を測定してこの式に代入し，D_p を求めてみることはできる。こうして求めた D_p を**ストークス径**という。ストークス径は，その粒子と同じ終速度で沈降する球形粒子の粒径に相当し，粉体粒子の粒径を仮に表すのによく用いられる。
Stokes diameter

　式(7-5)でストークス径を求めたならば，Re_p を計算してみて，1 より小さいことを確認する必要がある。

3 節　粉体の分離　**185**

例題 2

20℃の水（粘度 1.0×10^{-3} Pa·s）に石灰石（密度 2.7×10^3 kg/m³）の粒子を沈降させて，その終速度を測定したところ，10 cm の距離を沈降するのに 15 min を要した。この粒子のストークス径は何 mm か。

解答

$$v_t = \frac{0.10}{60 \times 15} = \frac{1}{9\,000} \text{ [m/s]}$$

式(7-5)に，与えられた各数値を代入すると，

$$D_p = \sqrt{\frac{18 \times 1.0 \times 10^{-3} \times \dfrac{1}{9\,000}}{(2.7 \times 10^3 - 1.0 \times 10^3) \times 9.8}}$$

$$= 1.1 \times 10^{-5} \text{ [m]} \quad = 0.011 \text{ [mm]}$$

ここで，Re_p を求めてみると，

$$Re_p = \frac{D_p v_t \rho}{\mu} = \frac{1.1 \times 10^{-5} \times \dfrac{1}{9\,000} \times 1.0 \times 10^3}{1.0 \times 10^{-3}}$$

$$= 1.2 \times 10^{-3}$$

となり，1 より小さいから，式(7-5)を用いてもよいことがわかる。

問 12 粘度 0.10 Pa·s，密度 1.0×10^3 kg/m³ の油の中で銅（密度 8.9×10^3 kg/m³）の微粉を沈降させて，終速度を測定したところ，10 cm の距離を沈降するのに 230 s かかった。銅の微粉のストークス径 [mm] を求めよ。

D 分級

流体中に存在する粉体粒子は，式(7-4)に示したように，粒径 D_p の 2 乗と，粒子と流体の密度差とに比例した速度で沈降する。したがって，粒子の流体中における沈降速度の違いを利用すれば，粒子を粒径や密度の大小によって分けることができる。このような操作を**分級**という。分級に用いる流体が，水などの液体である場合を**湿式分級**，空気などの気体である場合を**乾式分級**という。classification

●**1. 湿式分級器** 湿式分級器は，粒径数 mm～数 μm の粒子の分級に用いられる。図 7-14 に，湿式分級器の例を示す。

●**2. 乾式分級器** 乾式分級器は，1～100 μm 程度の粒子の分級に用いられる。図 7-15 に乾式分級器の例を示す。

186 第 7 章 固体の取り扱い

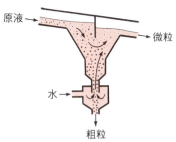

(a) 水力分級器
上昇水流中で沈降を行わせて分級する。

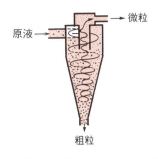

(b) 液体サイクロン
円運動による遠心力によって水平方向に沈降を行わせて分級する。

▲図 7-14　湿式分級器

(a) 重力式
（垂直輸送流型）
上昇空気の流速より小さい終速度の粒子を微粒として分離する。

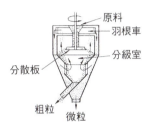

(b) 遠心式
（サイクロン型）
旋回気流中の粒子が遠心力で沈降する。終速度の小さい微粒は上昇旋回気流により分級室外へ流出する。

▲図 7-15　乾式分級器

E 沈殿濃縮

　液体中の粉体粒子を重力によって沈降させ、液体から分離することを**沈殿濃縮**（沈降濃縮）という。この方法は、操作が簡単で、比較的少量の粒子が懸濁している液体を多量に扱う場合には経済的であるため、各種の化学工業、排水処理、選鉱などに広く用いられている。

　沈殿濃縮操作を大規模に行うためには、**シックナー**（thickener）とよばれる連続式沈殿濃縮装置を用いる（図 7-16）。

　シックナーは長方形の場合もあるが、ふつうは円形で、直径 10～20 m、まれには 100 m に達するものが用いられる。下水処理や製鉄所の排水処理などに用いられる。

問 13　図 7-16 から、シックナーの働きを考えてみよ。

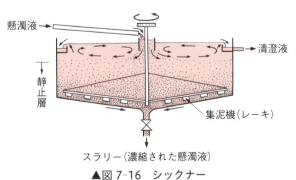

▲図 7-16　シックナー

F 遠心沈降分離

図7-17のように，半径 r [m] の円周上を，質量 m [kg] の物体が角速度 ω [rad/s] で回転しているときに生じる**遠心力** *centrifugal force* F [N] は，次の式で表される。

$$F = mr\omega^2 \quad [\text{N}] \quad (7\text{-}6)$$

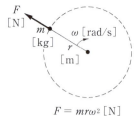

▲図7-17 遠心力

同一の物体に働く遠心力が重力の何倍になるかを示す値を**遠心効果** *centrifugal effect* Z といい，次の式のようになる。

$$Z = \frac{\text{遠心力}}{\text{重力}} = \frac{mr\omega^2}{mg} = \frac{r\omega^2}{g} \quad (7\text{-}7)$$

遠心効果は遠心力の大きさの程度を表すのに用いられる。

円周上を n [min^{-1}][①] で回転する物体が1秒間に回転する角度，すなわち角速度 ω は $\frac{2\pi n}{60}$ [rad/s] であるから，この値を式(7-7)に代入して整理すると，次のようになる。

$$Z = \frac{r\omega^2}{g} = \frac{r \times (2\pi n)^2}{g \times 60^2} = \frac{4\pi^2 n^2 r}{3600\,g} \fallingdotseq \frac{n^2 r}{900} \quad (7\text{-}8)$$

遠心力による粒子の沈降速度(終速度)は，ストークスの抵抗法則が成り立つ範囲では，式(7-4)の Z 倍となる。

遠心力を利用して分級・沈殿濃縮・沪過・脱水などの分離操作を行うことを，一般に**遠心分離** *centrifugation* といい，比較的少量の微粒子が懸濁している液体から，微粒子を遠心力で沈降させて分離を行う場合を，とくに**遠心沈降**という。

遠心沈降を行うための機械は**遠心沈降機**とよばれ，高速で回転する容器に原液を導き，沈降速度を増大させて分離を行う。回転容器の形によって，円筒型・分離板型・デカンター型に分類される。図7-18にそれらの構造の概要を示す。

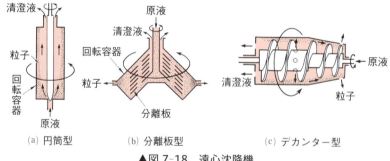

(a) 円筒型　　(b) 分離板型　　(c) デカンター型

▲図7-18 遠心沈降機

図7-18の各機種のおよその回転速度・遠心効果および処理能力を，表7-2に示した。

---

① min^{-1} は1/min の意味である。ここでは，1分間の回転数を表す。rpm(revolution per minute の略)ともいう。

▼表 7-2 遠心沈降機の性能

	回転速度 [s^{-1}]①	遠心効果 Z	処理能力 [m^3/h]
円筒型	250 以下	20 × 10^3 以下	6 以下
分離板型	170〜75	5〜11 × 10^3	300 以下
デカンター型	100〜50	5 × 10^3 以下	70 以下

(化学工学会編「化学工学便覧(改訂 6 版)」などによる)

問 14 遠心沈降機の遠心効果 Z を大きくすると，どのような利点が生じるか。また，Z は無制限に大きくすることはできないといわれるが，なぜか。

問 15 内径 12.0 cm，回転速度 15000 min^{-1} の円筒型遠心沈降機の，内壁から 1 cm 内側の位置における遠心効果を求めよ。

2 沪過

filtration

沪過とは，固体粒子を含んでいる流体を，多孔性の物体に通過させて固体粒子と流体とに分離する操作である。ここでは，おもに液体の沪過について考える。

沪過は，化学の実験に広く用いられているが，化学工業においても欠くことのできない操作である。沪過をしようとする原液には，液体中に固体粒子が分散している懸濁液や，液体と固体粒子とが流動性のある泥状の混合物になった**スラリー**などがある。沪過によって分離された固体粒子の層を**ケーク**といい，得られた清澄液を**沪液**という。
slurry　　　　cake　　　　filtrate

沪過は，懸濁液やケークの性質によっては，長時間を要する面倒な操作になることも多い。化学工場では，実験室とは比較にならないほど大量の物質を扱うので，能率よく沪過を行うために，いろいろなくふうが行われている。

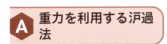

図 7-19 は，重力を利用する沪過法の例で，図(b)のサンドフィルターは，固形分の少ない工業用水などの沪過に用いられる。図(a)の沪紙や図(b)の砂の層には，無数の細孔があり，このような物質を**沪材**という。
filter medium

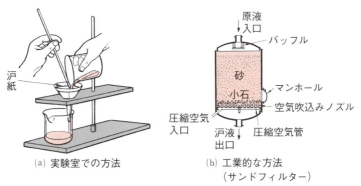

(a) 実験室での方法　　(b) 工業的な方法（サンドフィルター）

▲図 7-19 重力を利用する沪過法

① s^{-1} は，1/s の意味である。ここでは，1 秒間の回転数を表す。rps(revolution per second の略)ともいう。

沪材の細孔の大きさは，分離しようとする粒子よりも小さく，液だけを通すものと思われがちであるが，実際には，粒子より細孔のほうが大きい場合が多い。それでも粒子が沪材を通過しないのは，図7-20のような**架橋現象**（bridge formation）を起こすためである。

▲図7-20　架橋現象

B　重力以外の力を利用する沪過法

実験室では，沪過抵抗が大きくて時間が著しくかかる場合や，急速に沪過したい場合などには，図7-21(a)のような吸引沪過を行う。

工業的な沪過では，能率をよくするため，吸引（真空）・加圧・遠心力などを利用した，真空沪過機，フィルタープレス，遠心沪過機などがよく用いられる。図7-21(b)～(d)に各種の沪過装置を示す。

参考　原液中の固体粒子が微細なときは，ケークの粒子間のすきまが少なく，また，粒子が沪布の目をふさぎやすいので，沪過抵抗が大きくなる。これを防ぐために，けいそう土やパーライト[①]などの**沪過助剤**（filter aid）を用いることがある。沪過助剤を原液に混入する方法と，沪材の表面にあらかじめ沪過助剤の薄い層をつくっておく方法とがある。

C　沪過圧力と沪過速度

沪過をはじめると，ただちに沪材の表面にケークを生じ，ケークは次々に堆積するので，沪過抵抗はしだいに大きくなっていく。原液中の液体がケークを通過し，さらに沪材を通過して沪液となるためには，それらの沪過抵抗に打ち勝つための圧力を，原液に加え続けなければならない。

沪過の操作は，圧力の加え方によって次のように分けられる。

定圧沪過　つねに一定の圧力を加えて行う。沪過速度はしだいに小さくなる。
定速沪過　沪過速度が一定になるように，沪過圧力をしだいに大きくしながら行う。

いま，定圧沪過について，ケークの沪過抵抗がケークの堆積量に比例し，沪材による沪過抵抗が一定であると仮定すると，次の式が導かれる。

$$V^2 + 2CV = k\theta \tag{7-9}$$

ここで，V は単位沪過面積あたりの沪液量 $[\text{m}^3/\text{m}^2]$（すなわち $[\text{m}]$），θ は沪過時間 $[\text{s}]$，$k\,[\text{m}^2/\text{s}]$ と $C\,[\text{m}]$ は定数である。この式を，**ルースの定圧沪過方程式**（Ruth's filtration equation）という。

問 16　ある原液を一定の沪過圧力で沪過する実験を行ったところ，式(7-9)が成り立ち，$k = 5.0 \times 10^{-5}\,\text{m}^2/\text{s}$，$C = 1.5 \times 10^{-2}\,\text{m}$ であった。この原液を，沪過面積 $40\,\text{m}^2$ の沪過機を用いて同じ条件で 10 分間および 20 分間沪過すれば，それぞれ何 m^3 の沪液が得られるか。

---

① パーライトは，真珠岩（perlite）を細かく砕き，強熱して膨張させたものである。

(a) 実験室での吸引沪過

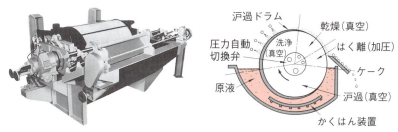

(b) 連続式真空沪過機

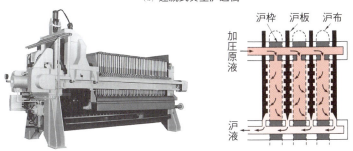

(c) フィルタープレス（圧沪器，filter press）

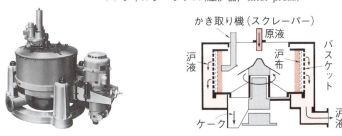

(d) 遠心沪過機

▲図7-21　各種の沪過装置

3 集じん

　流体中の固体粒子は，式(7-4)で示したように，粒径 D_p が小さいほど終速度も小さく，浮遊しやすい。

　気体中に浮遊している固体の微粒子を**粉じん（ダスト）** といい，粉じんを気体から分離捕集することを**集じん**という。集じんは，気体の浄化や大気汚染の防止，あるいは有用成分の回収などと関連して，近年とくに重視されている技術の一つである。

A サイクロン

サイクロンは、遠心力を利用して粉じんを分離捕集する装置で、その構造は図7-22のようである。

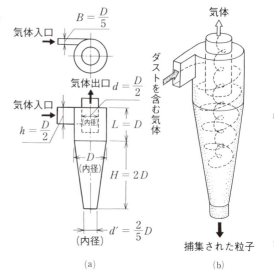

▲図7-22 サイクロン

サイクロンの形や大きさは、粒子の濃度、粒子の密度と粒径、気体の処理量などの条件を考慮して決められるが、参考のため、図(a)に標準的な寸法比を示した。
(寸法比は、化学工学会編「化学工学便覧(改訂6版)」による)

図7-22(b)によってサイクロンの働きを考えてみよう。気体入口から円筒容器の接線方向に高速で流れ込んだ気体は、内部で円運動を行う。円運動による遠心力で、気体中の粒子は容器壁の方向へ移動(沈降)し、さらに壁に沿って円錐部を下降して、集じん箱へ入るか、バルブを経て取り出される。粒子を分離させた気体は、円筒中心部を上昇して気体出口から排出される。

サイクロンで細かい粒子まで捕集するためには、遠心効果 Z を大きくすればよい。いま、サイクロンの内径を D [m]、気流の周速度を v [m/s] とすれば、サイクロンの内壁付近での遠心効果 Z は、式(7-7)に $r = \dfrac{D}{2}$、$\omega = \dfrac{v}{r}$ を代入して、次式のようになる。

$$Z = \frac{2v^2}{gD} \qquad (7\text{-}10)$$

Z の値はサイクロン内の位置によって異なるが、上の式から、Z を大きくするには気体の周速度、したがって入口流速を大きくし、サイクロンの径を小さくすればよいことがわかる。

実際には、あまり入口流速が大きいと、圧力損失が大きくなりすぎるほか、壁面に沈降した粒子が再び飛散するなど欠点を生じるので、入口流速は 10～20 m/s とすることが多い。

また、径を小さくすると処理量も小さくなるので、Z を大きくしてしかも大量の気体を処理したいときは、小形のサイクロンを多数並列に設置する。

例題 3

内径 70 cm の図7-22のようなサイクロンで、遠心効果を50にするためには、気体の流量を何 m³/s にすればよいか。ただし、気体の周速度は入口流速と等しいと仮定する。

解答 式(7-10)に $Z=50$, $D=0.70$ m, $g=9.8$ m/s^2 を代入すると,

$$v = \sqrt{\frac{gDZ}{2}} = \sqrt{\frac{9.8 \times 0.70 \times 50}{2}} = 13.1 \text{ [m/s]}$$

入口の断面積は図7-22から, $Bh = \dfrac{D^2}{10}$ [m^2] であるから,

$$\text{気体の流量} = 13.1 \times \frac{0.70^2}{10} = 0.642 \text{ [m}^3\text{/s]}$$

問17 図7-22のようなサイクロンに気体を1 m^3/sの割合で送り込む場合,入口流速を15 m/sとするには,サイクロンの内径を何cmにすればよいか。また,内周壁付近での遠心効果を求めよ。ただし,気体の周速度は入口流速に等しいと仮定する。

B その他の集じん装置

粉じんを含む気体を水と接触させて粒子を水中に捕集する装置を**スクラバー**(scrubber)といい,工場などから排出されるガスや,ばいじん粒子の除去に用いられる。

スクラバーは,サイクロンで捕集できる粒子の大きさが,およそ5 μm以上であるのに対し,1～0.1 μm程度の粒子まで捕集できる装置であり,いろいろな形式がある。

そのほか,粉体の回収や廃棄物焼却炉などでは,布袋で気体を沪過する**バグフィルター**(bag filter)が使用されている。また,火力発電所などで用いられている直流の高電圧で粒子を帯電させ集じん極で捕集する**電気集じん器**(electrostatic precipitator)などもあり,気体の性質,粒子の性質,粒径,濃度,集じんの目的などによって,装置を選定する必要がある(図7-23)。

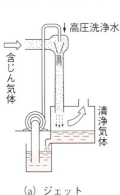
(a) ジェットスクラバー

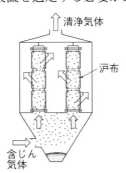
(b) バグフィルター

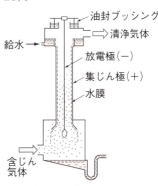
(c) 湿式電気集じん器

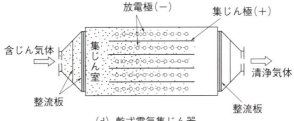
(d) 乾式電気集じん器

▲図7-23 いろいろな集じん装置

4節 粉体の層

この節で学ぶこと

粉体を容器の中に充てんし，その中に流体を通過させる操作は，化学工業で広く用いられる。ここでは容器内の粉体の層について学ぶ。

固定層

粉体を充てんした容器に流体を通過させたとき，粉体の粒子が動かなければ，その粒子層を**固定層**という。固定層の工業的な応用例としては，固体触媒を充てんした反応装置や，吸着装置・沪過装置などがある。

固定層に流体を流すと，図7-24に示すように圧力損失を生じる。流体を必要な流量だけ流すためには，この圧力損失に相当する圧力差を与えなければならない。

固定層を通過する流体の圧力損失は，流体の流速があまり大きくなければ，流体の粘度・流速および図7-24の L にほぼ比例する。また，L が同じでも，粉体が密に詰まっているほど，そして粒径が小さいほど圧力損失は大きい。

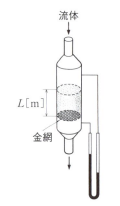

▲図7-24 固定層の圧力損失

流動層

図7-25(a)のような固定層の，円筒部の断面積を $S\ [\mathrm{m}^2]$，流体の流量を $V\ [\mathrm{m}^3/\mathrm{s}]$ とすると，

$$\bar{u}_f = \frac{V}{S} \quad [\mathrm{m/s}] \tag{7-11}$$

を流体の**空塔速度**（見かけ流速）という。

いま，固定層の下から上向きに流体を送り，空塔速度 $\bar{u}_f$ をしだいに増していくと，図7-25(b)のaのように圧力損失 ΔP も $\bar{u}_f$ に比例して増大する。

さらに $\bar{u}_f$ を増し，図7-25(b)のbをすぎると，粉体の粒子が不規則に動きはじめ，粉体の層全体が沸騰している液体のような動きをするようになる。

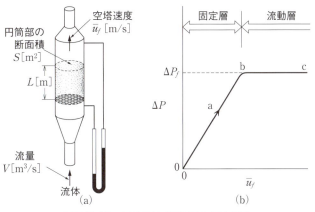

▲図 7-25 固定層と流動層の圧力損失

　粉体がこのような浮遊状態になることを**流動化**(fluidization)といい，流動化した粉体の層を**流動層**(fluidized bed)という。

　流動層の圧力損失 ΔP_f [Pa] は，粉体に働く下向きの力（重力と浮力の差）W [N] を層の断面積 S [m²] で割った値にほぼ等しく，流速とはほとんど関係がない（図 7-25(b) の b→c）。すなわち，流動層では，

$$\Delta P_f = \frac{W}{S} \quad \text{[Pa]} \tag{7-12}$$

が成り立つ。ただし，

$$W = m\left(\frac{\rho_p - \rho}{\rho_p}\right)g \quad \text{[N]} \tag{7-13}$$

　　m：粉体の質量 [kg]　　　ρ_p：粉体粒子の密度 [kg/m³]
　　ρ：流体の密度 [kg/m³]　g：重力の加速度 [m/s²]

である。

　流動層は，粉体と流体を接触させる操作（石油の接触分解などの触媒反応，吸着，乾燥，鉱石のばい焼など）に広く利用されている。

　なお，流動層になってからさらに $\bar{u}_f$ を増していくと，ついには粉体粒子が流体にともなわれて容器外に出ていってしまう。

問 18　底部に金網を張った内径 12 cm の直立円筒に，粉体（粒子の密度 2.65×10^3 kg/m³）2.50 kg を充てんした。この固定層の下から空気（密度 1.18 kg/m³）を流して流動層にした。このときの圧力損失 [Pa] を求めよ。また，この圧力損失は水柱何 mm に相当するか。

章末問題

1. 粒径 $1\,\mu m$ の炭酸カルシウム $1\,kg$ の全表面積はいくらか。ただし，粒子はすべて球形であるとし，炭酸カルシウムの密度は $2.7 \times 10^3\,kg/m^3$ とする。

2. $20\,℃$ の水中に，直径 $10\,\mu m$ のアルミニウム(密度 $2.7 \times 10^3\,kg/m^3$)の小球を落下させたときの終速度はいくらか。

3. 遠心効果 $Z = 2 \times 10^3$ の遠心沈降機に入れられた $20\,℃$ の水中に，ストークス径 $2.0\,\mu m$ の硫酸バリウムの粒子がある。その沈降速度(終速度)はいくらか。ただし硫酸バリウムの密度は $4.5 \times 10^3\,kg/m^3$ である。

4. 固体を細かくして粉体とした場合，化学工業においてはどのような利点があるか。

5. 次の用語の意味を簡単に説明せよ。

安息角　　閉塞　　粉砕　　比表面積　　ストークス径

沈殿濃縮　　沪材　　定圧沪過　　サイクロン　　流動層

STC　いろいろな粉体について調べてみよう

1. いま使用している本を印刷するときも，粉体が用いられている。このほかにも工業のさまざまな分野で粉体が用いられているが，どのような粉体がどこで用いられているかを調べてみよう。

2. 粉体の集じんには，いろいろな方法がある。家庭で用いられている掃除機のうちフィルター式とサイクロン式の構造・特徴を調べて比較しよう。

3. 大気中に浮遊している粒径 $10\,\mu m$ 以下の物質を浮遊粒子状物質 SPM(Suspended Particulate Matter)というが，次の関連する項目について調べよう。

(1) 石炭を燃焼すると，大気にどのような影響があるか。

(2) 粒径が $2.5\,\mu m$ の微小粒子状物質 PM 2.5(Particulate Matter 2.5)の発生原因，人体への影響について。

(3) 浮遊粒子状物質と光化学スモッグの関係について。

反応装置 第 8 章

　実験室で行うビーカーやガラス棒などを使った化学実験では，反応物質を十分に混ぜたり，反応熱による温度上昇を抑えたりすることは，装置が小さいので容易に行える。しかし，工業装置は，処理量が多く大型になるため，かくはんや熱の除去の仕方などにいろいろくふうが必要になってくる。
　この章では，反応装置の型式や構造について学ぶ。

反応のようすの確認

1節 反応装置の種類

この節で学ぶこと

反応装置(反応器, reactor)は, 化学反応を行わせるための装置である。その構造は, 反応物が固体, 液体, 気体のいずれの状態かによって, また化学反応が触媒反応か無触媒反応かによって異なってくる。そこで, ここでは触媒なしで流体 A と B が反応して物質 P を生成する反応(A + B → P)を例に, 反応装置の種類と特徴について学ぶ。

バッチ操作と連続操作

反応装置の操作方式には, 大きく分けてバッチ操作と連続操作があり[①], バッチ操作する装置をバッチ式反応装置, 連続操作する装置を連続式反応装置(流通式反応装置)とよぶ。

バッチ操作

バッチ操作は, 図 8-1 に示すように, 反応装置に反応物(原料) A と B を仕込み, 温度・圧力などの反応条件を設定して所定の時間反応させたのち反応を停止し, 装置内の物質 R(生成物 P と未反応の原料 A と B)を全量取り出す方式である。バッチ操作で使用する反応装置は, **槽型反応装置** (tank reactor) がふつうである。

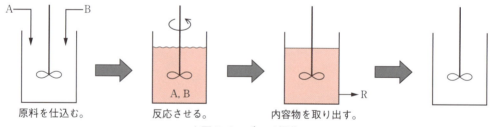

▲図 8-1 バッチ操作

バッチ操作を行っている間, 反応装置に物質の出入りはないので, 装置内の原料 A の濃度は, 図 8-2 に示すように時間とともに, すなわち化学反応の進行とともに減少し, 生成物 P の濃度は増加する。したがって, バッチ操作中の反応装置内は非定常状態になっている。

バッチ操作では, 操作終了後に製品の取り出しの工程が必要になるため大量生産には不向きで, 加工度の高い医薬品・染料などの多品種少量生産のファインケミカル工業で用いられている。

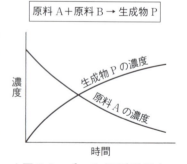

▲図 8-2 バッチ式反応装置内の濃度変化

① p. 27 参照。

B 連続操作

連続操作は、反応装置に原料AとBを連続的に供給し、反応装置出口から製品物質を連続的に抜き出していく方式である。化学反応が起こっている装置内では装置の入口と出口で物質の種類と濃度は異なるが、装置内の原料と生成物の濃度は時間によって変わらないため、反応熱で反応装置内の温度が変化しなければ、装置内は定常状態に維持される。この操作では、生成物Pが連続的につくり出されるので、大量生産に向いている。このため、基礎化学品などの製造プロセスで用いられる。多くの場合、反応装置から出てくる内容物Rに含まれる未反応の原料AやBは分離して、これを原料として反応装置に再循環させている。

代表的な連続式反応装置には、図8-3に示すような槽型・管型あるいは塔型の反応装置がある。

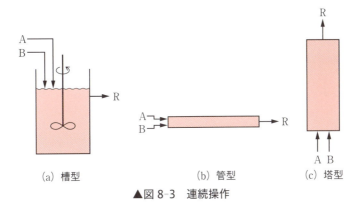

▲図8-3 連続操作

槽型反応装置は、かくはん機などで槽内を均一に混合する構造の装置である。一方、管型反応装置は管に反応物を入れ、管外に出るまでの間に反応を進行させる構造の装置である。縦型で使用される比較的太く短めな管型装置は、塔型とよばれる。

これらの装置内を流体が流れるときの理想的な流れ方として、次のようなものが考えられる。

● **1. 完全混合流れ**　槽型反応装置に流入した原料が分散し、反応が進んで生成物と未反応原料とが均一に混合された状態で装置出口から出ていく。このような流れ方を**完全混合流れ**(complete mixing flow)という。十分かくはんされた槽型反応装置内の流れは、完全混合流れに近い。

● **2. 押出し流れ**　管型反応装置内を反応物(原料)が、ピストンで押し出されるように移動する流れ方を**押出し流れ**(**ピストン流れ**, piston flow)という。装置に入った原料は管内を進みながら反応が進行するため、流体中の原料濃度は出口に向かって薄くなり、逆に下流ほど生成物の濃度が高くなる。このため、管の入口から出口に向かって反応物濃度が減少し、生成物濃度が増加するような濃度分布になる。

実際の反応装置では、押出し流れと完全混合流れの中間の**不完全混合流れ**(incomplete mixing flow)の状態で反応が行われる場合が多い。

> 参考　バッチ操作と連続操作の中間の操作に，**セミバッチ操作**(半回分操作)がある。
> semibatch operation
>
>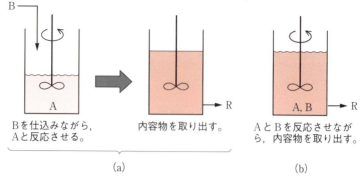
>
> ▲図 8-4　セミバッチ操作
>
> 図 8-4(a)に示すように，反応装置の中に一つの原料成分 A を入れておき，もう一つの原料成分 B を連続的に仕込んで反応を進め，ある程度時間がたったら，反応装置の全内容物を取り出す。この方式は，原料成分 B の供給速度を調節できるので，ニトロ化反応のように反応熱が大きい反応に適している。また，図 8-4(b)のように，はじめに全部の原料成分 A, B を入れ，内容物 R を連続的に抜き出す方式もある。

問 1　バッチ操作と連続操作の違いを説明せよ。

2 反応装置の型式と構造

A かくはん槽型反応装置

かくはん槽型反応装置は，図 8-5 のような構造の装置で，バッチ操作・連続操作などで広く用いられる。

密閉した槽を用いれば，原料の損失を防いだり，引火や有毒ガスの漏出などの危険を避けることができ，また加圧下で反応させることも可能である。装置内の物質の温度調節用に，ジャケットを外側に設けるか，または槽内に熱媒や冷媒を通すコイルを入れる場合が多い(図 8-6)。この型式は，均一液相反応，液-液反応だけでなく，かくはん機を回転させることによって，気泡を液中に巻き込みやすいことから，気体-液体もしくは気体-液体-固体などの不均一反応にも適している。

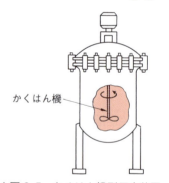

▲図 8-5　かくはん槽型反応装置

かくはん槽型反応装置を連続式で操作する場合の装置を**連続かくはん槽型反応装置**といい，CSTR とよぶこともある。また，反応率を高めるため，2 個以上の槽を直列につないで用いることもある。これを**直列槽型反応装置**という(図 8-7)。
continuous stirred tank reactor

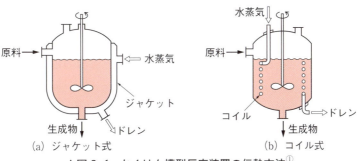

▲図 8-6　かくはん槽型反応装置の伝熱方法[①]

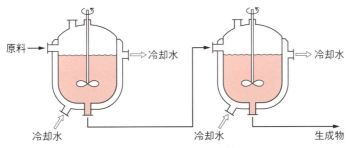

▲図 8-7　直列槽型反応装置

B 塔型連続式反応装置

　塔型連続式反応装置は，図 8-8 に示すような直立した塔で，内部にじゃま板あるいは充てん物を設ける場合もある。比較的反応速度が小さく，ある程度の**滞留時間**(residence time)（原料が反応装置に入ってから出るまでの時間）を必要とする反応に適する。また，構造が単純で，機械的な駆動部が必要ないことから腐食性のある原料を用いた反応や高圧での反応に適している。

　しかし，温度の調節はジャケットまたはコイルで行うが，反応熱の大きい反応を行わせるのには不適当である。

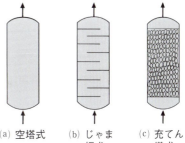

▲図 8-8　塔型連続式反応装置

C 管型連続式反応装置

　管型連続式反応装置は，直管やコイル状の管を用いて反応を行わせるもので，反応速度の大きい場合に適した形式である。

　温度の調節は，ふつうジャケット内に熱媒か冷媒[②]を通して行う（図 8-9）。伝熱面積が十分にとれるので，発熱や吸熱の大きい反応でも温度調節が可能である。

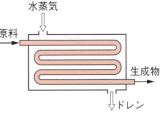

▲図 8-9　管型連続式反応装置

問 2　かくはん槽型反応装置は，槽を密閉して用いることが多い。その理由を考えよ。

---

① 図 8-6 は，水蒸気で加熱する場合を示したが，冷却する場合は，ジャケットまたはコイルに下から冷却水を入れて上から出す。図 8-7 は，冷却する場合を示した。
② 熱媒は p.82，冷媒は p.127 参照。

3 反応装置と反応熱

　化学反応においては，高温ほど反応速度が大きく，反応装置の単位容積あたりの反応量が増加する。しかし，平衡反応系ではルシャトリエの原理からわかるように，発熱反応では化学平衡の関係から高温が不利となる。したがって，反応装置は，それぞれの反応に最も適した温度になるようにくふうされている。

　吸熱反応では，反応速度と化学平衡の両面から，高温で反応させるのが好ましい。原料や反応生成物の熱に対する安定性，および装置材料の耐熱性の許すかぎり，できるだけ高温に保つために，外部から直火や高圧水蒸気で加熱する。

　発熱反応では，反応速度を速めるため，反応の初期には高温にする。しかし，化学平衡の関係からは高温は不利であるため，反応の後期には除熱が必要となる。除熱にあたっては，生成物のもっている熱で原料ガスを予熱したり，廃熱ボイラーで水蒸気を発生させて熱を回収したりして，省エネルギーをはかる。温度をさらに低くしたい場合は，冷却水で除熱するのがふつうである。

　したがって反応熱の処理は，反応装置にとってきわめて重要であって，いろいろな方法が考案されている。図 8-10 はその例を示したものである。

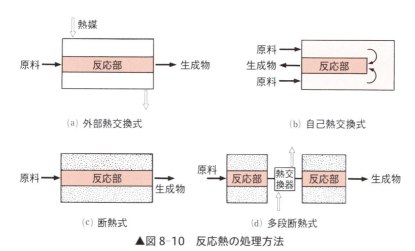

▲図 8-10　反応熱の処理方法

　外部熱交換式は，外部から熱媒(水・水蒸気・高沸点有機物・融解塩など)や冷媒により
external heat exchange type
加熱または冷却を行って，反応装置内を目的の温度に保つようにする方式である。反応器の外側にジャケットを設置して熱媒を流す反応装置がこれに対応する。

　自己熱交換式は，発熱反応のため，反応温度が原料の温度よりも高くなる場合に，発生
self heat exchange type
した熱を原料に与えて，反応部の冷却と原料の予熱を行い，反応熱を有効に利用する方式である。

断熱式は，反応熱が小さくて反応物の温度があまり変化せず，外部からの加熱・冷却の必要がない場合に採用される方式である。この方式では，温度の調節は反応装置の入り口のみで行う。断熱式の反応装置はかなり多く用いられている。重質油の水素化脱硫装置がその例である。

多段断熱式は，断熱式の反応装置を多段に組み，各段の間に熱交換器を置いて，各段の反応温度を調節する方式である。温度調節が比較的容易で，実際によく用いられる。

問3　反応装置内の温度を調節しなければならないのはなぜか。

問4　断熱式と自己熱交換式の違いを考えてみよ。

4 反応装置の例

工業で用いられる反応装置は種類が多く，構造も複雑である。ここでは，いろいろな反応装置の実例をあげておく（図8-11）。

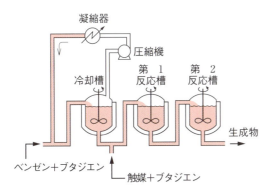

(a) ブタジエン重合反応装置（槽型連続式）

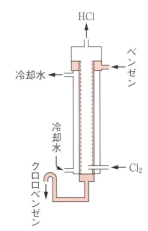

(b) ベンゼン塩素化反応装置（ぬれ壁塔式）

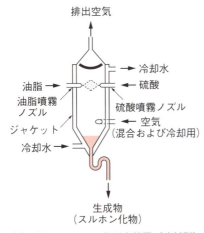

(c) 油脂のスルホン化反応装置（噴射型）

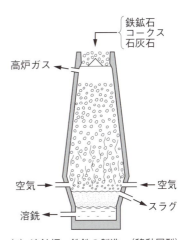

(d) 溶鉱炉－銑鉄の製造－（移動層型）

▲図8-11　工業用反応装置の例

2節 触媒反応装置

この節で学ぶこと

化学反応に**触媒**(catalyst)を利用する例は非常に多い。気体(または液体)を固体の触媒と接触させて反応を行わせる装置を，**気相**(または液相)**触媒反応装置**(catalytic reactor)といい，いろいろな形式がある。ここでは，固定層触媒反応装置と流動層触媒反応装置およびバイオリアクターについて学ぶ。

 1 固定層触媒反応装置

気相(液相)触媒反応装置のうち，触媒を管や塔に充てんして固定層としたものを，**固定層触媒反応装置**という(図8-12)。
fixed bed catalytic reactor

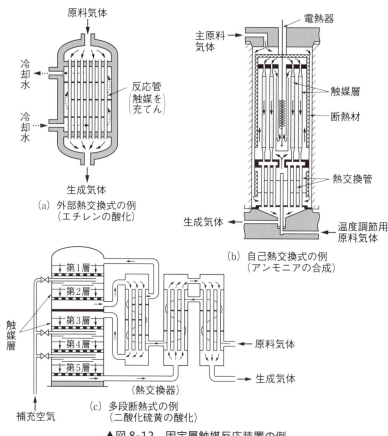

▲図8-12　固定層触媒反応装置の例

---

① 固体の触媒を用いる触媒反応装置のことを，接触反応装置ともいう。

この型式の装置では，固定層（触媒層）内の反応熱の除去または補給がむずかしく，層内の温度分布が不均一になりやすい。そのために，反応速度も各部分で異なり，層内の物質の濃度分布も不均一となる。また，反応温度が高すぎると，触媒の活性の低下が速まったり，副反応が起こりやすくなったりする。逆に，温度が低すぎると，目的の反応が十分に進まない。したがって，温度の調節には，前節で学んだような外部熱交換式・自己熱交換式・多段断熱式など多くの方式が用いられている。これらの触媒反応装置が工業的に用いられている例を図8-12に示した。

2　流動層触媒反応装置

　流動層触媒反応装置は，触媒の粒子を反応物（気体）の流れの中に浮遊させて流動層[①]と
fluidized bed catalytic reactor
する型式の装置である。実例として，流動層石油接触分解装置を図8-13に示す。

　流動層石油接触分解装置では，原料油の蒸気と水蒸気によって反応装置内の触媒粒子を流動層とし，反応装置内で原料油に分解反応を起こさせる。炭素が付着して活性の低下した触媒は，触媒再生装置で空気により酸化されて活性を回復し，反応装置へ戻される。

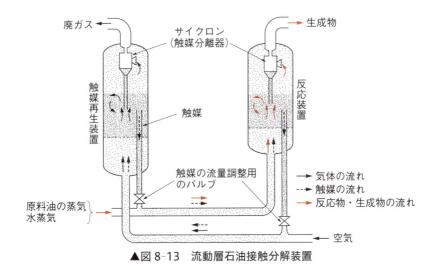

▲図8-13　流動層石油接触分解装置

　流動層触媒反応装置を固定層触媒反応装置と比べたときの，長所と短所をあげると次のようになる。

---

① p.194参照。

[長所] ① 触媒粒子が一様に分散・混合され，触媒層(流動層)内の温度がほぼ一様になる。
② 触媒層内の温度調節が容易である。
③ 触媒の粒径が小さいので，触媒粒子の内部まで有効に触媒作用を示し，反応時間は極めて短い。
④ 触媒粒子を連続的に供給し，また排出することができる。

[短所] ① 触媒粒子の粒径分布が広いと安定した流動層が得られないので，触媒の粒径をそろえる必要がある。
② 粒子と粒子や，粒子と器壁との衝突によって，粒子の摩耗が起こり，それによって生じた微粒子が，気体の流れによって運ばれて損失となる。反応生成物の清浄化のためにも，微粒子の回収を行わなければならない。
③ 反応物と生成物とが混合されるので，混合による反応率の低下が起こる。
④ 気体の流速を，広い範囲に変えることができない。

 ## 3 バイオリアクター

　酵素や微生物または動物・植物の細胞などの**生体触媒**(biocatalyst)を用いて，化学反応を起こさせる反応装置を**バイオリアクター**(bioreactor)という。バイオリアクターでは反応を常温・常圧で行わせることができるため，ほかの触媒反応装置に比べて反応条件がゆるやかであり，副生成物も少ない。

　酵素や微生物を，固体またはゲルなどに結合させたり，閉じ込めたりすることを**固定化**という。固定化には，樹脂ビーズや活性炭などに生体触媒を保持させたり(担体結合法)，生体触媒を架橋して高分子状にしたり(架橋法)，高分子ゲルに取り込んだり(包括法)する方法がある。

　固定化酵母の利用例として，**酵母**(yeast)をアルギン酸カルシウムのゲルの中に閉じ込めて固定化し，ぶどう液からワインを生成させるものがある。このとき，酵母がビーズ中に高濃度で閉じ込められるので，バイオリアクターの中の酵母濃度を長時間にわたって高く保つことができ，しかも，生成物の液と酵母を容易に分離することができる。バイオリアクターでは，固定化した生体触媒を使うことがふつうである。

　バイオリアクターは，食品工業，化学工業，環境浄化，エネルギーなど広い分野で使用されている(表8-1)。

▼表 8-1　バイオリアクターによる工業生産例

利用分野	生体触媒（微生物）	目　的	備　考
発酵工業	アスパルターゼ（大腸菌由来）	L-アスパラギン酸の製造（原料：フマル酸＋アンモニア）	医薬品原料，食品添加剤
発酵工業	グルコースイソメラーゼ（細菌由来）	異性化糖の製造（原料：ブドウ糖）	飲料，食品添加剤
飼料工業	放線菌	リジンの製造（原料：かんしょ廃糖蜜）	畜産飼料，食品添加剤
食品工業 化学工業	乳酸菌	乳酸の製造（原料：ブドウ糖）	食品添加物，樹脂の原料
化学工業	ニトリルヒドラーゼ（放線菌由来）	アクリルアミドの製造（原料：アクリロニトリル）	合成樹脂，染料の原料
環境浄化	微生物（鞭毛類，繊毛類）	下水の浄化	活性汚泥法

また，バイオリアクターは，かくはん槽型，充てん層型，膜型に大別できる。

かくはん槽型バイオリアクター(stirring tank bioreactor)（図 8-14(a)）は構造が簡単で，バッチ操作，連続操作のいずれにも用いることができる。

充てん層型バイオリアクター(packed bed bioreactor)（図 8-14(b)）は，固定化生体触媒を装置内に充てんしたもので，連続定常運転ができ，生産コストの低減が可能になる。

膜型バイオリアクター(membrane bioreactor)（図 8-14(c)）は，固定化されていない生体触媒と原料をリアクター内に送り，反応生成物を限外沪過膜①などで透過させて，連続的に取り出す。

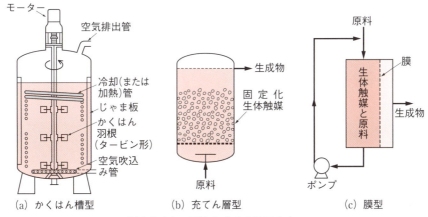

▲図 8-14　各種のバイオリアクター

問 5　酵母の固定化のしくみを調べてみよ。

---

① p.170 参照。

章末問題

1. 連続操作における押出し流れと完全混合流れの特徴を比較せよ。
2. 不完全混合流れとはどういう流れ方か。
3. 連続式反応装置（かくはん槽型・塔型・管型）は，どんな反応に使われているか，実例をあげよ。
4. 反応熱の処理方法を分類し，それぞれどのような方法か説明せよ。
5. 触媒反応装置について，固定層と流動層の違いを述べよ。
6. 酵素や微生物を固定化する方法の利点をあげよ。
7. バイオリアクターの利点をあげよ。
8. 生体触媒を用いて工業的に生産されている物質にはどのようなものがあるか，調べてみよ。

STC 反応装置の具体案と問題点を考えよう

炭酸ナトリウムを製造する工業的製法にルブラン法とよばれるものがある。ルブラン法は，のちにソルベー法（アンモニアソーダ法）が発明されるまで発展した製法であり，工程は以下の化学反応式で表される（$CaCO_3$ は石灰石，C は木炭を利用する）。

$$2\,NaCl + H_2SO_4 \longrightarrow Na_2SO_4 + 2\,HCl$$

$$Na_2SO_4 + CaCO_3 + 2\,C \longrightarrow Na_2CO_3 + CaS + 2\,CO_2$$

ルブラン法について以下のことを考えよう。

(1) 第8章で学んだ反応装置を組み合わせてこの反応を効率よく行う装置の構成を考えてみよう。

(2) 現在ではこの工程による炭酸ナトリウムの生産は行われていない。それはなぜかを考えてみよう。

計測と制御　第9章

われわれの身のまわりには，自動化されたものがたくさんある。たとえば，ルームエアコン・風呂給湯器・電気ポットは，室温・液位・水温などをあらかじめ設定した値に保つように自動的に調整する機能をもっている。

化学工場は，さらに高度に自動化されており，プラント内の温度や圧力や物質の流量なども自動的に調節されている。

この章では化学工場の自動化に欠かせない計測と制御について学ぶ。

化学プラントのDCS（分散型制御システム）制御室

1節 化学プラントの運転管理

この節で学ぶこと

化学工場では，プラントの安全を確保しながら，最適の条件で運転して，安定した品質の製品を生産することが求められる。ここでは，化学プラントを最適な条件で運転するためには，プロセス変量の計測が重要であることを学ぶ。

1 計測と制御

プロセスの温度・圧力・流量・液位・濃度などを**プロセス変量**（process variable）といい，それらを計器を使って測定することを**計測**（measuring）という。化学工場で安定した運転・生産を続けるには，計測が不可欠である。

化学プラントの運転は，次のような手順で行われている。

(1) 運転条件（温度・圧力・流量など）を設定する。たとえば，反応装置内の温度80℃，反応装置内の圧力1.3 MPa，原料供給量3.5 t/hなどと数量的に定める。

(2) プラントの運転状態を知る。そのために，計器を用いて，温度・圧力・流量などを計測する。

(3) 設定された運転条件と，計測された実際の運転状態を比較し，両者に差があるかをチェックする。

(4) 差があれば，プラントのどこをどれだけ操作すればよいかを判断し，その差がなくなるようにプラントを操作する。

このように，設定された運転条件に合致するように判断し操作することを**制御**（control）という。また，人の手を借りないで自動的に制御することを**自動制御**（automatic control）という。

自動制御の一例として，図9-1にタンクの液位の自動制御を示す。

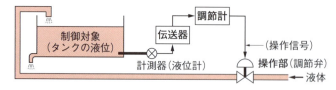

▲図9-1 液位の自動制御の例

図9-1の自動制御は，計測器（液位計）でタンクの液位を計測し，測定値を伝送器で信号に変換して調節計に送り，調節計で測定値と設定値との差を判断して，操作部（調節弁）を正しい方向に操作する操作信号を出すことから成り立っている。

産業界では，化学工業を含めてすべての分野で，このような自動制御が大規模に，高度に，かつ複雑に実施されている。

2 計装

　プラントの運転管理のために計測器や制御装置を装備することを**計装**という。また広い意味では，どのプロセス変量を計測や制御の対象とするかの検討，計測方法の決定，計測器や制御装置の選定と配置，計測によって得られた情報の処理までが計装に含まれる。プラント全体として，安全性・生産性・経済性の面から最も有利な運転ができるように計装することが求められる。

　化学工場で計測されているのは，おもに次のような量である。

　① 原材料・製品の品質と量
　② ユーティリティーの量
　③ プロセス変量(温度・圧力・流量・液位・濃度など)
　④ 環境条件[①]および安全性[②]に関する量

　計測で得られた測定値に基づいてただちに制御が行われ，また測定値の内容に応じて，たとえば冷却水のバルブを開閉するなどの対策が実行される。また，これらの測定値は，設備の改善や次期の生産計画のためにも利用される。すなわち，計測の結果は次のような目的に役立つ。

　① 製品の品質の向上，均一性[③]の確保
　② エネルギーの節約
　③ 作業環境の改善や安全性の確保
　④ 省力化[④]，設備効率の改善

　コンピュータ技術の進歩により，計装技術は著しい発展をした。1970年代後半には，コンピュータを用いた制御装置が開発され，より高度な機能をもった制御が行われるようになり，運転管理の最適化がはかられるようになった。

　コンピュータを用いた制御システムでは，コンピュータの故障などの危険を考慮して，複数のシステムを用いることにより危険を分散させて信頼性を高めるようにしている。このような方法をDCS(分散形制御システム)といい，化学工場で広く利用されている。DCSが整備され，また高度化が進むと，プラント内には，システム内の情報通信のために多くの配線が必要となる。そこで近年では，無線通信技術が積極的に導入され，これにより工場内の安全性が向上し，また設備の変更が比較的容易に行えるようになった。

---

① 温湿度，風速，天候，振動など。
② 操作変量が正常かどうかや，漏えい(臭気，液漏れ)の有無などを指す。
③ ここでは，製品のばらつきを少なくすることなどを意味している。
④ ここでは，人が関わる作業を軽減させることなどを意味している。

2節 プロセス変量の計測と伝送

この節で学ぶこと

化学プラントを最適な条件で運転するためには，プロセス変量の計測が重要であるということをすでに学んだ。ここでは，プロセス変量の計測のための機器と計測方法を学ぶ。また，測定値を信号に変換する変換器と，信号を伝える伝送器についても触れる。

1 温度の計測

温度は，物質の状態や反応速度・化学平衡などと直接関係しており，プロセスが安定しているかどうかの指標ともなる重要なプロセス変量である。そのため，プラントには多数の**温度計**が用いられる。
_{thermometer}

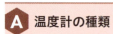

温度計には，温度を測定しようとする物体に接触させることによって温度を感知する**接触方式**と，物体に接触させずに
_{contact method}
離れたところから測定する**非接触方式**とがある。
_{non-contact method}

おもな温度計の種類とその測定範囲を表 9-1 に示す。

▼表 9-1　温度計

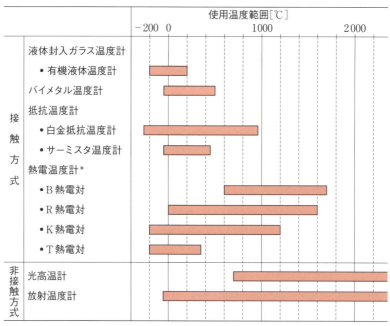

＊B，R，K，T などの各熱電対の金属線の組成については p.213 表 9-2 参照。
（JIS Z 8710 温度測定方法通則 による）

B 熱電温度計

2 種の金属線（素線）を接合したものを**熱電対**という。この
_{thermocouple}
熱電対と銅導線を図 9-2 のようにつなぎ，熱電対の接合部を測定しようとする物体に接触させ（**測温接点**），銅導線と 2 種の金属線の接合部を温度一定
_{temperature measuring junction}

の物質(ふつうは0℃の氷水)に接触させる(**基準接点**)と，測温接点と基準接点との温度
　　　　　　　　　　　　　　　　　reference junction
差にほぼ比例した起電力(熱起電力)が生じる。この原理を利用して温度を測定する計測器
を**熱電温度計**という。
　thermoelectric thermometer

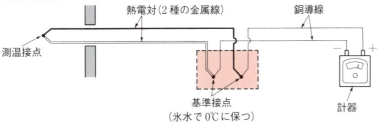

▲図9-2　熱電温度計

▼表9-2　熱電対

JISの記号	金属線の材料	
	＋脚	－脚
B	Rh 30 % を含む Pt-Rh 合金	Rh 6 % を含む Pt-Rh 合金
R	Rh 13 % を含む Pt-Rh 合金	Pt
S	Rh 10 % を含む Pt-Rh 合金	Pt
N	Ni，Cr，Si を主とした合金	Ni，Si を主とした合金
K	Ni，Cr を主とした合金	Ni を主とした合金
E	Ni，Cr を主とした合金	Cu，Ni を主とした合金
J	Fe	Cu，Ni を主とした合金
T	Cu	Cu，Ni を主とした合金

注　＋脚とは計器の＋端子に結ぶほうの金属線をいう。使用温度範囲は表9-1参照。
（JIS C 1602 熱電対　による）

　測温接点と基準接点が離れた場所に置かれている場合，貴金属を用いた熱電対では不経済であったり，細い素線では扱いにくかったりするので，熱電対の端子から基準接点までを**補償導線**(熱電対の素線と特性がよく似た安
　　　　　compensation lead wire
価な代用線)で結ぶ(図9-3)。

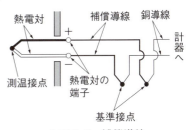

▲図9-3　補償導線

　以上は基本的な使い方であるが，基準接点の温度を室温として，室温を測定値に加えて補正したり，電気的な回路で補正したりすることもある。なお，熱電対の腐食や摩耗を防ぐため，ふつうは熱電対を金属やセラミックスの**保護**
　　　　　　　　　　　　　　　　　　　　　protective tube
管に入れて用いる(図9-4)。シースとよばれる細い金属の
　　　　　　　　　　　　sheath
保護管に熱電対を絶縁物の粉末とともに封入した**シース熱**
電対は，曲げることができ，狭い場所にも用いられる。
sheathed thermocouple

　熱電温度計は，測定できる温度範囲が広く，遠隔測定にも適しているので，工業的に広く用いられている。

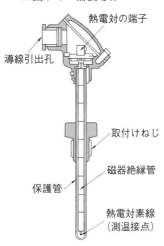

▲図9-4　熱電対の保護管

2 圧力の計測

圧力は温度と並んで，流体の状態を表す重要なプロセス変量である。また，流体の圧力は，流量・液位・温度などと密接な関係があるため，圧力を測定することによって間接的にこれらの量を測定することもできる。

A 圧力計の種類

圧力計には，表 9-3 のような種類がある。
pressure gauge

▼表 9-3　圧力計

形　式		特徴・用途
液柱式	U 字管マノメーター 傾斜管マノメーター	液柱の高さを読み取る。おもに差圧用 微差圧用
弾性式	ブルドン管圧力計 ベローズ圧力計 ダイヤフラム圧力計	一般工業用 おもに記録・調節計用 微圧・微差圧用
電気式	抵抗線ひずみ計	ひずみゲージをブリッジ回路の 1 辺に接続して使う。圧力が電気的な値に変換されるので，伝送しやすい。高圧測定にも使える。

液柱式圧力計とブルドン管圧力計については，第 3 章 p.48 で学んだ。ベローズ圧力計・ダイヤフラム圧力計・抵抗線ひずみ計の原理を図 9-5 に示す。

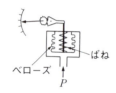
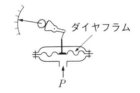
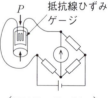

(a) ベローズ圧力計　　　(b) ダイヤフラム圧力計　　　(c) 抵抗線ひずみ計

▲図 9-5　圧力計

B 絶対圧とゲージ圧

圧力は，次のどちらかで表される。

絶対圧　完全な真空の状態を基準として 0 とする表し方
absolute pressure
である。たとえば，標準大気圧(1 気圧)は 101.3 kPa であると学んできたが，これは絶対圧で表した値である。気体の体積の計算などには，絶対圧を用いなければならない。

ゲージ圧　大気圧の状態を基準として 0 とする表し方である。絶対圧との関係は，次
gauge pressure
の式で表される。

$$大気圧 + ゲージ圧 = 絶対圧$$

工業的な圧力計は，ゲージ圧を指示しているものが多いから，注意が必要である。

問 1 大気圧が 102 kPa であるとき,次の圧力を求めよ。

(1) ゲージ圧が 100 kPa のときの絶対圧。

(2) ゲージ圧が－60 kPa のときの絶対圧。

(3) 絶対圧が 150 kPa のときのゲージ圧。

3 液位の計測

化学工場では,液体をタンク内に貯蔵することが多い。液体の貯蔵量や移動量などを知るには,**液位**(液面の位置)を測定すればよい。また,反応装置・かくはん槽・蒸発缶などの運転条件を一定に保つためにも,たえず液位を測定し調節しなければならない。

液位計(液面計)には,図 9-6 のように種々の形式がある。ゲージガラスや浮き(フロート)を用いるのは最も簡単な方法であるが,これもたんに目でみるだけでなく,電気や圧力などの信号に変換して,離れたところに伝えるくふうがされている。

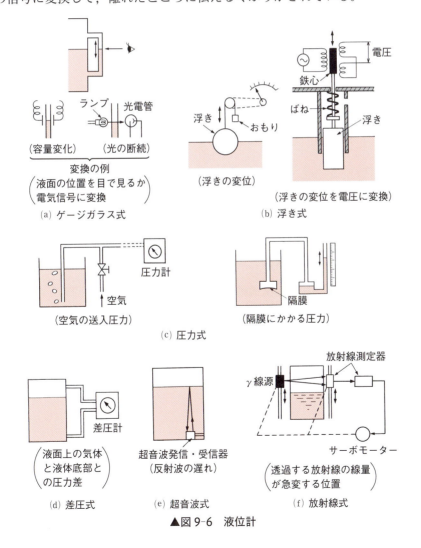

▲図 9-6 液位計

4 流量の計測

流量は，プロセスの物質収支や化学反応に直接関係する重要なプロセス変数である。

流量計としては，すでに第3章(p.70〜71)でオリフィス流量計とピトー管について学んだが，ここではその他のおもな流量計について説明する。

A ロータメーター

ロータメーターは，円錐状に上の方が太くなっている鉛直のガラス管の中にロータ（フロートともいう）を入れたもので（図9-7），流体はガラス管の下部から入り，すきまを通って上向きに流れる。ロータが上にいくにつれてガラス管とのすきまが大きくなるため，流量に応じた高さでつり合うので，ロータの位置で流量がわかる。

B せき流量計

せき流量計（weir flowmeter）は，溝や水路などを流れる水の流量測定によく用いられるものである。図9-8に，せきの一例として直角三角せきを示す。

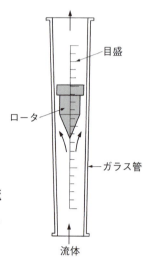

▲図9-7 ロータメーター

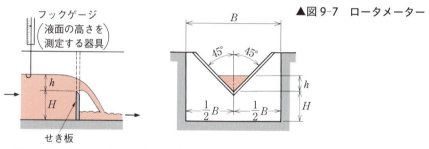

溝の流れの中に，直角三角形の切り欠きをもつせき板を設け，これを越えて流れるときの h の値から流量を計算する。

▲図9-8 直角三角せき

C 容積式流量計

容積式流量計（positive-displacement flowmeter）は，一定容積の容器が回転しながら流体を送り出し，その回転数から流量を知る流量計である。

実験室などで用いる**湿式ガスメーター**（wet gas meter）や長円形の歯車をかみ合わせた**オーバル歯車式流量計**（oval wheel meter）などがある（図9-9）。

(a) 湿式ガスメーター　　(b) オーバル歯車式流量計

▲図9-9 容積式流量計の例

D 電磁流量計

電解質溶液のような導電性をもった液体が磁界を横切って流れると、電磁誘導によって液体内に起電力が発生する。**電磁流量計**(electromagnetic flowmeter)は、この起電力を測定して流量をはかる流量計である（図9-10）。圧力損失がなく、測定値が起電力であるので、測定値を電子式指示調節計[①]へ伝えやすいなどの利点がある。また、ほかの流量計では検出部がつまりやすい石灰乳のようなスラリー[②]の流量測定にも使えるが、導電性のない流体には使えない。

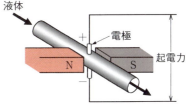

▲図9-10　電磁流量計

E オリフィス流量計

オリフィス流量計の原理については第3章[③]で学んだ。オリフィス流量計は化学工業のプロセスで最も広く使われている流量計である。

F 熱式質量流量計

薄肉金属管にヒーターを巻きつけ、その両側に温度センサー[④]を配置する（図9-11）。管内に気体を流すと、ヒーターの上流側と下流側で温度差が生じる。この温度差は、管内の気体の比熱容量と流量に関係する。**熱式質量流量計**[⑤](thermal mass flowmeter)は、この温度差から気体の質量流量を測定する流量計である。

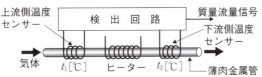

気体が流れていないとき
$t_1 = t_2$ ⇒ 温度差は検出されず、質量流量信号は回路から出力されない。

気体が流れているとき
$t_1 < t_2$ ⇒ 温度差が検出され、その差に応じた質量流量信号が回路から出力される。

▲図9-11　熱式質量流量計の原理

5 成分濃度の計測

成分濃度は、化学工業製品の品質に直接関係する量で、製品の品質保証の点から、製造工程の途中や製造装置の出口などで定期的に測定しなければならない値である。

製品濃度が規格どおりかどうかを検査する場合は、ある程度の時間がかかってもよいため、試料を採取し、高性能の分析機器を用いて、目的成分の濃度を高い精度で測定すればよい。

---

① p.221参照。
② 固体の微粒子が液体中に高い濃度で分散している懸濁液を、スラリー（slurry）という。
③ p.70参照。　④ p.220参照。
⑤ 質量流量計（マスフローメーター）にはいくつか異なる方式のものがあるが、熱式のものをたんにマスフローメーター（mass flowmeter）とよぶことが多い。

しかし，工程管理が正しくされているかを調べるために成分濃度を測定する場合には，精度は多少低くても迅速に測定できることが望ましいため，いちいち試料を採取せずに連続的に測定できる計測法を選ぶほうがよい。

主として工程管理用に用いられる成分濃度の計測器を，**成分計**(または濃度計，分析計)とよんでいる。表9-4に成分濃度のおもな測定法を示す。

▼表9-4 成分濃度のおもな測定法

種　類	測定原理
液体用	密　度　法	密度の測定
	導　電　率　法	電解液の導電率の測定
	電　極　電　位　法	電解液中の電極電位の測定
	連　続　滴　定　法	容量分析の連続化
	比　色　分　析　法	溶液の可視光線吸収率の測定
	原　子　吸　光　分　析　法	輝線スペクトルの吸収率の測定
気体用	熱　伝　導　率　法	熱伝導率の差の測定
	密　度　法	密度の測定
	反　応　熱　法	反応による発生熱量の測定
	磁　気　法	磁化率の測定
	ガスクロマトグラフ法	充てん物中の移動速度の差の測定
	赤　外　線　法	赤外線の吸収率の測定
	溶　液　導　電　率　法	溶液に吸収・反応させ，その導電率を測定

A 電極電位法

溶液中に基準電極と測定電極を差し込んで，電極間の電位差を測定することにより，溶液中のイオン濃度などをはかる方法である。pH(水素イオン指数)の測定がその代表的な例である。pHの測定電極にはガラス電極が，基準電極には銀-塩化銀電極などが用いられる。pHのほか，金属イオンの濃度を測定したり，酸化還元電位を測定して酸化反応の進行状況を確認するなどの用途がある。

B 熱伝導率法

混合気体の熱伝導率は，成分気体の種類と濃度によって異なる。そこで，図9-12のようなブリッジ回路に気体を流し，白金線の温度低下により生じる電気抵抗の変化を測定することで，成分気体の濃度変化を知ることができる。測定セル中の細い白金線に通電し，そこに気体を流すと，白金線は熱を奪われて温度が下がり，電気抵抗が小さくなる。このとき，気体の熱伝導率が大きいほど，電気抵抗はより大きく低下する。熱伝導率の差の大きい気体混合物の場合，たとえば空気中の微量のH_2，排ガス中のCO_2などの測定に適する。

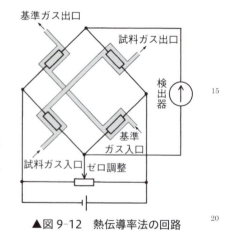

▲図9-12 熱伝導率法の回路

C ガスクロマトグラフ法

ガスクロマトグラフ法は，気体または気化しやすい液体の成分濃度の測定に用いられる。

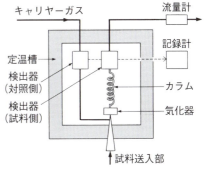

▲図9-13 ガスクロマトグラフ法の原理

図9-13のように，不活性なガス（キャリヤーガス）をカラム（分離管）内に流しておき，少量の試料を瞬間的に送入する。気体，または気化器で気化させた液体試料は，充てん物をつめたカラムを通過する間に，各成分の移動速度に差が生じ，各成分に分かれて検出器を通過する。検出器では，純粋なキャリヤーガスと試料成分を含むキャリヤーガスとの熱伝導率などの差を時間の経過とともに測定して，各成分の種類と量を知る。検出器には，熱伝導率法や水素炎イオン化法[①]などが用いられる。

この方法は，性質の類似した多成分混合試料の分離・測定にきわめて有効で，化学工業のプロセスで成分濃度の変動を監視する工業用計測器として，広く用いられている。

6 測定値の変換と伝送

ここまでに学んだ温度計・圧力計・液位計・流量計・成分計などの計測器は，温度・圧力その他のプロセス変量を検出し，電気抵抗・起電力（電圧）・差圧，あるいは目にみえる変位などの**信号**に**変換**して，われわれに伝える働きをする。そのため，たとえば流量計のことを流量変換器とよぶこともある。

一つのプロセス変量を一箇所で測定するだけならば，適当な計測器が一つあればよい。しかし，多数の場所からさまざまな測定値を集めて集中的に管理し，さらにそれらのプロセス変量を目的に従って調節（制御）しようとする場合には，これらの信号を離れた場所まで送る（**伝送**という）必要がある。このとき，信号は1種類（たとえば直流電流だけ）に統一されているとつごうがよい。計測器からの信号を，伝送や表示・調節につごうのよい信号に変換して送り出す装置を**伝送器**（transmitter）という。

圧力・流量・液位の計測値を変換・伝送する工業計器として，**差圧伝送器**（differential pressure transmitter）が広く使われている。

これは，**ダイヤフラム**（diaphragm）（隔膜）の両側にプロセスの圧力をかけ，その圧力差（差圧）によって生じるダイヤフラムの動きを，空気式では空気圧信号に，電子式では直流電流信号に変換して，伝送する装置である（図9-14）。

[①] 試料成分を含むキャリヤーガスを水素炎の中に導き，試料の分解・イオン化によって変化する炎の導電率を測定する。有機化合物の検出に適する。

なお,信号を離れたところへ伝送するだけでなく,その場で測定値(たとえば流量)として指示することもできるので,圧力・流量・液位の計測器としても利用することができる。

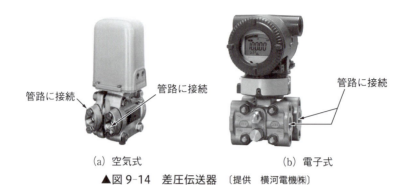

(a) 空気式　　　　　　(b) 電子式
▲図9-14　差圧伝送器　〔提供　横河電機㈱〕

> **Column**　各種のセンサー
>
> プロセス変量の計測において,**センサー**とよばれるものが広く用いられるようになった。センサーとは,さまざまな物理量や化学量を,電気信号や光信号に変換する装置をいう。センサーを利用することにより,人間の検知能力では気づかない微小な変化や,人間の五感ではわからないような物理量や化学量も検知できるようになった。また,センサーにより変換された信号は,伝送やコンピュータによる取り扱いに有利であるため,高度化の進んだDCSにおいても,センサーによる計測が果たす役割は大きい。しかし,化学プラントの中では,電気信号や光信号によらない計測やシステム制御が行われている場合もまだまだ少なくない。おもなセンサーの種類と一般的な利用例を表9-5に示す。
>
> ▼表9-5　センサーの種類と利用例
>
> | 検出対象 | センサー | 一般的な利用例 |
> |---|---|---|
> | 光 | ホトトランジスター
赤外線センサー
固体イメージセンサー(CCD) | 防犯カメラ,自動ドア
サーモグラフィー |
> | 磁気 | 磁気センサー | 紙幣判別,自動改札 |
> | 音 | 超音波センサー | エコー診断
ガス・水漏れ検査 |
> | 圧力 | ひずみゲージ,圧力センサー | 電子血圧計
ガス圧・油圧検査 |
> | 温度 | 熱電対,サーミスター | 電子体温計,温度制御 |
> | 湿度 | 湿度センサー | 空調管理 |
> | ガス | 半導体ガスセンサー | ガス検知器
排ガスセンサー |
> | イオン | イオンセンサー,バイオセンサー | 電導度計,イオン電極 |
> | 加速度 | 加速度センサー | 地震計,手ぶれ防止制御 |

3節 調節計と操作部

この節で学ぶこと

伝送器から送られた信号(測定値)は，調節計で処理され，操作信号が操作部へ送られる。操作部は，操作信号を受け，プラントの調節操作を行う。ここでは，調節計と操作部について学ぶ。

1 調節計

調節計(コントローラ)は，計測器から送られてくる測定値を受信し，目標値(設定値)と比較して，その差(偏差)から制御に必要な操作量を計算し，それを出力信号(操作信号)として操作部に送る装置である。

調節計のうち，指示(測定値を表示すること)の機能をもつものを**指示調節計**，指示と記録の機能をもつものを**記録調節計**という[1]。

調節計は，取り扱う信号と操作用補助エネルギーの形によって，空気圧式・油圧式・電子式・混合式に分けられるが，一般に多く用いられるのは，空気式と電子式である。図9-15に電子式指示調節計の外観を示す。

調節計は，的確な操作信号を出さなければならないので，その機構は複雑である。しかし電子技術の進歩とともに，小形・軽量で確実な調節機能をもつものが開発され，DCS[2]に組み込まれて化学工業の発展に貢献している。

▲図9-15　電子式指示調節計
〔提供　横河電機㈱〕

2 操作部

台所では，ガステーブルの炎の大きさを目で検出し，コックを操作してガスの流量を調節する。また，水道水の出方を目で検出し，蛇口の弁を操作して水量を調節する。

同様に，化学プラントでも，調節計からの操作信号を受けて，操作量(流量など)を調節する部分がある。これが弁などの**操作部**である。操作部は，動作が速く，しかも駆動力[3]が大きいことが望ましい。

---

[1] 測定値を表示する装置を指示計，記録する装置を記録計という。
[2] p.211 参照。
[3] ここでは，弁などを動かす力のこと。

操作部としては弁が最も多いが,ほかに,煙道の排ガスの流量を調節するためのダンパー(空気調節弁)や,コンベヤーの速度を変えるための電動機などもある。

操作部に用いられる弁を**調節弁**(control valve)といい,表9-6,図9-16のような種類がある。

▼表9-6　おもな調節弁

種　類	概　要
ダイヤフラム弁	空気式の調節弁で,構造が簡単であり動作特性もよいので,最も広く用いられる。
油　圧　弁	動作が速く,駆動力が大きい。
電　磁　弁	構造が簡単で動作も速いが,全開もしくは全閉でしか用いられない。
電　動　弁	電磁弁と異なり,全開もしくは全閉以外にも用いることはできるが,動作が遅い。

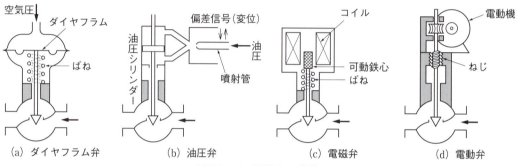

▲図9-16　調節弁の構造

化学プラントで,プロセス流体[①]・加熱用水蒸気・冷却水などの調節弁として最も広く用いられているのは,表9-6にも示したダイヤフラム弁である。化学プラントに設置されたダイヤフラム弁を図9-17に示す。

ダイヤフラム弁による流体の制御のしくみは,まず,調節計から操作信号(弁への命令)として送られた空気圧がダイヤフラムを加圧する。

$$空気圧 × ダイヤフラムの面積 = 力$$

この力が弁の作動力となり,ばねの弾力とのつり合いで弁の開度(開きの大きさ)を決め,流体の流量を調節する(図9-18)。

▲図9-17　化学プラントに設置されたダイヤフラム弁

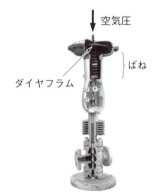

▲図9-18　ダイヤフラム弁の構造

① プロセスに直接かかわっている原料や反応生成物の流体を,プロセス流体という。

4節 プロセス制御

この節で学ぶこと
ここでは，制御しようとするプロセス変量を測定して，目標値(設定値)との差を修正する操作を行う，**プロセス制御**(process control)について学ぶ。

1 プロセス制御

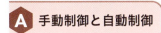

プロセスの中で目標の値に保ちたい量を**制御量**(control amount)といい，それをコントロールする量を**操作量**(manipulation amount)という。たとえば図9-19のような，液体を水蒸気で加熱するプロセスでは，液体の温度が制御量で，水蒸気の流量が操作量である。

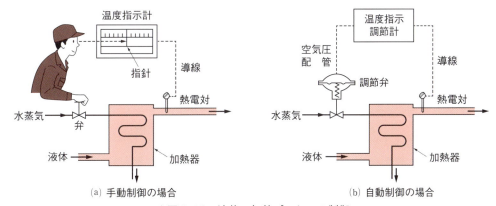

▲図9-19 液体の加熱プロセスの制御

図9-19では，液体の温度は熱電対で検出され，導線によって電気的に温度指示計に送られ，温度は温度指示計の指針の位置の変化(変位)として表示される。

手動制御(manual control)では，図9-19(a)のように，運転員が温度指示計の指針の変位を判断し，液体の温度が目標の値になるように，手で弁を操作して水蒸気の流量を変える。

自動制御(automatic control)では，図9-19(b)のように，運転員が行っていた操作を装置に行わせる。温度指示計のかわりに温度指示調節計を用い，温度の目標値を設定すると，温度の目標値と測定値との差を解消するように自動的に調節弁の開度を変えて，水蒸気の流量を調節する。ふつうプロセス制御といえば，プロセスの自動制御のことである。

4節　プロセス制御　**223**

プロセス制御を採用すれば，次のような利点がある。
① 熟練した手作業を必要とせず，運転員が継続的な緊張感から解放される。また，運転員の数を減らすことができる。
② プロセスの運転が安定し，事故を防止できる。また，製品の品質向上が見込める。
③ 複雑なプロセスや，高温その他の理由で人が近づきにくい装置を用いるプロセスでも，操業が可能になる。

したがって，こんにちの化学工場では，プロセス制御が広く採用されている。

B フィードバック

図 9-19 の加熱プロセスの自動制御で，制御信号（制御のための信号）がどのように流れているかを図で表すと，図 9-20 のようになる。

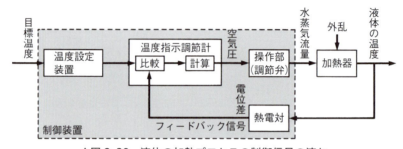

▲図 9-20　液体の加熱プロセスの制御信号の流れ

制御信号の流れを図 9-20 のような図で表したものを**ブロック図**（ブロック線図）という。
block diagram
この場合，液体の温度（制御量）は熱電対で検出されて温度指示調節計に入り，そこで目標値と比較され，その差（**偏差**）に応じて，温度の修正のための空気圧信号（操作量）が調節
deviation
弁に向かって出される。このように比較・修正のために信号を戻すことを**フィードバック**
feedback
といい，その信号をフィードバック信号という。そして，信号の経路は全体として閉じた**ループ**（環）をつくっている。このような制御のしかたを**フィードバック制御**という。
loop　　　　　　　　　　　　　　　　　　　　　　　feedback control

参考　フィードバック制御に対して，あらかじめ決めておいた反応や分離などの操作の順序や条件にしたがって，時間を追って制御の動作を進め，フィードバックを行わない（信号の経路が閉じたループをつくらない）制御を，**シーケンス制御**という。プロセス制御はフィードバック制御によることが多いので，以下では主として
sequential control
フィードバック制御について学ぶ。

図 9-20 で**外乱**とあるのは，制御量（温度）を乱そうとする外部からの作用のことで，こ
disturbance
の図の例では，液体の最初の温度の変動，あるいは周囲の気温の変動などがこれにあたる。

C 制御動作

図9-19(a)のような手動制御で運転員が行う弁の開閉の動作には、いろいろなやり方が考えられる。たとえば、

ⓐ 温度の指示値が目標値よりも少しでも低くなったら弁を全開し、少しでも高くなったら弁を全閉する。

ⓑ 温度の指示値と目標値との差（偏差）の大きさに応じて、弁の開き方を加減する。

ⓒ 温度が急に低くなったら弁を大きく開き、温度がゆっくり低くなったら弁を少し開く。

などである。自動制御の場合にも、次に述べるオンオフ動作・比例動作などいくつかの制御動作の種類があり、プロセスの特性や制御の目的などによって、適当な動作が選ばれる。

以下、各種の制御動作の特徴を、図9-19のプロセスの例によって説明する。

● 1. オンオフ動作

制御量が目標値より小さいか大きいかによって、操作量を全開または全閉とする制御動作を、**オンオフ動作**または**二位置動作**という。先にあげた弁の開閉動作の例では、ⓐがこれにあたる。図9-19(b)の場合について、液体の温度（制御量）と水蒸気流量（操作量）との関係を図9-21に示す。
on-off control action　　two-position action

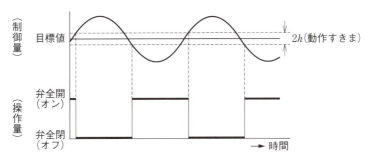

オンオフ動作は、温度が目標値を越えてから正の偏差$+h$に達するとオフになり、負の偏差$-h$に達するとオンになる。このように、実際の動作には、上のような"動作すきま"がある。

▲図9-21　オンオフ動作による自動制御

オンオフ動作は、図9-21のように制御量がある程度変動する欠点はあるが、装置が比較的簡単なため、温度の制御をはじめ、タンクの液位（液レベル）の制御などにも広く用いられる。また電気ポットや冷蔵庫のような家庭電気製品の温度調節用にも使われている。

問 2　身のまわりの製品でオンオフ動作による制御が行われているものをあげよ。また、それらの製品にオンオフ動作がどのように使用されているか考えよ。

●2. 比例動作

偏差の大きさに比例して操作量の変化の幅が決まるような制御動作を，**比例動作**(P動作)という。
proportional control action

比例帯　図9-19(b)の例でいえば，温度の偏差に応じた空気圧を調節弁に送って，偏差に比例するように弁の開度を変えるのが，比例動作である。この場合，偏差の大きさによって，弁の開度をどれくらい変えるかという割合を**比例帯**ということばで表す。比例帯とは，弁の全開と全閉に対応する制御量(温度)の差が，調節計の全目盛幅の何％に相当するか，という値である(図9-22)。
proportional band

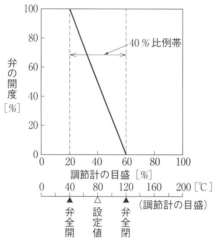

温度が設定値(目標温度)80℃を越えて，120℃に達したときに調節弁は全閉となり，設定値より下がって40℃に達したとき全開となるようにした場合。
このときの比例帯は，
$$\frac{120-40}{200} \times 100 = 40\%$$
である。

▲図9-22　比例帯

オフセット　いま，図9-19(b)で，比例動作によって液体の温度が設定値に保たれているときに，液体の流量が突然増えたとしよう。水蒸気の流量が変わらなければ，液体の温度は前より低くなる。

そこで比例動作が働いて弁を前よりも開き，温度を設定値に戻そうとするが，比例帯が広く設定してあると，温度変化に対する弁の開き具合が小さいため，温度は完全には設定値まで戻らず，ある程度の偏差が残る(図9-23①)。この残った偏差を**オフセット**という。
offset
このようなときにオフセットをなくすには，運転員の手で調節計の比例帯の位置をずらす必要がある。この操作を**手動リセット**という。
manual reset

また，比例帯を狭く設定すればオフセットは小さくなるが，そのかわり，温度は上下に振動してオンオフ動作に近くなる(図9-23③)。

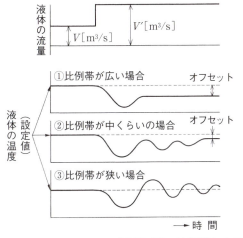

▲図9-23 比例帯とオフセット

●3. 積分動作

偏差の大きさに比例した速度で操作量を変化させる制御動作を**積分動作**(**I 動作**)という。操作量が偏差の積分値に比例することになるので、このようによばれる。たとえば、図9-19の例では、偏差が残っている間は蒸気弁を開く(または閉じる)動作を続け、偏差がなくなったとき蒸気弁の開閉動作をやめる。したがって、偏差は残らない。

比例動作と積分動作を組み合わせた動作を**比例積分動作**(**PI 動作**)といい、比例動作の欠点であるオフセットが除かれる。

●4. 微分動作

偏差の変化速度(すなわち偏差の微分値)に比例した幅で操作量を変化させる制御動作を**微分動作**(**D 動作**)といい、単独で用いられることはないが、制御動作を早める効果があり、P 動作や PI 動作と組み合わせて、**PD 動作**、**PID 動作**として用いられる。

2 プロセス制御の例

自動制御は，化学工場におけるほとんどすべてのプロセスに採用されている。ここでは，その例として，連続蒸留プロセスの自動制御，および，反応装置の温度の自動制御の概要を示す。

ここで行われる制御システムは DCS[①] として組み込まれ，プロセス全体を効率よく制御するようになっている。

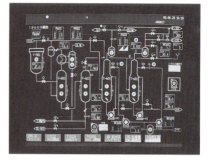

▲図 9-24 DCS の制御盤の画面

図 9-24 に DCS の制御盤の画面の一例を示す。

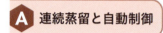
A 連続蒸留と自動制御

図 9-25 は，2 成分系の連続蒸留プロセスの自動制御の例である。

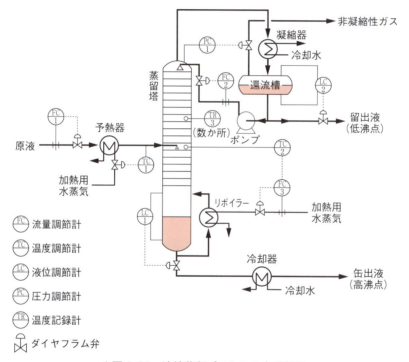

▲図 9-25 連続蒸留プロセスの自動制御

連続蒸留では，原液の供給量とその温度の変動がプロセス全体に大きな影響を与えるので，原液の流量調節計 (FC/1)，原液の温度調節計 (TC/1) で制御する。なお，原液の温度は塔の原料段の温度に近くなるように設定する。

---

① p.211 参照。

留出液量は，還流槽の液位が一定に保たれるように液位調節計 $\frac{LC}{2}$ で制御し，缶出液量は塔底の液位が一定となるように液位調節計 $\frac{LC}{1}$ で制御する。

留出液の成分濃度を一定に保つための還流比は，流量調節計 $\frac{FC}{2}$ で制御する。また，蒸留塔内の圧力は，原液に含まれる非凝縮性ガスの排出量を圧力調節計 $\frac{PC}{1}$ で制御して，一定の圧力になるようにする。

温度記録計 $\frac{TR}{3}$ は，蒸留塔内のいくつかの段の温度を記録し，塔の運転の安定性を確認するのに使われる。温度調節計 $\frac{TC}{2}$ は，蒸留塔の運転上重要な段の温度を検出し，リボイラー加熱用水蒸気の流量の調節を流量調節計 $\frac{FC}{3}$ に命令し，制御させる。

B 反応装置の温度の自動制御

図 9-26 は，多管式固定層触媒反応装置における有機接触反応(発熱反応)の反応温度の制御の例である。有機接触反応では一般に，分解・重合のような好ましくない副反応を防止する必要があるので，反応温度に上限がある。

一方，触媒層に入る原料の温度は，ある温度以上にしておかなければならない。

したがって，反応熱を除去して，触媒層の温度分布が好ましい状態になるように制御する必要がある。また，触媒は時間の経過とともにしだいに劣化し活性が低下するので，それにともなって触媒層の温度も変えていくことが必要となる。

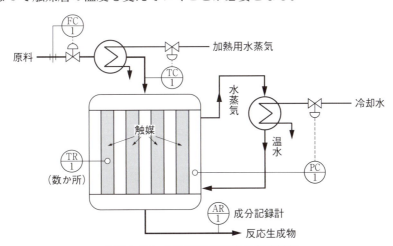

▲図 9-26 反応装置の温度の自動制御

反応装置入口における原料の温度は，触媒の活性の低下に合わせて，温度調節計 $\frac{TC}{1}$ で，順次上げていく。反応熱は，多管式触媒層の外側を流れる温水の蒸発潜熱によって除去されるが，圧力調節計 $\frac{PC}{1}$ で水蒸気の圧力を調節することによって温水の温度が変わるので，これによって触媒層の温度の制御が行われる。また，数か所に設けた温度記録計 $\frac{TR}{1}$ によって，触媒層の長さ方向の温度分布を知り，成分記録計 $\frac{AR}{1}$ によって反応生成物の成分濃度を記録し，$\frac{TC}{1}$ と $\frac{PC}{1}$ の設定の参考にする。

章末問題

1. 次の英語を日本語に直せ。

　(1) flowmeter　　(2) liquid level　　(3) pressure

　(4) temperature　　(5) pressure gauge　　(6) control

　(7) diaphragm　　(8) manometer　　(9) thermometer

2. 次の用語について説明せよ。

　(1) 手動制御　　(2) 自動制御　　(3) プロセス制御　　(4) フィードバック制御

3. プロセス制御におけるおもなプロセス変量をあげよ。

STC **手動制御と自動制御について考えよう**

第9章では，化学工場がプラントの安全を確保しながら，最適の条件で運転して，安定した品質の製品を生産できるようにするための技術を学んできた。以下について話し合ってみよう。

(1) 人が計器を使用して運転条件（温度・圧力・流量など）を計測して，手動でプラントの運転を制御する場合の問題点。

(2) (1)で挙げた問題点を解決するために，どのような作業が，人の手を借りないで自動的に制御することができるか。

STC **プロセス制御について考えよう**

プロセス制御の一例として，タンクの液位を自動制御するプロセスを考えよう。

(1) 図9-20の液体の加熱プロセスの制御信号の流れのブロック図を参考にして，図9-1のような，液位の自動制御のブロック図を書いてみよう。ただし，「目標液位」，「制御装置」，「液位設定装置」，「指示調節計」，「空気圧」，「操作部（調節弁）」，「タンク」，「外乱」，「液位」，「計測器（液位計）」，「フィードバック信号」を使用すること。

(2) (1)の液位の自動制御のブロック図を利用して，「液位」が設定値より大きい場合，「指示調節計」から「操作部（調節弁）」には，どのような操作を行わせる信号が送られるか，説明してみよう。また，「液位」が設定値より小さい場合も考えてみよう。

化学プラントの管理

第 10 章

化学工場では，生産に従事する多くの人々の手により，多量の原料からさまざまな設備が組み合わされた生産工程を通して，多量の中間製品・最終製品が生産されている。このような多くの人や物を効率よく一つの目的に向けて動かしていくためには，生産工程全体を適切に管理・運営して，製品の品質を高める技術（管理技術）が必要である。

この章では，化学工場の管理技術について学ぶ。

製品研究（触媒性能評価）

製品研究（高分子重合評価）

1節 生産計画と工程管理

この節で学ぶこと

化学工業では，原料に化学変化や物理変化を起こさせ，より価値の高い製品を生産する。その際，決められた納期までに，要求される品質・数量を，期待される原価で生産することが求められるため，需要の予測や生産の計画・調整，工程管理などをもとに生産活動全体の最適化をはかる**生産管理**（production management）が必要になる。ここでは，化学工業の生産計画と工程管理について学ぶ。

1 生産計画

A 受注生産と見込生産

タンカー，橋，プラントなどのように，注文を受けてから設計・製作に入る生産形態を**受注生産**（order production）という。一般に製作期間は長く，また，多品種少量生産である。

これに対して，自動車，家庭電気製品，医薬品などのように，市場の需要を予測して製品を生産する形態を**見込生産**（project production）という。一般の消費財のほとんどすべてがこの形態で生産される。不特定多数の消費者を対象にするので，一般に少品種多量生産である。

化学工業の製品は，大部分が見込生産である。洗剤や医薬品のように直接消費者に供給される製品もあるが，中間製品として，自動車・電気製品・電子機器・繊維・プラスチック成形などの各種工業の素材（原料）となるものが多い。そのため，それらの需要の変化に対応して，品質や規格を満たしつつ，安定した供給を行わなければならない。したがって，年間・月間・週間の生産計画，場合によっては日々の生産計画を適切に調整し，それを合理的に実行する必要がある。

B 化学工業における生産計画

生産計画（production planning）とは，需要に対して，生産数量をはじめ，品質・納期・原価などの条件を満足させるため，生産の計画・手配・調整を行うことである。

たとえば，カセイソーダ（水酸化ナトリウム）の生産計画について考えてみよう。食塩（塩化ナトリウム）の水溶液を電気分解してカセイソーダを製造すると，

$$2\,NaCl + 2\,H_2O \longrightarrow 2\,NaOH + Cl_2 + H_2$$

のように，カセイソーダだけでなく塩素も生産される[①]。したがって，カセイソーダの需要だけでなく，塩素の需要も考慮に入れた生産計画が必要となる。塩素が不足しカセイソー

---

① 水素も生産されるが，水素は需要が多いので，カセイソーダの生産計画に影響を及ぼすことはない。

232　第10章　化学プラントの管理

ダが余る場合は，カセイソーダの輸出や塩素の誘導品の輸入[①]も考えて生産計画を立てることがある。

　また，ナフサを分解してエチレンとプロピレンを生産する場合を考えてみよう。ナフサの分解条件を変更するとエチレンとプロピレンの生成比が変わる。したがって，エチレンとプロピレンの需要の変化に対応した供給比率となるように，分解条件を考慮に入れた生産計画を立てることがある。

　このように，化学工業では，ある物質を生産すると，併産品を生じることが多い。生産計画を立てるときには，生成する物質すべてについての需要と供給を考えることが必要である。

　また，危険物や高圧ガスに分類される化学工業製品の場合には，在庫貯蔵量に安全管理上制限があるので，需要の変化に対して柔軟に生産計画を調整する必要がある。

2　工程管理

　化学工場では，多くの工程が互いに密接に関連しながら運転されている。各工程の運転基準を適切に設定すること，そしてその運転基準を守って装置を運転することは，工場を管理・運営していく上で大切なことである。

A　化学工場における工程管理

　化学工場では，原料から製品を製造するためにいろいろな操作が行われている。工場における操作の系列を総称して**生産工程** production process という。生産工程は通常いくつかのブロックに分けることができる。図 10-1 に，セメント工場の生産工程を三つのブロックに分けて示した。

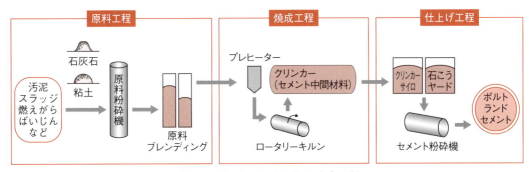

▲図 10-1　セメント工場の生産工程

　生産日程に遅れないように，かつ品質も生産数量も所定の値を保つように生産工程を管理・運営し，さらに改善していくことを**工程管理** process control という。

---

① 塩素は，安全のために誘導品の形で輸出・輸入される。

生産工程には，組立て型と装置型の二つの形式がある（図10-2）。組立て型の生産工程は自動車工業・機械工業・電気機械工業などにみられ（図10-3），その工程管理は作業手順を重視して日程を守るよう管理する傾向が強く，各工程の所要時間を厳しく統制することが求められている。

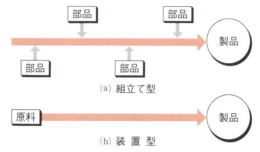

組立て型には，自動車工業・電気機械工業など，装置型には，化学工業・石油精製工業などがある。

▲図10-2　生産工程の形式

一方，装置型の生産工程は化学工業・石油精製工業などに多くみられ（図10-4），その工程管理は装置の運転管理が中心で，中間製品や最終製品の品質を確実に管理することが求められている。

▲図10-3　組立て型生産工程　　　　▲図10-4　装置型生産工程

問1　次の工場のおもな生産工程は，組立て型に属するか，それとも装置型に属するか。

(1) ビール工場　　(2) パーソナルコンピュータ工場　　(3) せっけん工場
(4) 肥料工場　　(5) カメラ工場　　(6) ガラス工場

B　運転管理

●1. 運転基準　化学工場における装置は，個々に定められた**運転基準**（operation standard）に従って動いている。これらの装置は，原料や中間体などの物質に化学変化や物理変化を起こさせることを目的としている。そのため，この運転基準は，温度や圧力，あるいはかくはん条件・仕込み量など，装置そのものの運転条件について定めたものであるが，必要に応じて原料・製品など物質の品質規格や安全な取り扱い方法，環境対策などについても定めている。

運転基準は，工場で操業を開始する前に

① 実験室における予備実験

② パイロットプラント[1]による中間試験

③ プラントの試運転

などの段階で，運転条件を十分に検討して決められているため，生産に向けた運転がはじまると，装置の運転に従事する運転員が運転基準を変更することはあまりない。運転員のおもな仕事内容は，運転基準を守り，正常な運転状況を維持することである。

しかし，装置の運転状況が乱れた場合は，その原因をつきとめて取り除き，正常な運転状況に戻さなければならない。そのため，運転管理者は，正常時の測定値だけでなく，異常時の各種の測定値を記録し，保管しておくことが必要である。こうして記録・保管された異常時の測定値は，運転管理者が把握した工程の問題点とともに，次回異常が起こった際の原因究明の手がかりになり，また，生産工程を検討し改良するための有力な手がかりとなることも多い。

つまり，図10-5のように，装置の運転管理者は，工程を改良し，よりよい運転基準を設定する上で，重要な役割を果たしている。

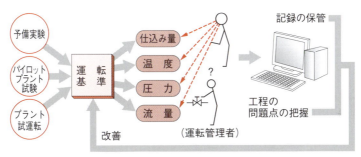

▲図10-5 運転基準の決定とその改善

● **2. 工程の正常な運転**　化学工場における生産工程では，装置の運転状況が運転中に定められた運転基準(運転条件)からはずれてしまうことがある。その原因としては次のような因子が考えられる。

① 生産工程の外部から，工程の正常な進行を変動させるような因子(外乱)が働く。この因子には原料の品質変化や冷却水の温度変化などがある。

② 生産工程の装置や付属機器の機能が，運転している間に変動する。これを**常時変動** regular fluctuation という。

これらの因子は，運転管理者の意思では戻すことができない。それに対して，装置内の温度・圧力・流量などは運転管理者が調整できるので，**調整因子**とよばれる。
adjustment factor

---

[1] 工業的なプラントより小規模な，工業化試験のためのプラント。

運転管理者は運転状況をみながら，運転状況が運転基準からはずれたら，調整因子を調節して正常な運転を保つようにする。

●3. 運転作業の標準化　　化学工場などの製造部門で，製造設備を運転して製品をつくる作業を正しく管理するには，正しい運転作業のやり方を決め，その運転方法を運転員に遵守させることが必要である。この正しい運転作業のやり方を**標準作業**といい，これを書き表したものを**運転標準書**という。
standard operation

　運転標準書は「規格に合うよい製品」を安全かつ安定的に生産するためのものであり，そのとおりに運転すれば，運転員の誰にでも規格どおりの製品ができる基準である。

　運転標準書には，一般に装置の故障などの異常が生じた場合の判断基準と基本的な対応策についても書かれている。しかし，運転作業の細かい動作まで完全に書き表すことはできないので，運転員に教育や訓練を行い，いつも正しい運転作業が行えるようにしなくてはならない。

　また，運転員はただ漫然と運転標準書を守って運転作業を続けるのではなく，よい製品をつくるためにさらによい運転作業方法があれば，積極的にその方法を取り入れて運転標準書を修正していく努力が必要である。

Column　標準と標準化

　一般に**標準化**とは，企業内・国内・国家間など関係する人々の間で，利益または利便が公正に得られるように統一・単純化をはかる目的で，物体・性能・能力・配置・状態・動作・手順・方法・手続き・責任・義務・権限・考え方・概念などについて**標準**を設定し，これを活用する組織的な行為をいう。
standardization / standard

　標準の例としては，度量衡における**国際単位系**(SI)や，工業規格の国際標準である**ISO規格**[①]，国家標準である**日本産業規格**[②](JIS)などがある。
Japanese Industrial Standards

問 2　　ISO 規格と JIS の関係を調べてみよ。

---

① 国際標準化機構(ISO, International Organization for Standardization)が，国際間の取引をスムーズに行うために制定した品質保証に関する国際規格。
　【例】　ISO 14001　環境マネジメントシステム
　　　　　ISO 9001　品質マネジメントシステム
② 日本の産業標準化の促進を目的とする産業標準化法に基づき制定された国家規格。遵守することは義務づけられてはいないが，法律でこれに従うという規定があれば強制力をもつ。
　【例】　JIS K 0050　化学分析通則

2節 品質管理

この節で学ぶこと

化学工場をはじめ種々の工場では，規格に合った製品を安定して生産・供給するために，統計的な品質管理の手法を用いて生産工程を管理している。ここでは，品質管理の基本的な考え方，手法を学ぶ。

 ## 1 品質管理の意義と目的

企業は工業製品を生産するにあたり，消費者の要求を満足させつつ企業経営上最も有利になるような**品質**を定め，かつ，最も経済的に生産しようと努力する。そのための方法として，企業では**品質管理**(QC)の手法が広く取り入れられている。

品質管理とは，生産された製品の品質を検査し，定められた品質が確保されているかを調べることである，と考えられがちである。しかし，品質管理はこのような狭い範囲だけでなく，広く全社的に取り組まれるもので，その概念を要約すると以下の2つのようになる。

① 統計的な方法を用いてデータの収集や解析を行い，品質の管理や工程改善を行う。このような品質管理手法を**統計的品質管理**(SQC)という。

② 生産工場における品質管理は，製品の検査部門だけのものではなく，企業活動の全部門にわたる全社的な協力体制のもとで，総合的に管理する。この立場に立脚した品質管理を**総合的品質管理**(TQM)とよぶ。総合的品質管理は，製品の品質管理だけでなく，市場調査・研究開発・企画・設計・販売・事務などの会社の全部門の日常活動に，正しい品質管理の考え方と手法を取り入れて改善を進めていく方法である。

現在の品質管理活動は，この二つの考え方に基づいて行われている。

 ## 2 品質と品質特性

一般に「製品の品質がよい」とは，

① その製品の機能がよい，使いやすいというような「企画・設計の品質（ねらいの品質）」

② できばえがよい，ばらつきが少ないといった「製品の品質（できばえの品質）」

③ 製品の使用者への援助活動，アフターサービスなどの「営業の品質（サービスの品質）」

がすぐれていることである。

化学工場で生産する製品については，安定した生産工程を維持するために，最終製品のみならず中間製品についても所定の品質を維持することが必要である。

　製品のよい悪いに関係する各種の性質や性能を，**品質特性**（quality characteristic）という。そして，品質特性を数量的に表したデータを**品質特性値**といい，たとえば寸法や重量あるいは不良品の数などを指す。工業製品の生産においては，どんなに厳密な製造方法によっても，まったく同一の品質特性値をもつ製品を生産することはできない。

　品質にばらつきが生じる原因にはいろいろあり，人為的に取り除くことが可能なものと不可能なものとがある。ばらつきは少ないほうが望ましいが，ばらつきを少なくするには多くの費用と労力を必要とすることがある。また，ばらつきがある範囲内ならば，その製品の機能への影響は少ない。そこで製品の品質は，必要な品質特性とばらつきの程度および費用の関係から設定される。

　化学工場などでは，このばらつきの程度を正確にとらえ，かつ，ばらつきがある範囲を超えないように管理して，不良品を出さないように努力している。そのためには，これから学ぶような統計的な手法を用いた品質管理の技術が必要である。

3　検査

A　検査

　工場における生産は，定められた規格に合った製品をつくり出すことを目標としている。そのためには，規格に合った製品を安定して生産できるように，製造工程を保つことが大切であり，その工程管理のための活動が必要である。しかし，実際に製造された製品が，定められた規格を満たしているかどうかは，調べてみなければわからない。製造工程の中間あるいは最終のところで，製品が定められた規格を満たしているかどうかを調べる仕事を，**検査**（inspection）という。

B　サンプル

　工業製品は次々に生産されているので，同一の品質をもっていると予想される製品の集団として，1日に生産された製品とか，1回の反応工程で反応槽(1バッチ)から取り出された製品というような区切りをつける。このような製品の区切りを**ロット**（lot）という。そして，その製品が規格に合っているかいないかをロットごとに調べて，合格または不合格の判定をする。

　このとき，ロットなどの製品の集団(**母集団**（population）という)から調査のためにその一部を抜き取ることが多い。この抜き取られた製品を**サンプル**（sample）または**試料**といい，母集団からサンプルを抜き取ることを**サンプリング**（sampling）という。サンプリングは，故意によい品質あるいは悪い品質のものを選ぶことなく，まったく無作為に行うことが大切である。サンプルを無作為に

抜き取ることを**ランダムサンプリング**といい，それによって得られたサンプルを**ランダムサンプル**という。
　　　　　　　random sampling　　　　　　　　　　　　　　　　　　　　　　random sample

　ランダムサンプルについて品質特性値を測定した結果（データ）から，母集団の性質が統計的に推定される。すなわち，図 10-6 のようにサンプルそのものの良否を問題とするのではなく，母集団全体の状況を検討の対象とすることが大切である。

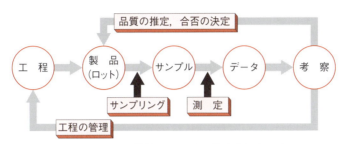

▲図 10-6　品質管理に関する統計的な考え方

問 3　1 クラス 40 人の中から，無作為に 2 人の当番を決定するにはどうすればよいか。

C　全数検査と抜取検査　　検査の方法には，大きく分けて**全数検査**と**抜取検査**の二つの方法がある。
　　　　　　　　　　　　　　　　　　　　　　　　　　100 % inspection, total inspection　sampling inspection

　全数検査は，検査に提出されたロットの中の製品を全部調べ，個々の製品の合格不合格を決める方法である。

　抜取検査は，検査に提出されたロットの中から製品の一部分をサンプルとして抜き取って調べ，その結果からロット全体の合格不合格を決める方法である。

　抜取検査では，統計的手法によって計算し，

①　サンプルをどのくらい抜き取るか（抜取方式）

②　サンプルを検査して得られた結果からどのようなときに合格とするか（合格判定基準）

を決める。合格判定基準は企業の方針や消費者の要求などによって決められる。検査の結果不合格となったロットは，再加工するか，すべて廃棄するか，または新たに全数検査を行って合格不合格を決める。

4 管理図法

管理図法は，管理図を用いて，工程が安定な状態にあるかどうかを調べ，工程を安定な状態に保つための方法である。この方法は統計的品質管理の手法の一つであり，そのなかで重要な部分を占めている。

A ヒストグラム

ある化学工場で，粉末状の化学薬品を製造している。連続式熱風乾燥器から出てくる製品中の微量の水分の量を，一定時間ごとに100回測定したところ，表10-1のような測定値が得られた。

▼表10-1 粉末薬品中の水分量［ppm］

47	50	53	50	47	48	50	52	51	50	50	47	50	48	47	53	49	55	47	50
52	48	51	49	50	53	50	51	51	50	52	52	51	52	50	53	49	49	50	49
51	55	49	49	53	52	51	50	52	50	51	52	54	49	48	50	49	50	49	48
52	50	49	53	47	50	49	48	49	50	48	46	50	53	47	51	47	51	47	47
49	49	51	52	48	50	48	51	50	53	52	51	47	46	51	47	51	49	52	49

表10-1のデータ（測定値）は，左端の縦の列を上から下に進み，次に左から2列目に移って上から下に…という順序で並んでいる。

表10-1のデータについて，同じ数値が何個あるかを数え，これをグラフで表したものが図10-7である。このような図を**ヒストグラム**[①]（histogram）という。

この図からわかるように，同一の工程で同じ測定を繰り返し行うと，得られる値はある広がりをもってばらつく。もし工程が正しく管理されていれば，平均値，最頻値[②]，中央値[③]は一致し，ほぼ左右対称の一山形になる。もし，最頻値が中央値よりも左右どちらかにずれている場合や，離れ小島型（工程や測定に異常があった可能性がある），絶壁型（規格外のデータを含めなかった可能性がある），歯抜け型（データ数が少ない，区間の設定が不適切，測定器に問題があるなどの可能性がある）などの場合には，必要に応じて工程などの見直しを求められることがある。

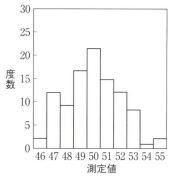

▲図10-7 ヒストグラム

---

① 柱状グラフともいう。横軸は，測定値などの数値データの上限と下限の幅を10個程度の区間（これを階級といい，区間の数を決める式が提案されている）に分け，各区間に含まれるデータの個数を縦軸にとって作成したグラフ。
② 個数が最も多い数値。
③ 数値を小さいほうから並べたときに中央にくる値。

B 標準偏差

工程が正しく管理されているとき，表 10-1 のような測定値は，左右対称の一山形のヒストグラムで表されることが知られており，**正規分布**[①]（normal distribution）で近似することができる。

多くのデータがどのようにばらついているのかを示す一つの目安として，**標準偏差**（standard deviation）が用いられる。いま，ある母集団から得た n 個のサンプルの測定値が $x_1, x_2, x_3, \cdots\cdots, x_n$ であり，その平均値が $\bar{x}$ であるとすれば，このときの標準偏差 σ（シグマ）は次の式で表される。

$$\sigma = \sqrt{\frac{(x_1 - \bar{x})^2 + (x_2 - \bar{x})^2 + \cdots + (x_n - \bar{x})^2}{n-1}} \tag{10-1}$$

データのばらつきが大きいほど，標準偏差の値は大きくなる。

データの分布が正規分布に従う場合には，図 10-8 に示すように，データの 68.27 % は $\bar{x} \pm \sigma$ の範囲に入っており，95.45 % は $\bar{x} \pm 2\sigma$，99.73 % は $\bar{x} \pm 3\sigma$ の範囲に入っている。

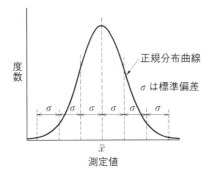

▲図 10-8　正規分布曲線と標準偏差

問 4　表 10-1 のデータを用いて，平均値と標準偏差を計算せよ。

問 5　ある測定を 10000 回行った。もし得られたデータが正規分布を示しているとすれば，平均値 ± 2σ の範囲外へ出るものはおよそ何個と想定されるか。また，平均値 ± 3σ の範囲外へ出るものはおよそ何個と想定されるか。

C 管理図

工程が異常かどうかを判断するために，品質特性のデータをプロットして折れ線グラフで表した図を，**管理図**（control chart）という。

管理図には，図 10-9 のように，**中心線**（center line）と，その上下に**上方管理限界**（UCL）（upper control limit）と**下方管理限界**（LCL）（lower control limit）を示す一対の線が引いてあり，これに製品の品質特性のデータを記入し，それが管理限界内にあるか，外に出てしまっているか，また管理限界内にあっても不安定かどうかなど，その生産工程がどのような状態にあるかを判断する。

[①] 正規分布は，統計学や自然科学，社会科学のさまざまな場面で複雑な現象を簡単に表すモデルとして用いられている。

管理図は，生産工程を安定な状態に保つために用いる。もし，管理図から工程に見逃せない原因①があると判断されたときは，適切な処置をとってその原因を取り除き，工程を安定な状態に戻すようにする。このように管理図を用いて生産工程を安定な状態に保つ方法を**管理図法**という。

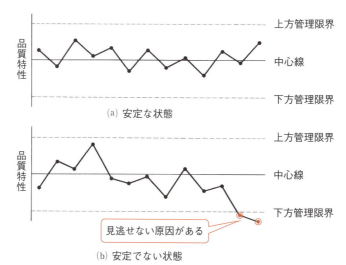

図(a)のように，製品の品質特性のデータが全部管理限界内に収まっていれば，その生産工程は安定した状態にあるとみなしてよいが，図(b)のように，管理限界の外側に出たときは，生産工程に見逃せない原因があるので，その原因を探し出して処置をとらなければならない。

▲図 10-9　管理図の例

D　3シグマ法

　生産工程が正常に行われている場合，正規分布を示す品質特性のデータはほとんど$\pm 3\sigma$の範囲内に入る。このため，管理図をつくる場合に，データの平均値を中心として，その上下に，データの標準偏差σの3倍の位置に管理限界の線を引くのがふつうである。このような管理限界の取り方を用いて管理図をつくる方法を**3シグマ法**といい，このときの管理図を**シューハート管理図**（Shewhart control charts）という。

E　$\bar{x}$-R 管理図

　管理図には，取り扱うデータの種類およびその処理法によっていろいろな種類があるが，ここでは，基本的な**$\bar{x}$-R 管理図**②（x-R chart）について説明する。$\bar{x}$-R 管理図は，製品の品質を平均値$\bar{x}$の変化で管理するための$\bar{x}$管理図と，製品の品質のばらつきを範囲Rの変化で管理するためのR管理図の二つからなる。この管理図は，計量値③によって工程を管理するのに適している。

---

① 「見逃せない原因」のことを，「突き止められる原因」ともいう。
② 「エックスバーアール管理図」と読む。なお JIS では$\bar{x}$と$\bar{X}$の両方が用いられているが，本書では$\bar{x}$を用いる。
③ **計量値**とは，長さ・質量・強度・温度・圧力・流量・湿度・電圧・電流などのように，連続値として測定される値をいう。それに対して，不良品の数や欠点数のように，個数を数えて得られる値を**計数値**という。化学薬品の濃度や純度なども計量値として扱われる。

例題 1

表 10-1 のデータを用いて $\bar{x}$-R 管理図を作成せよ。

解答

(1) 予備データとしては一般に 20~25 組のサンプルが必要なので，たとえば，表 10-2 のように 20 組に整理する。

(2) $\bar{x}$ 管理図の上方管理限界(UCL)・下方管理限界(LCL)を表す値を，次の式を用いて求める[①]。

$$\text{UCL} = \bar{\bar{x}}^{②} + A_2\bar{R}^{③} \qquad \text{LCL} = \bar{\bar{x}} - A_2\bar{R} \qquad (10\text{-}2)$$

ただし，係数 A_2 は表 10-3 から求める(表 10-2 の場合は $A_2 = 0.58$)。

また，R 管理図の上方管理限界(UCL)を表す値を，次の式を用いて求める[④]。

$$\text{UCL} = D_4\bar{R} \qquad (10\text{-}3)$$

(表 10-2 の場合は $D_4 = 2.11$)

▼表 10-2　$\bar{x}$-R 管理図作成のための予備データ

組の番号	測定値 x_1	x_2	x_3	x_4	x_5	計 Σx	平均値 $\bar{x}$	範囲[(注)] R
1	47	52	51	52	49	251	50.2	5
2	50	48	55	50	49	252	50.4	7
3	53	51	49	49	51	253	50.6	4
4	50	49	49	53	52	253	50.6	4
5	47	50	53	47	48	245	49.0	6
6	48	53	52	50	50	253	50.6	5
7	50	50	51	49	48	248	49.6	3
8	52	51	50	48	51	252	50.4	4
9	51	51	52	49	50	253	50.6	3
10	50	50	50	50	53	253	50.6	3
11	50	52	51	48	52	253	50.6	4
12	47	52	52	46	51	248	49.6	6
13	50	51	54	50	47	252	50.4	7
14	48	52	49	53	46	248	49.6	7
15	47	50	48	47	51	243	48.6	4
16	53	53	50	51	47	254	50.8	6
17	49	49	49	47	51	245	49.0	4
18	55	49	50	51	49	254	50.8	6
19	47	50	49	47	52	245	49.0	5
20	50	49	48	47	49	243	48.6	3
合　計							$\Sigma\bar{x} = 999.6$	$\Sigma R = 96$
平均値							$\bar{\bar{x}} = 50.0$	$\bar{R} = 4.8$

(注)　各組の測定値の最大値と最小値の差。

[①]　標準偏差 σ を求める計算は複雑なので，簡略化して，$\bar{R}$ を用いて 3σ に相当する値を求める。表 10-3 の A_2，D_3，D_4 はそのための係数である。

[②]　「エックスバーバー」と読む。$\bar{\bar{x}}$ は $\bar{x}$ の平均値である。

[③]　「アールバー」と読む。

[④]　サンプルの大きさが 7 以上の場合には，下方管理限界(LCL)も求める。

2 節　品質管理　**243**

▼表 10-3　$\bar{x}$-R 管理図の管理限界を計算するための係数表

サンプルの大きさ	$\bar{x}$ 管理図 A_2	R 管理図 D_3	R 管理図 D_4
2	1.88	—	3.27
3	1.02	—	2.57
4	0.73	—	2.28
5	0.58	—	2.11
6	0.48	—	2.00
7	0.42	0.08	1.92
8	0.37	0.14	1.86
9	0.34	0.18	1.82
10	0.31	0.22	1.78
	UCL = $\bar{\bar{x}} + A_2\bar{R}$ LCL = $\bar{\bar{x}} - A_2\bar{R}$	UCL = $D_4\bar{R}$ LCL = $D_3\bar{R}$	

注　サンプルの大きさが 2〜6 の R 管理図では，LCL は考えない。

(3)　図 10-10 のように，縦軸に $\bar{x}$，R をとり，横軸に組の番号をとる。管理図用紙に，表 10-2 の予備データの点を記入し，直線で結ぶ。

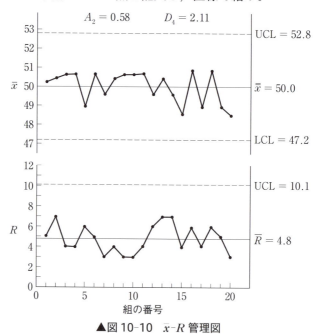

▲図 10-10　$\bar{x}$-R 管理図

問 6　20 組の予備データによって作成した図 10-10 に，引き続き次の表の測定値の点を記入せよ。

組の番号	21	22	23	24	25	26	27	28	29	30	31	32	33	34	35	36	37	38	39	40
測定値	56	52	48	52	49	48	53	48	46	43	51	49	48	50	46	44	50	46	41	44
	45	53	55	49	49	48	54	47	53	55	49	48	46	49	51	45	43	42	41	37
	52	43	47	47	52	56	51	52	53	50	48	53	46	49	48	47	46	43	46	45
	41	51	50	45	53	46	53	45	48	48	46	50	49	47	49	47	44	41	43	43
	49	54	48	47	51	49	43	46	52	54	53	52	46	45	44	48	46	45	43	40

F 管理図の使い方

管理図は，すでに学んだように，統計的な考え方のもとに管理限界を定めている。したがって，

① 工程が正常なのに，測定値が管理はずれとなる。

② 工程に異常を生じたのに，測定値が管理限界線内に入ってしまう。

という二つの場合が起こる可能性がある。

また，測定値が管理限界線内にすべて収まっている場合でも，

③ 点が中心線の上方または下方に連続して現れるとき

④ 点が中心線の上方または下方に多く現れるとき

⑤ 点が引き続き上昇または下降の傾向を示すとき

⑥ 点が周期的な変動を示すとき

⑦ 点が管理限界線に近接して多く現れるとき

などの場合は，工程に異常またはその徴候を生じているものと考えて，注意する必要がある。

問 7　上の①の場合と②の場合を比べて，一般に大きな損失を与えるのはどちらか。

Column　QC7つ道具

　この章では，品質を管理する手法として，ヒストグラムと管理図について学んだ。この2つはQC7つ道具[1]とよばれる品質管理の手法の一部である。ここでは残りのQC7つ道具の手法を紹介する。

●パレート図
　不適合数などの発生件数を大きい順に並べた棒グラフと，その累積百分率を表した折れ線グラフからなる複合的な図で，どの項目が工程の中で大きな影響を与えたかが一目でわかる。

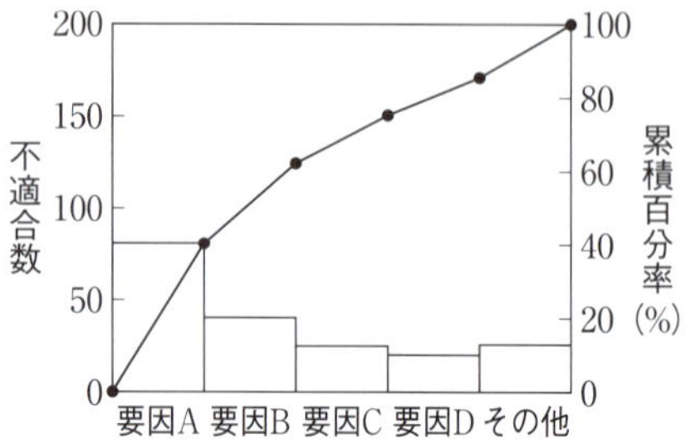

●特性要因図
　特定の結果と要因との関係を系統的に示した図で，そのみた目からフィッシュボーン（魚骨）ともいわれる。問題の因果関係を整理し，重要な要因を発見するのに用いられる。

●チェックシート
　計数値を得る際に，分類項目のどこに集中しているかをみやすくした表，または図のことをいう。チェックシートを使うことで，計画的に，漏れのないデータをとることができ，とった後の処理もしやすくなる。

●散布図
　二つの特性を横軸と縦軸にとり，その値を打点してつくるグラフである。対応する二つの数の間の相互の関係を調べるのに使われる。打点したプロットが直線的だとその二つの特性に関係性があることが考えられる。

●層別
　データの集まりをいくつかの層に分割することをいう。たとえば，ある商品の売り上げを年齢別にまとめるなどが層別にあたる。

●グラフ
　データの大きさを図形で表し，視覚に訴えたり，データの大きさの変化を示したりして理解しやすくした図である。

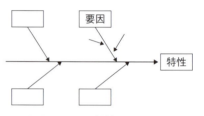
▲図10-11　パレート図の例

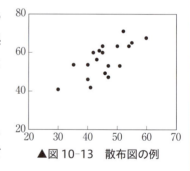
▲図10-12　特性要因図の例

▲図10-13　散布図の例

---

[1]「管理図」は最初「グラフ」に含まれていたが，最近は別に分類されるようになり，QC7つ道具は8つになっている。

章末問題

1. アンモニア合成に用いる原料ガスの中に，一酸化炭素 CO が存在するときは，Cu-Zn-Cr 系触媒を充てんした転化器中で，高温・高圧のもとに水蒸気と反応させて，次の反応を起こさせる。

$$CO + H_2O \longrightarrow CO_2 + H_2$$

これによって CO の濃度は 0.3 vol% 前後まで下がる。

いま，ある条件のもとにこの反応を行わせ，転化器出口における CO の濃度を測定して，次の表のような 20 組の予備データを得た。$\bar{x}$-R 管理図を作成せよ。また，この管理図からどのようなことが判断できるか。

▼転化器出口における CO 濃度〔vol%〕

1	2	3	4	5	6	7	8	9	10
0.30	0.29	0.29	0.28	0.33	0.33	0.30	0.27	0.29	0.33
0.31	0.30	0.32	0.29	0.32	0.31	0.30	0.31	0.31	0.31
0.33	0.31	0.26	0.28	0.30	0.27	0.31	0.31	0.32	0.26
0.32	0.31	0.29	0.33	0.31	0.28	0.32	0.35	0.32	0.35
0.31	0.31	0.31	0.31	0.32	0.33	0.32	0.30	0.27	0.30

11	12	13	14	15	16	17	18	19	20
0.33	0.34	0.32	0.28	0.33	0.28	0.32	0.32	0.30	0.29
0.26	0.30	0.28	0.28	0.31	0.31	0.32	0.31	0.27	0.30
0.31	0.29	0.30	0.33	0.33	0.27	0.29	0.25	0.32	0.32
0.30	0.33	0.32	0.26	0.33	0.30	0.29	0.30	0.32	0.29
0.30	0.28	0.30	0.32	0.29	0.31	0.29	0.29	0.26	0.30

2. p. 244 の問 6 で作成した $\bar{x}$-R 管理図について，組の番号 21～30 と，31～40 で表される工程の状態は，予備データをとったときの工程の状態（正常な状態，組の番号 1～20）と比較して，どのように違うか。

STC 品質とコストの関係を考えてみよう

高品質な製品をつくろうとすればするほど、生産コストがかかることになる。企業が利益を上げるためには、この生産コストを下げつつ、よい品質の製品をつくる必要がある。

(1) コピー用紙の製造・販売にあなたがかかわっているとして、原料の調達から販売までの過程をできるだけ低コストにするにはどうすればよいか。コピー用紙の製造・販売について調べ、以下の4つのグループに分かれて話し合おう。

① 原料の調達
できるだけ低コストで原料を調達するにはどうすればよいか。

② コピー用紙の製造
コピー用紙をできるだけ低コストで早く生産するにはどうすればよいか。

③ 製品の配送
全国の販売店に配送する際、できるだけ低コストにするにはどうすればよいか。

④ 販売
売り上げを伸ばすにはどうすればよいか。

(2) グループでの話し合いが終わったら、それぞれのグループで出た案を発表し、最適な製品の生産についてまとめよう。

▲図10-14　製紙工場のようす

第11章 化学工場の安全と関係法規

日常生活でも事故や災害は起こるが，産業の現場では，さらにさまざまな災害（労働災害）が起こる。化学工場では，事故を未然に防いで働く人々の健康と安全を守り，また，環境にも悪影響を及ぼさないように，そして，万一事故が発生しても大事にいたらないように，多くの対策がとられている。また，安全を確保するために各種の法規が制定されており，法定資格者の配置も求められている。

この章では，労働災害の統計によって産業と災害の実情を知り，さらに，化学工場の安全対策と，関係する法規および法定資格について学ぶ。

指差し唱和

バルブの開閉方法の研修

1節 労働安全

この節で学ぶこと
産業活動を行うと，災害が発生することがある。ここでは，労働災害の統計によって産業と災害の実情を知り，その防止法について学ぶ。

人間の行動にともなって，いろいろな事故や災害が発生する。

事故とは，正常な状態からはずれた望ましくないできごと，という意味である。これに対して，事故によって人や物に**損害**が生じた場合を**災害**とよぶ。一般には「事故」という語は，「災害」を含めた広い意味にも使われているが，ここでは「事故」と「災害」を区別して用いる。

労働の現場でも，災害が発生することがある。職場では，事故や災害を防ぐための努力がなされており，災害の発生は近年減少しつつある。しかし，それをさらに減らすために，今後も努力を続けることが必要である。

問 1 身近に起こった事故や災害の事例を思い出し，その原因と対策を考えよ。

問 2 学校の化学実験では，薬品や高温物との接触などによる災害について，どのような防止策をとっているか。

問 3 機械や装置を扱う実習時の安全上の心得を述べよ。

1 労働災害

産業活動にともなって発生した災害により労働者が死傷することを，**労働災害**という。これには，働くことにともなう災害のほか，通勤途中の事故も含まれる。厚生労働省では，労働安全をはかる目的で，労働災害の実態を調査し，統計データとして毎年公表している。なお，労働災害には，何日も入院して治療しなければならないものから，簡単な処置で治療を終えるものまで含まれるため，その程度を表す指標として，労働災害が原因で労働を休んだ日数（休業日数）を用い，「休業4日以上の死傷災害」などのよび方をする。

 死傷者数と死亡者数

図11-1は，全産業における労働災害による死傷者数および死亡者数[1]を表したものである。この図の死傷者数には，休業4日以上[2]の人数が含まれている。なお，2011年の数値に，東日本大震災を直接の原因とする死傷者は含まれない。

---

[1] この統計データには，通勤中に発生した災害の件数は含まれない。
[2] 1972年に労働安全衛生法が公布施行されたため，死傷者数は，「休業8日以上」から「休業4日以上」の人数で数えるように変わった。

▲図 11-1　労働災害による死傷者数と死亡者数（全産業）（厚生労働省「労働災害発生状況」による）

B　度数率

図 11-1 に示した統計資料だけでは，労働者数や労働時間に対して，労働災害がどの程度の割合で発生しているかがわからない。

そこで，100 万延べ労働時間[①]あたり何人の死傷者（休業 1 日以上）が発生したかを調べ，これを**度数率**とよび，災害率（労働災害の発生率）を比較するのに用いる。度数率は次式で求められる。

$$度数率 = \frac{労働災害による死傷者数}{延べ労働時間数} \times 1\,000\,000$$

例題 1　従業員 470 人の工場で，1 日の労働時間が 8 時間，労働日数が年 255 日で，1 年間に死傷者が 2 人あった。度数率はいくらか。

解答

$$度数率 = \frac{2}{470 \times 8 \times 255} \times 1\,000\,000 = 2.09$$

問 4　従業員 1520 人，1 日の労働時間 7.5 時間，1 年の労働日数 240 日の工場で，度数率が 1.46 であったという。1 年間に何人の死傷者があったことになるか。

2018 年の度数率を業種別に比較すると図 11-2 のようである。化学工業は製造業に含まれ，化学工業のみの度数率は 0.90 である。

さらに，製造業での度数率（2018 年）を，事業場（工場など）の労働者数による事業規模別に比較すると，図 11-3 のようになる。

---

① 労働者 1 人が 1 時間働けば，1 延べ労働時間である。

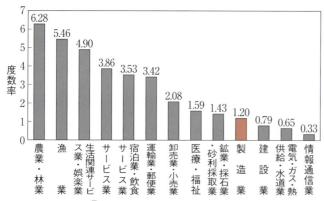

▲図 11-2 業種①による度数率の違い（2018 年厚生労働省 労働災害統計による）

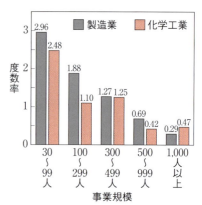

▲図 11-3 製造業と化学工業の事業規模による度数率の違い（2018 年）（政府統計の総合窓口　e-Stat による）

問 5　度数率の大きい業種にはどのようなものがあるか。

問 6　事業場の規模と度数率との間にはどのような関係があるか。また，化学工業の事業所規模と度数率の関係について，その傾向と原因を考え説明せよ。

C 強度率

度数率は労働災害の発生率を表すのによく用いられるが，死亡者も休業 1 日程度の軽傷者も同じ 1 人として数えられる。このため，労働災害の軽重が示されない。そこで，災害の重さの程度を表すために**強度率**が用いられる。強度率は，1000 延べ労働時間あたり何日の労働損失日数が発生したかで表し，次式で求められる。

$$強度率 = \frac{労働損失日数}{延べ労働時間数} \times 1000$$

労働損失日数とは，休業や作業能率の低下による損失を日数で表したもので，その計算方法は，死亡または一生労働不能の場合は 7500 日とするなど，障害の重さによって細かく規定されている。

2018 年の製造業の強度率は 0.10，化学工業は 0.06 であった。

例題 2　従業員 500 人，1 日の労働時間 8 時間，年間労働日数 240 日の化学工場で，1 年間の労働損失日数が合計 106 日であった。この場合の強度率を求めよ。

解答

$$強度率 = \frac{106}{500 \times 8 \times 240} \times 1000 = 0.11$$

問 7　従業員 2300 人，1 人の労働時間が年平均 1950 時間の事業場で，1 年間に 1 人が死亡する災害が起こった場合，強度率はいくらか。また，度数率はいくらか。

---

① サービス業，医療・福祉，建設業，情報通信業は，一部の業種にかぎる。

2 災害の防止

1906年US. Steel社のゲーリー社長が,「安全第一」という標語を提唱した。それまでの「生産第一,品質第二,安全第三」という生産最優先の経営方針から「安全第一,品質第二,生産第三」という方針に大転換したところ,労働災害が減少し,製品の品質も大幅に改善し,さらに生産性も向上した。労働者の労働安全を最優先した結果で,現在ではどこの事業所でも提唱されるようになった(図11-4)。

アメリカのハインリッヒ(H. W. Heinrich)は多数の事故例を調べ,「同じ種類の事故が330件起こったとすると,そのうち300件は無傷ですむが,29件は軽い傷害(災害)をともない,1件は重い傷害をともなう」ことが統計的にみいだせると報告した(図11-5)。これを**ハインリッヒの1：29：300の法則**という。これは,1件程度の重傷事故の背後には,ヒヤリとした,ハッとしたという程度ですんだ事故が隠れていることを述べたものである。

このことから,職場では日常の労働において,ヒヤリとした,ハッとするような無傷の事故に結びつく危険な状態や危険な行動をなくし,災害の発生を防止しようという運動が行われている。これは**300運動**,**ヒヤリ・ハット活動**,**KYT**[①]とよばれる災害防止運動である。

▲図11-4 安全決起大会のようす

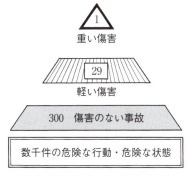
▲図11-5 ハインリッヒの1：29：300の法則

また,職場の潜在的な危険性や有害性をみつけ出し,これを除去,低減するために事前に的確な安全衛生対策を講ずることが,多くの職場でなされるようになった。このような手法を**リスクアセスメント**(risk assessment)というが,2006年以降,職場においてリスクアセスメントを実施し,労働安全の確保につとめなければならないと,労働安全衛生法で法令化された。

1973年から推進されている**ゼロ災運動**は,「ゼロ災害へ全員参加」をスローガンとしている(図11-6)。

▲図11-6 ゼロ災運動のシンボルマーク

① KYTとは,危険予知訓練という意味で,KY訓練ともいう。また,KYKまたはKY活動とよぶこともある。

しかし，人や企業の自主的な努力だけでは，すべての災害を完全に防ぐことはむずかしい。

そこで，法規によって，安全対策の義務づけや，災害を生じるおそれのある作業に従事する場合の資格などが規定されている。法規と資格については，5節で学ぶ。

問 8　日常生活の中で，けがはしなかったが，ヒヤリとしたという経験はないか。また，そのことを二度と繰り返さないためにはどうすればよいか考えよ。

> **Column　KYT とは**
>
> 人間はついうっかりしたり，ぼんやりしたりして，誤操作や誤判断，誤作業などの人為的過誤や失敗を生み，これらは，しばしば事故や災害の原因となる。
>
> KYT とは，このような危険(K)を予知(Y)する能力を高め，危険に対する感受性を鋭くするための訓練(トレーニング，T)である。
>
> その方法は，作業にかかる前に KYT シート(図 11-7)などを用いて，次のような手順で行われる。
>
>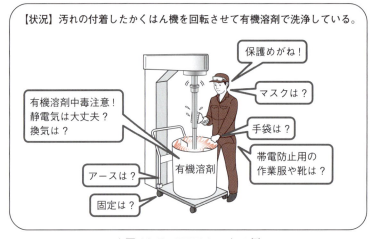
>
> ▲図 11-7　KYT シートの例
>
> 第1ラウンド：どのような危険がひそんでいるのか，現状を把握する。
> 第2ラウンド：ポイントだと思われる危険を把握し，本質を追究する。
> 第3ラウンド：第2ラウンドで把握したポイントに対し，どのように解決するのか対策を樹立する。
> 第4ラウンド：行動目標を設定する。
>
> 最後に必ず指差し呼称項目を決め，「～ヨシ！」と全員で唱和して訓練を終わる。

問 9　図 11-7 の吹き出しの中のヒントを参考に，どこに危険がひそんでいるか考えよ。

2節 いろいろな労働災害

この節で学ぶこと

災害にはさまざまな種類がある。ここでは，とくに化学工業における災害の種類や特徴に注目して，その原因を追究し災害を防ぐにはどうすればよいか学ぶ。

1 化学工業での災害

化学工業では，化学工業に特有の災害も起こるが，一般の産業で起こる災害と類似したもの，すなわち，機械にはさまれたり，高いところから落ちたり，火傷をしたりするなどの災害も起こる。労働災害の原因を，全産業と化学工業とで比較してみると，図11-8に示すように，その傾向としては両者の間にあまり大きな違いはないことがわかる。

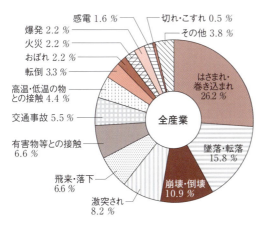
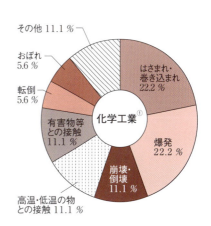

▲図11-8 労働災害の原因（2018年度厚生労働省　労働災害の統計より作成）

しかし，化学工業の工場では，各種の危険性物質（可燃性・引火性・爆発性の物質など）や有害物質を多く取り扱っているので，取り扱い方を誤れば，大規模な火災や爆発，それにともなう火傷や負傷，有害物質による薬傷や中毒などが起こる可能性はつねに存在する。

---

① ここでいう化学工業は，繊維，パルプ，紙，ガラス，セメントの製造，製鉄・非鉄金属精錬などを含んでいない。死傷者数は休業4日以上の人数である。また，％の合計が必ずしも100.0にならないのは，各項目の％を丸めたためである。

2 危険性物質・有害物質による災害

危険性物質・有害物質によって起こる災害には，次のような特徴がある。
① いったん起こると，大規模な災害になりやすい。
② 基準量以下の使用でも長期にわたる摂取により，生体機能に徐々に異常をきたし，被害に気づくのが遅れる場合がある。
③ 工場外に環境汚染被害を与える場合がある。
④ 化学工業以外の産業でも，また一般家庭でも起こり得る。

表 11-1 に危険性物質・有害物質による災害のおもな例を示す。

▼表 11-1 危険性物質・有害物質による災害のおもな例

災害の種類	災害の概要
火 傷	火災や爆発による火傷のほか，高温の流体との接触による火傷など。
凍 傷	低温の流体との接触による凍傷など。
中 毒	一酸化炭素・塩素・アンモニア・硫化水素などの吸入により，血中酸素濃度の低下，呼吸器の損傷などを引き起こす。重い場合は死にいたる。
薬 傷	酸・塩基などとの接触による皮膚や粘膜の炎症・ただれ。とくに眼球は弱く，失明にいたることもある。
放射線障害	放射性物質から出る放射線を受けて起こる障害（放射線発生装置から出る放射線による障害もある）。
職 業 病	職業に関連して，特定の物質を長期間扱っているときに起こる，その物質に特有の病気（物質によらない職業病もある）。

問 10 危険性物質・有害物質によって家庭で起こる災害には，どのようなものが考えられるか。

危険性物質や有害物質による災害を防ぐためには，取り扱う物質の性質についての知識や，それらの安全な取り扱い方を身につけることが大切である。また，保護具（p.258 参照）を着用したり，装置を密閉化する，室内の換気を十分に行うなどの，作業環境の改善をはかる必要もある。

3 酸素欠乏による災害

表 11-2 に酸素濃度低下の人体への影響について示す。表に示すように，空気中の酸素濃度が 16 % 以下になると，いろいろな症状が現れる。危険な状態になることを防ぐためには，酸素濃度は 18 % 以上なければならない。

酸素濃度が 18 % 未満の状態を**酸素欠乏**（**酸欠**と略称することがある）といい，酸素欠乏
oxygen deficiency
の場所での作業を**酸素欠乏危険作業**という。酸素欠乏事故のおもな原因としては，酸素欠乏の危険があるという認識が不十分なこと，正しい作業方法が行われないことなどがあげられる。

▼表 11-2　酸素濃度低下の人体への影響

酸素濃度 [%]	症　状
16〜12	脈拍・呼吸数が増加する。単純な計算や作業を誤る。階段を踏みはずす。物を落とす。
14〜9	傷による出血にも気づかない。高所から墜落する。事故当時の記憶がない。
10〜6	短時間で意識不明となる。
6以下	ひと呼吸で呼吸が停止する。6〜8分で心臓が停止する。

（中央労働災害防止協会編「酸素欠乏症防止の手引き」による）

酸素欠乏は，次のような場所で起こりやすい。

①　さびた鉄製のタンク内や，穀物・野菜などの貯蔵室内，汚水タンク内など，密閉された空間内で酸素が消費される場所。

②　地下の工事現場や下水道など，酸素の少ない空気が吹き出している場所。

③　引火・爆発・酸化などの防止のために窒息性の気体で置換された，貯蔵庫や化学プラントの中など。

酸素欠乏の事故や災害にいたる原因としては，次のようなことが考えられる。

①　酸素濃度の測定をせずに酸素欠乏のおそれのある場所に入る。

②　酸素欠乏の可能性のある場所の換気をしない。

③　転落のおそれのある場所で安全帯（命綱）を着けない。

④　救助者が空気呼吸器などを着用せずに救助しようとする。

とくに④の場合は，救助者が次々に倒れて死傷する例が多い。

酸素欠乏危険作業では，次のことが義務づけられている。

①　酸素濃度の測定を行うこと。

②　換気を行うこと（図 11-9）。

③　空気呼吸器を備えつけること（図 11-10）。

酸素欠乏危険作業をする場合の資格については 5 節で学ぶ。

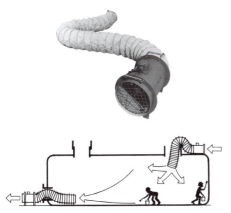

▲図 11-9　可搬形換気装置とその使用例

(a) エアラインマスク

(b) 自給式呼吸器

▲図 11-10　空気呼吸器

4 感電による災害

家庭用電源電圧はふつう100Vであるが,化学工場では,400V級,3000V級,6000V級の電力を使うこともあるため,電圧のかかっている部分に接触すると一瞬で感電死する。十分な安全教育を受け,感電防止のためのルールを守って作業をしなければならない。

5 保護具

工場内では,安全を確保するために,**安全靴・安全帽(ヘルメット)**を着用する。作業中には,作業内容に応じた**保護具**を着用する。図11-11に保護具の例を示す。
protector, protective equipment

(a) 防じんマスク

(b) 防毒マスク

(c) 保護めがね

(d) 電動ファン付き呼吸用保護具

(e) 化学防護服

(f) 化学防護手袋

(g) 化学防護長靴

▲図11-11 保護具の例

3節 化学プラントでの災害と安全性の確保

この節で学ぶこと

化学プラントでの災害を防ぐには，災害発生の原因をよく調査・研究して，その原因を取り除くとともに，安全性を継続的に確保することが必要である。そのために必要な対策についてここでは学ぶ。

1 化学プラント災害の原因

化学プラントの安全を妨げる原因は，およそ次のように大別することができる。

A 化学プラントや化学プロセスに起因するもの

化学プラントは長期間使用していると，腐食などの原因で装置の一部が破損し災害を起こすことがある(図 11-12(a))。また，設計された許容量以上に化学プラントを稼働させたために被害が生じることがある(図 11-12(b))。

B 計測・制御システムに起因するもの

図 11-12(c)に示すエチレンオキシド製造工程の反応装置内では，次の発熱反応が起こる。

$$CH_2=CH_2(g) + \frac{1}{2}O_2(g) \longrightarrow \underset{\underset{\text{エチレンオキシド}}{O}}{CH_2-CH_2}(g) \quad \Delta H^① = -105 \text{ kJ/mol}$$

また，副反応として，次の反応(エチレンの燃焼)も起こる。

$$CH_2=CH_2(g) + 3O_2(g) \longrightarrow 2CO_2(g) + 2H_2O(g) \quad \Delta H = -1320 \text{ kJ/mol}$$

エチレンオキシドを収率よく合成するためには，反応熱を除去して，発熱量の著しく大きな副反応をできるだけ抑制する必要がある。このとき，たとえば温度や流量などの計測が正確でなかったり，計画通りに制御できなかったりすると，予想しない災害につながる。

C 運転員の誤操作など

大規模な化学工場では，その製造工程の運転管理はほとんど自動化されているが，緊急の場合は運転員の適切な判断，動作が必要である。このとき，運転員が誤操作を行ったり，運転員が安全装備をおこたったりすると大きな災害を引き起こすことがある(図 11-12(d)，(e))。

D その他

化学工場では，熱や電力などのエネルギーを大量に使用している。これらのエネルギーを供給する設備に異常が発生して事故を誘発することもある(図 11-12(f))。

---

① ΔH は化学反応にともなう反応エンタルピー変化を表す。

また，化学工場内の労働環境が不良であったり，器物が乱雑に置かれたりしていると，それが原因で事故が引き起こされることもある。

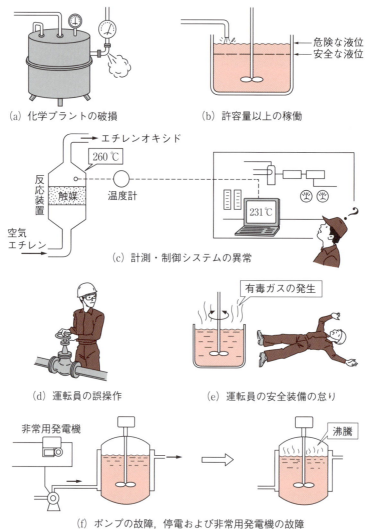

▲図11-12　化学プラントの安全を妨げる原因

問11　化学プラントの安全を妨げる原因を大別せよ。

2　安全性の確保

　これまでに学んだような災害を引き起こさないために，化学工場では，さまざまな安全対策が講じられている。

　ここでは，化学プラントの安全対策の基礎となる，安全性を確保するための考え方について学ぶ。

A 信頼性　機械や設備などが，長期間にわたり故障や異常がなく，安定した状態で稼働することを，**信頼性**が高いという。化学装置や計測・制御用の装置には，信頼性の高いものを用いることが大切である。しかし，いかに信頼性を高めようとしても信頼度（信頼性の度合い）を 100 % にすることは困難である。そこで，以下のような考え方を導入して安全性を確保する。

B バックアップ　装置に故障が起こった場合，運転を続行させるために，あらかじめ用意された補助機器などを使用することを**バックアップ**(back up)という。停電時に自家発電設備を運転したり，2 台のポンプを並列に設置して，一方が故障したとき，ただちに他方のポンプで運転を行うことはバックアップの例である。また，安全弁やガス放出装置[①]などを設けて安全をはかることも，バックアップという。

C フェイルセイフ　停電や，計装電源・計装空気・制御装置などに異常が発生した場合，装置が事故を起こさないで安全な方向に移行するような機構を**フェイルセイフ**(fail-safe)という。たとえば，加熱炉の燃料制御弁は，停電や制御装置の異常などで制御信号がこなくなったときは，ただちに閉じて燃焼を中止するような構造にする（図 11-13）。

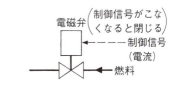

▲図 11-13　制御弁のフェイルセイフ

D インターロック　機械や装置が正常に作動するための条件がそろっていない場合に，その機械や装置が作動できないような機構を**インターロック**(interlock)という。たとえば，機械の安全カバーをかけなければ，スイッチを入れても電動機が起動しないような機構がインターロックである。また，大形の回転機械では，冷却水量や温度，潤滑油量が正常でないと起動できないようにしてあることが多い（図 11-14）。

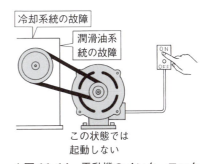

▲図 11-14　電動機のインターロック

E フールプルーフ　機械の取り扱いの手順や危険性などをよく理解していない者が操作しても，危険を生じないような機構を**フールプルーフ**(foolproof)という。たとえば，プレス機械のような手をはさまれやすい機械は，互いに離れた位置にある二つのスイッチを両手で同時に押している間だけ機械が作動するようにしておけば，手をはさまれることはない。

[①] p. 267, 268 参照。

4節 化学工場の安全対策

この節で学ぶこと

化学工場の安全対策は，工場の設計段階から取り入れられており，各種の化学設備の配置(レイアウト)や，装置材料の選定などが，法的規制に従って検討されている。また，操業時の事故を未然に防ぐ各種の防災設備や防火・消火設備も装備されている。これらの知識を通して化学工場の安全対策を学ぶ。

1 化学工場の配置

化学工場の設備は，原料の受け入れから製造・貯蔵・出荷までの物質の流れが円滑になるよう，機能的に配置されている。これにより，連絡配管が単純化され，化学工場の安全化につながっている。

災害の発生を予防するためには，たとえば危険物の漏えいのおそれがある設備のそばに，ボイラーなどの着火源となる設備を配置しない。また，工場内のほかの設備に被害が拡大することを防止するために，設備と設備の間は法規で決められた距離(設備間距離)をとる必要がある。とくに危険な設備(超高圧や危険な反応など)は，万一事故が起きても周囲に波及しない場所に設置し，保安用の空地(保有空地)を設ける。

また，周辺の住民の安全が確保されるように，化学工場と近接住居などとの間には，十分な距離をとることが法規で定められている。

2 化学設備

化学プラントを構成する塔・槽・反応器・加熱炉・配管・ポンプ・圧縮機などを**化学設備**という。個々の化学設備については，第3～8章で詳しく学んだので，ここでは，化学設備の材料と，計測・制御システムによる安全対策について学ぶ。

A 装置材料

化学設備に使用する材料(装置材料)は，プロセス流体の種類・流速・温度・圧力などを考えて選定されている。しかし，長期にわたって使用する間には，その一部が破損して事故や災害を起こすことがある。装置材料の破損の原因を図で表すと，図11-15のようになる。材料の破損現象には，腐食・摩耗・疲労・応力腐食割れ・ぜい性破壊などがあり，その中でも腐食はとくに重要な問題である。使用上の過誤には，装置が設定外の異常な状態(高温・低温・高圧など)になってしまったために起こる破損や，運転員の誤操作，過大負荷などによる破損が含まれる。

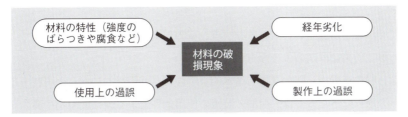

▲図 11-15　装置材料破損の原因

問 12　化学設備には，どのような材料が使われているか調べてみよ。

Column　腐食と防食

　化学設備の保全には，装置材料の防食が重要である。ここでは，腐食のしくみと防食の方法を学ぶ。

● 1. 腐食

　金属が，これと接触している物質との化学反応によって変質・損耗する（さびる）現象を，**腐食**（corrosion）という。

　腐食には，水が関係する**湿食**（wet corrosion）と，水と無関係に高温で起こる**乾食**（dry corrosion）とがあるが，金属の酸化（イオン化）反応が原因になっているという点では共通している。

　腐食の形態や進み方はいろいろであるが，以下にその例をあげる。

(a)　**全面腐食**　金属の表面がほぼ均一に侵される腐食を**全面腐食**（general corrosion）（均一腐食）という。酸・塩基による腐食や大気中での腐食はその例である。

(b)　**局部腐食**　金属の材質が不均一な場合や，金属表面の環境（液の溶存酸素濃度や pH など）が不均一な場合，あるいは，腐食生成物が付着して表面に凹凸が生じた場合などに，局部的な腐食が進行することがある。これを**局部腐食**（local corrosion）という。鉄鋼・ステンレス鋼・アルミニウムなどで，表面の酸化物皮膜（不動態皮膜）の一部が破れたり，表面が部分的に酸性になったりすると，そこから内部に向かって小さな孔状の腐食が進んでいくことがある。このような局部腐食を，とくに**孔食**（点食ともいう）（pitting corrosion）とよぶ（図 11-16）。

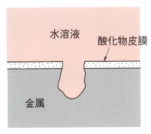 

▲図 11-16　孔食

(c)　**異種金属接触腐食**　異なる金属が電解質溶液中で接触すると，その部分で局部電池が形成され，イオン化傾向の大きいほうの金属が負極となって腐食される。これを**異種金属接触腐食**（galvanic corrosion）という。

● 2. 防食

腐食を防ぐことを**防食**といい，装置やプラントの保全のために，欠くことのできない大切
corrosion prevention
な仕事である。防食には次のような方法がある。

(a) **適正な材料の選択**　防食上最も基本的な手段は，使用目的に適した材料を選ぶことで
ある。材料の選択にあたっては，目的の装置の使用条件とよく似た使用例や腐食試験の結果
などの実際的なデータを，できるだけ多く集めて参考にすることが必要である。

(b) **環境の処理**　環境の処理とは，たとえば，水中における鉄鋼の腐食を防ぐために，腐
食の原因となる水中の溶存酸素をあらかじめ除いておくというような方法をいう。溶存酸素
を除くには，水を減圧下で煮沸して酸素を追い出したり，水に亜硫酸ナトリウムやヒドラジ
ンのような酸素除去剤を加えたりする(近年では植物系脱酸素剤も用いられる)。また，ボイ
ラー用水にいろいろな腐食抑制剤を添加するのも，環境の処理法の一種と考えられる。

(c) **電気防食法**　防食しようとする金属に，そのイオン化を妨げる方向の電流を通じるこ
とによって防食する方法を電気防食法という。

(d) **被覆による防食法**　防食しようとする金属の表面を別の耐食材料で被覆する方法であ
る。表 11-3 にその例を示した。

▼表 11-3　被覆による防食法の例

分　類		例
金属による表面被覆	ク ラ ッ ド 法 （合わせ板法）	鉄鋼の表面にステンレス鋼や Ni-Cu 合金などの板をはり合わせる。
	金 属 溶 射 法 （メタリコン法）	Al や Ni-Cr 合金などを融解・噴霧して金属表面に固着させる。
	溶 融 め っ き 法	融解した Al，Zn，Sn，Pb などに鉄鋼を浸してめっきをする。
	拡 散 浸 透 め っ き 法	Al や Cr を鉄鋼の表層に拡散・浸透させる。
非金属による表面被覆	ほ う ろ う 引 き	鉄鋼の表面をほうろうで被覆する。
	グ ラ ス ラ イ ニ ン グ	鉄鋼の表面をガラスで被覆する。
	プラスチックライニング	鉄鋼の表面を耐食性のプラスチックで被覆する。
	ゴ ム ラ イ ニ ン グ	鉄鋼の表面を耐食性のゴムで被覆する。
	塗 装 法	鉄鋼の表面を耐食性の塗料で被覆する。

問 13　鉄鋼の防食方法について調べてみよ。

B 計測・制御システム

第9章で学んだように,化学プラントを安全に,かつ,安定した状態で運転するには,温度・圧力・流量・液位・濃度などのプロセス変量をたえず計測し,これらが適切な値を保つように制御しなければならない。計測や制御を行うための有機的につながった装置群を計測・制御システムという。

図11-17に,加熱炉における計測・制御システムの基本的な構成を示す。一つの化学プラントには,このようなシステムがいくつも組み合わされて使われているのがふつうである。

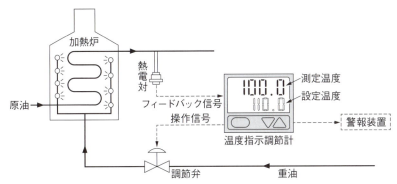

▲図11-17 計測・制御システムの基本的な構成(加熱炉の例)

計測・制御システムには,化学プラント本体の異常だけでなく,計測・制御システム自体の故障や,運転員の誤操作などにも対応できるように,フェイルセイフ機構やインターロック機構など,安全性を確保するための機構が取り込まれている。また,後で学ぶ自動警報装置や緊急遮断装置なども組み込まれている。

3 特殊化学設備

化学設備のうち,発熱反応が行われる反応器など,異常化学反応またはこれに類する異常な事態により,爆発・火災などを生じるおそれのあるものを,**特殊化学設備**という。特殊化学設備には,計測装置・自動警報装置・緊急遮断装置などの取り付けが,法規で義務付けられている。

A 計測装置

特殊化学設備には,流量計・温度計・液位計などの計測装置を設置して,異常事態を早期に検知し,緊急遮断などの適切な安全対策を講じる必要がある[1]。

B 自動警報装置

自動警報装置は,プラントの運転状況があらかじめ設定された範囲からはずれた場合に,警報を発信して運転員に知らせる装置である。警報の発信にはランプ(図11-18)とブザーまたはベルとを用いることが多いが,制御室のディスプレイに表示するもの(図11-19)や,音声で知らせるものもある。

[1] 第9章参照。

▲図 11-18　警報ランプ　　　　　　　　　　▲図 11-19　制御室

　自動警報装置は，化学プラント本体の異常の警報だけでなく，化学プラントを運転するために必要な冷却水・電力・蒸気・計器用空気などのユーティリティー関係のプラントの異常の警報にも用いられる。また，地震のときの警報にも用いられる。

C 緊急遮断装置

　緊急遮断装置は，たとえば反応装置やタンクなどの温度や圧力が異常に上昇したとき，原料の供給を遮断して，引火や爆発などの危険を防ぐ装置である（図 11-20）。

　緊急遮断装置には，とくに信頼性の高い機器が用いられる。一つの測定点に検出器を 3 個設け，2 個以上が異常を検知した場合に起動するシステムとすることが多い。

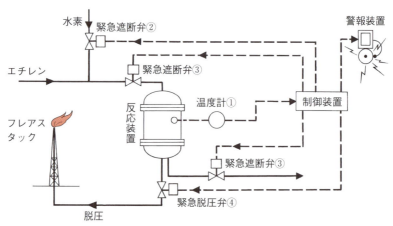

　上の図は，原料エチレン中の不純物であるアセチレンを水素化によって除去するプロセスで，発熱反応である。ⓐ～ⓒは，反応熱により反応装置の温度が異常に上昇した場合の操作の例である。
　ⓐ　温度上昇が起こると，温度計①によって制御装置が異常を判断し，警報が鳴り運転員に注意をうながす。
　ⓑ　温度が一定値を超えると，制御装置は自動的に緊急遮断弁②を閉じて，水素の供給を止め，反応を停止させる。
　ⓒ　さらに温度が上昇すると，緊急遮断弁③を閉じて反応装置の出入り口を遮断し，同時に緊急脱圧弁④を開いて反応装置内のガスをフレアスタック（p.268 参照）から放出して圧力を下げ，装置の破損を防ぐ。

▲図 11-20　反応装置の緊急遮断システムの例

4 圧力安全装置

化学プラントやボイラーは，それぞれの容器に加わる最高圧力の1.5倍の圧力に耐えられるようにつくられている。圧力はつねに計測・制御システムで調節されているが，何らかの原因で異常な圧力上昇が起こると，機器の破裂や可燃性ガスの放散が起こり，重大な災害にいたることがある。ここでは，圧力に対する安全装置について学ぶ。

A 安全弁・リリーフ弁

安全弁(safety valve)は，ボイラーの蒸気などの圧力が設計圧力以上になった場合に，自動的に開いて，内部の蒸気などを迅速に排出し，圧力が下がると再び閉じる装置である。安全弁の機能が十分でないと，設備そのものが破壊したり，ときには人命にかかわる災害を招く場合もある。そのため，安全弁の機能や取り付け義務などが法規で定められている。

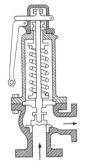 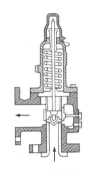

(a) 開放形安全弁　(b) ベローズ形安全弁

▲図 11-21　安全弁

一般に，ボイラーには図11-21(a)に示すような**開放形安全弁**，化学設備には**密閉形安全弁**，そして腐食性や毒性の強い気体には図(b)のような**ベローズ形安全弁**が使用される。

なお，安全弁は気体や蒸気用であるが，液体の圧力の放出に用いられる弁を**リリーフ弁**(relief valve)（逃がし弁）という。

問 14　学校内に，安全弁を取り付けた設備があるか調べよ。

B 破裂板

破裂板(rupture disk)（ラプチャーディスク）は，高圧装置や反応装置で異常により圧力が上昇したとき，円板が破裂して内容物を安全な場所に放出させるものである（図11-22）。これは安全弁とよく似た機能であるが，いったん作動して吹き出せば，圧力が下がっても開口はふさがらない。

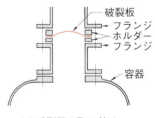  

(a) 破裂板の取り付け　(b) 破裂前　(c) 破裂後

▲図 11-22　破裂板

問 15　安全弁と破裂板の構造や働きを比較せよ。

5 ガス放出装置

　反応器・塔・槽などの化学設備に異常が発生して安全弁や破裂板が作動すると，気体が外部に放出される。また，異常がなくても運転の開始時や停止時には，装置内の気体を外部に放出する場合がある。このようにして放出された危険性気体を安全に処理する設備を**ガス放出装置**という。ガス放出装置は，フレアスタックとベントスタックに大別される。

A フレアスタック

　可燃性気体や可燃性液体から生じた蒸気などを燃焼処理するための，着火装置を備えた煙突を**フレアスタック**（flare stack）という（図11-23）。

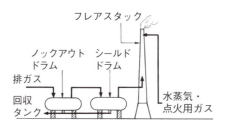

フレアスタックに送られるガスは，ノックアウトドラムでミストやドレンなどを除き，水封されたシールドドラムを通して，フレアスタックの先で燃焼させる。

▲図11-23　フレアスタック

B ベントスタック

　毒性がなく空気より軽い気体（水蒸気，不活性ガスも含む）や，火災や爆発のおそれのない低濃度の可燃性気体を，大気中に放出するための設備が**ベントスタック**（vent stack）である（図11-24）。煙突の先端から直接大気中に放出されるタイプや，水封装置付きのタイプなどがある。

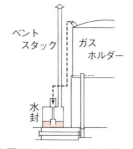

▲図11-24　ベントスタック

6 引火の防止

可燃性の気体や液体の蒸気が流出すると，これに引火して，火災や爆発を起こす危険がある。そのような危険を防ぐために，次のような対策がとられる。

A 引火防止装置

石油類の貯蔵タンクの頂部には，大気との圧力差をなくすための通気孔（ベント）があり，内部の可燃性蒸気が外部に流出すると，これに引火して内部の可燃性蒸気が爆発する可能性がある。そこで，図11-25に示すような**引火防止装置**（フレームアレスター）を設ける。
flame arrester

(a) 銅かご形
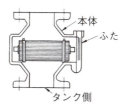

(b) 銅網形・リボン形

▲図 11-25　引火防止装置

B 防爆電気機器

可燃性の気体や蒸気などが存在する場所では，電気機器の火花が，引火・爆発の着火源になる可能性がある（図11-26）。このような場所では，防爆構造の電気機器を用いる（図11-27）。

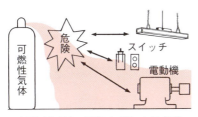
▲図 11-26　電気火花による危険

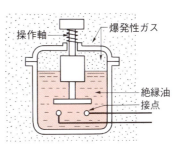
▲図 11-27　防爆構造の電気機器（スイッチ）の例

問 16 使用時に火花を発する電気機器にはどのようなものがあるか。

問 17 図11-27以外の防爆電気機器の構造を調べてみよ。

C 静電気防止

物体や人体に蓄積された静電気や，流体が帯びた静電気などが放電する際に生じる火花（静電気火花）は，しばしば火災や爆発災害の着火源になる。しかし，静電気の発生・蓄積に気づかないことが多い。

静電気の帯電防止対策には，帯電しやすい絶縁体に導電性を与える，金属部分を接地線で確実に接地する，あるいは，空気の相対湿度を75％以上にする，などの方法がある。

7 防災システム

化学工場には，万一の事故(火災)に備えて，ガス検知器や消火設備などが設置されている。

A 固定式防火・消火設備

●**1. ガス検知器** プラントのある区域に可燃性ガス検知器が設けられ，万一ガス漏れがあった場合は，計器室(防災盤)やコンビナート総合防災センターにただちに通報される。

●**2. スチームカーテン** 漏れた可燃性ガスを着火源から遮断して，万一着火した場合に周辺に延焼しないよう，プラント周囲の地上に上向きに穴をあけた蒸気パイプが設置され，緊急時には蒸気をカーテン状に吹き出すようになっている(図 11-28)。

●**3. 消火栓** プラントの周辺には，必要に応じて，水または泡[1]の固定消火栓が設けられている。

▲図 11-28 スチームカーテン

水による消火設備は消火用だけでなく，火災からの熱放射で近くの機器やタンクが加熱されて被害や火災が拡大しないよう，それらの設備を冷却するための放水設備としても役立つ。

B 移動式防火・消火設備

石油コンビナートなどでは，法規によって，自衛防災組織の編成が義務づけられており，大型化学消防車・大型高所放水車・泡原液搬送車などが常備されている(図 11-29)。火災発生時には，公設の消防隊と共同で消火にあたる。

問 18 家庭や学校での消火栓・消火器の設置状況を調べよ。また，消火器の構造と充てん剤の化学成分を調べてみよ。

▲図 11-29 消防車格納庫

---

[1] 泡とは，タンパク質加水分解液などの発泡剤を含む水溶液に空気を吹き込んで泡立たせたもの。可燃性液体などの火災に対し，泡で覆うことによって空気を遮断し，窒素消火する。

C 防災システム

　化学工場では，設備がますます大型化し，複雑化しており，万一事故が発生すれば，災害が大規模になり，工場外にも波及するおそれがある。事故を早期に発見するために，自動火災報知設備や漏えいガス検知警報設備の設置や，消火設備の設置など，防災システムの充実がはかられている。図11-30に，化学プラントの防災システムの例を示す。

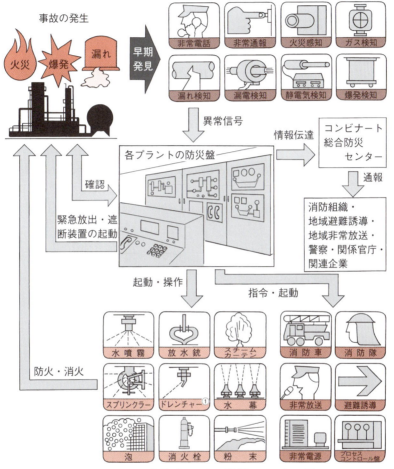

▲図11-30　化学プラントの防災システムの例

　このように化学工場では，さまざまな安全対策がとられているが，施設や設備の安全対策だけでなく，事故が起きないようプラントの運転員が設備を正しい操作手順で正しく操作できるような教育も行われている。

　p.236に示した運転作業の標準化は，製品の品質を維持するだけでなく，災害や事故から人の命を守るという観点からも遵守されなければならない。

問19 家庭や学校での自動火災報知設備や漏えいガス検知警報設備の設置状況を調べよ。

① 水を幕状に降らせて，ほかからの延焼を防ぐ設備。

5節 化学工場と関係法規

この節で学ぶこと

化学工場では，安全のためさまざまな法規を遵守しながら，運転操業し，製品を製造している。ここでは，とくに化学工場に関連の深い法規について学ぶ。

すべての産業活動および生産行為は，次の条件のすべてを満たして行わなければならない。

① 働く人の健康が，設備の事故や取り扱う物質によってそこなわれないようにする。
② 有害な物質による環境(大気・水質など)汚染によって公害が起こらないようにする。
③ 資源利用の効率を高め，省資源・省エネルギーにつとめる。

これらの目的を達成するために，多くの法規が制定されている。法規の体系を図11-31に示す。

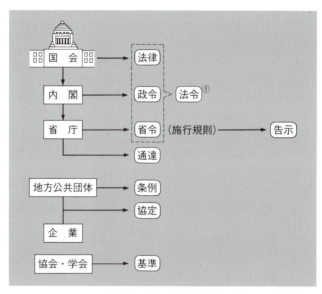

▲図11-31 法規の体系

 化学工業に関する法規

化学工業の施設・設備と，そこで取り扱われる物質に関する法規のおもなものを学ぶことにしよう。

---

① 「法令」には，さらに広い範囲を含めることもある。

A 労働安全衛生法

[厚生労働省]（1972（昭和47）年）[①]

労働基準法（1947（昭和22）年）では，「労働条件は労働者が人たるに値する生活を営むための必要を充たすべきものでなければならない」とされ，労働条件の最低の基準が示されている。

労働安全衛生法は，労働者の安全と健康を確保し，快適な職場環境の形成を促進することを目的として，1972年に労働基準法に含まれる内容を独立させた法律である。この法律では労働災害を防止するため，危害防止基準を確立するとともに，安全管理者・衛生管理者などの設置，資格の取得，技能講習の実施など，総合的な対策を計画的に推進することを事業者に求めている。

次に，化学工業にかかわるおもな関係法規を示す。

労働安全衛生規則	ボイラー及び圧力容器安全規則
有機溶剤中毒予防規則	酸素欠乏症等防止規則
粉じん障害防止規則	特定化学物質等障害予防規則
鉛中毒予防規則	高気圧作業安全衛生規則
クレーン等安全規則	事務所衛生基準規則

B 環境基本法

[環境省]（1993（平成5）年）

地域環境が悪化しており，地球環境も危機的状況にあるとの認識のもと，1993年に環境基本法が制定された。この法律は，環境の保全について基本理念を定め，国・地方公共団体・事業者および国民の責務をあきらかにして，環境の保全に関する施策の基本事項を定めたものである。これに基づき，環境の保全に関する施策を総合的・計画的に推進して，国民の健康で文化的な生活を確保するとともに，人類の福祉に貢献することを目的としている。この法律の施行により，これまでの公害対策基本法は廃止された。

環境基本法は，基本理念として

1. 環境の恵沢を享受し継承する。
2. 環境への負荷が少ない，持続的発展が可能な社会を構築する。
3. 国際的協調のもと地球環境保全を積極的に推進する。

の3点を定め，基本的施策として，環境基本計画・環境基準の策定，環境アセスメント・環境教育の推進，地球環境保全に関する国際協力などを定めている。

おもな関係法規を次に示す。

---

① [ ]内はその法規の現在の管轄所管庁，( )内は制定された年を示す。

> 大気汚染防止法　　水質汚濁防止法
> 悪臭防止法　　　　振動規制法
> 騒音規制法　　　　ダイオキシン類対策特別措置法
> 特定工場における公害防止組織の整備に関する法律

C 消防法

［総務省］(1948(昭和23)年)

消防法は，火災から国民の生命・身体・財産を保護し，火災・地震などの災害による被害を軽減することで，社会秩序を保持し公共の福祉を増進することを目的として定められた。火災の予防・警戒・調査，消防設備，消火活動，救急業務，危険物の取り扱いなどについて規定している。消防法では，物理的・化学的性質および消火方法をもとに，危険物を第1類から第6類までに分類し（付録8．参照），品名ごとに製造・取り扱い・貯蔵における指定数量を規定している。

▲図11-32　消防法に基づく危険物の標識の例

消防法における危険物とは，消防法別表に記載された物質で，発火性または引火性を有する，常温で液体または固体のものである。したがって，都市ガス，アセチレンガス，プロパンガスは気体なので，消防法における危険物には含まれない。

問20　消防法による危険物の分類と指定数量を調べてみよ。

問21　学校および家庭にある危険物を調査し，管理状況を検討せよ。

D 高圧ガス保安法

［経済産業省］(1951(昭和26)年)

化学工業では各種の気体を利用する場合，これらの気体を圧縮して高圧ガスの状態で用いることが多い。高圧ガスは，化学工業以外でも利用されており，冷蔵庫の冷媒や，家庭用燃料のLPガスも高圧ガスである。

気体を圧縮または液化して使用すると，貯蔵・輸送・反応などに用いる容器や装置が小さくてすむ。これが高圧ガスの最大の利点であるが，このほかに，高圧のほうが反応生成物の収率や反応速度などが大きくなる場合も少なくないなどの利点もある。一方，高圧ガスの欠点は，可燃性ガスや有害ガスの漏れによる爆発災害や中毒などの危険性があげられる。

高圧ガス保安法は，高圧ガスによる災害を防止するため，高圧ガスの製造・貯蔵・販売・移動・廃棄に対して，また消費ならびに高圧ガス容器の製造・取り扱いに対して規制し，民間事業者および高圧ガス保安協会による高圧ガスの保安に関する自主的な活動を促進して公共の安全を確保することを目的としている。

高圧ガス保安法による高圧ガスの定義は，およそ次のようである。

① 常用の温度において圧力（ゲージ圧，以下同じ）が 1 MPa 以上となる圧縮ガス，または温度 35 ℃ において圧力が 1 MPa 以上となる圧縮ガス（圧縮アセチレンガスを除く）。

② 常用の温度において圧力が 0.2 MPa 以上となる圧縮アセチレンガス，または温度 15 ℃ において圧力が 0.2 MPa 以上となる圧縮アセチレンガス。

③ 常用の温度において圧力が 0.2 MPa 以上となる液化ガス，または温度 35 ℃ 以下で圧力が 0.2 MPa となる液化ガス。

④ 液化ガスのうち液化シアン化水素，液化ブロムメチル，その他政令で定めるもの（ただし規定数量以下のものなどは適用除外される）。

高圧ガス保安法のおもな関係法規を示す。

一般高圧ガス保安規則	液化石油ガス保安規則
冷凍保安規則	容器保安規則
コンビナート等保安規則	

問22 学校や家庭での高圧ガスの有無と，その保管状況を調べてみよ。

E 毒物及び劇物取締法

[厚生労働省]（1950（昭和 25）年）

有害物質による災害を避けるために，いくつかの法律[1]が制定され，有害物質の取り扱いが厳しく規制されている。

それらのうち，**毒物及び劇物取締法**では，毒物及び劇物について保健衛生上の見地から必要な取り締まりを行うために，有害物質（ただし医薬品と医薬部外品を除く）を**毒物**と**劇物**に分け，毒性がきわめて強い毒物は**特定毒物**に指定されている。

個々の毒物・劇物は法規で指定されているが，毒物あるいは劇物であることの判定は，動物または人における知見に基づき，その物質の物性なども考慮して行われる。

動物における知見からの基準は原則として次のようである。

毒物……経口投与による LD_{50}[2]が 50 mg/kg 以下の物質

劇物……経口投与による LD_{50} が 50 mg/kg を超えて 300 mg/kg 以下の物質

毒物および劇物の容器および被包には，「医薬用外」の文字および，毒物については赤地に白色で「毒物」の文字，劇物については白地に赤色で「劇物」の文字を表示することになっている。

---

① 毒物及び劇物取締法，労働安全衛生法，薬事法，農薬取締法，食品衛生法などがある。

② LD_{50} とは，動物実験に経口投与して，その 50 % が死亡する有害物質の量を，実験動物の体重 1 kg あたりの mg で表した値。半数致死量ともいう。

5 節　化学工場と関係法規　**275**

F 火薬類取締法 ［経済産業省］(1950(昭和25)年)

この法律は，火薬類の製造・販売・貯蔵・運搬・消費その他の取り扱いを規制することにより，火薬類による災害を防止し，公共の安全を確保することを目的としている。

G 石油コンビナート等災害防止法 ［経済産業省・総務省］(1975(昭和50)年)

石油コンビナートでは，石油を精製し，LPガス，ガソリン，航空燃料，ナフサ，灯油，重油などを製造している。また，ナフサをさらに分解して，エチレン・プロピレン・ポリエチレン・ポリプロピレン・アクリロニトリルなどの各種製品を製造している。設備の規模も大きく，大量の危険物や高圧ガスを製造・貯蔵するため，万一事故が発生した場合，その影響は大きい。この法律は，石油コンビナート等特別防災区域[1]における災害を防止するために施策を推進し，国民の生命，身体および財産などを保護することを目的としている。指定された区域にある適用事業所では，事業の実施を統括管理する者を防災管理者として選任し，自衛防災組織を統括させることを義務付けている。

問**23** 学校周辺に特別防災区域があるかどうか調べてみよ。

H 特定工場における公害防止組織の整備に関する法律 ［経済産業省・環境省］(1971(昭和46)年)

この法律は**組織法**と略称され，公害防止統括者などの制度を設けることにより，特定工場[2]における公害防止組織の整備をはかり，公害の防止に資することを目的としている。

特定工場では，工場を統括管理する者(工場長)を**公害防止統括者**に選任する。また，排出する水量，排出するガス量に応じて，公害防止主任管理者および公害防止管理者を資格[3](免許制度)をもつ者から選任し，公害防止に関する業務にあたらせなければならない。

I エネルギーの使用の合理化に関する法律 ［経済産業省］(1979(昭和54)年)

この法律は，燃料資源の有効利用をはかるために，工場，建築物および機械器具についてのエネルギーの使用を合理化して，国民経済の健全な発展に寄与することを目的としている。

J 計量法 ［経済産業省］(1992(平成4)年)

この法律は，計量の基準を定め，適正な計量の実施を確保して，経済の発展および文化の向上に寄与することを目的としている。

計量法で定める**計量士**とは，計量器の整備，計量の正確の保持，計量方法の改善などの目的を達成するために必要な措置を行う者で，**環境計量士**(濃度関係，騒音・振動関係)と

---

[1] その区域内の工場群全体で，1日10万kL以上の石油もしくは2000万m²以上の高圧ガスを処理または貯蔵する区域で，政令によって指定される。現在全国に約80か所が指定されている。

[2] 法規で定めた公害発生のおそれのある工場。

[3] 公害防止管理者の資格については p.279 を参照。

276 第11章 化学工場の安全と関係法規

一般計量士とがある。

化学工業にかかわる法律には，上記のほかにも，**放射性同位元素等による放射線障害の防止に関する法律，作業環境測定法，工場立地法，建築基準法，廃棄物の処理及び清掃に関する法律，特定物質の規制等によるオゾン層の保護に関する法律，地球温暖化対策の推進に関する法律**などの多くの法律がある。

K　化学工業にかかわるその他の法律

これまで，化学工業での災害の種類と安全の確保，化学工場における安全対策や安全を維持するために必要な設備などについて学んだ。さらに，化学工場を安全に維持するために必要な法規についても学んだ。

化学工場での災害は，ひとたび起きてしまうと，大規模なものになりやすい。このような災害を防ぐために，化学技術者は，関連する法規の必要性と内容を十分理解してこれを遵守し，安全の確保に必要な手順の習熟につとめることが必要である。

さらに，化学技術者は，環境保全や省エネルギーなどに対して積極的に取り組む必要がある。化学工業は，地球の資源やエネルギーを活用して，私たちの生活に必要な製品を製造している。このため，化学技術者は環境に配慮し，倫理観をもって，職務にあたることが大切である。

2　化学工業に関する法定資格

化学工業の研究・開発，化学工場の建設・運転・管理および化学工業製品の販売輸送にあたっては，関係する法規の目的や意味を十分に理解し，合法かつ安全に行う必要がある。法規では，専門的知識・経験の必要な業務を行う場合，事業者などに対して，国家試験による法定資格者の配置を求めている（免許制度[①]）。それらのおもなものについて，扱う業務，受験資格などを簡単に説明する。

A　労働安全衛生法で定められている資格

1．衛生管理者（免許）

労働者の健康と衛生を管理する。第一種と第二種の区分がある。受験には高等学校卒業後3年以上の労働衛生の実務経験が必要である。

2．ボイラー技士（免許）

取り扱うボイラーの伝熱面積に応じて特級，一級，二級の区分がある。二級ボイラー技士は，受験資格の制限はないが，学校教育法による大学，高等専門学校，高等学校などにおいてボイラーに関する学科を修め3か月以上の実地修習を経た者，6か月以上ボイラーの取り扱いの実地修習を経た者，都道府県労働局長または登録教習機関が行ったボイラー取扱技能講習を修了し，4か月以上小規模ボイラーを取り扱った経験がある者などの実務

---
① 試験によらず，国の指定する団体が行う技能講習によって資格が与えられるものもある。

経験者であることが必要である。高校生で免許交付を受ける場合は，ボイラー実技講習会を終了する必要がある。試験科目はボイラーの構造，ボイラーの取り扱い，燃料および燃焼，関係法令である。一級の受験には二級の免許などが必要で，免許交付には実務経験が必要である。

●3. 酸素欠乏危険作業主任者 (技能講習修了)

タンク内作業など，酸素欠乏[1]症にかかるおそれがある場所で作業を行う場合に選任しなければならない。なお，硫化水素の濃度が 10 ppm を超える空気を吸入することで起こる症状を硫化水素中毒といい，酸素欠乏症にかかるおそれおよび硫化水素中毒にかかるおそれがある場所(厚生労働大臣が定める)で作業を行う際には，**酸素欠乏・硫化水素危険作業主任者**(技能講習修了)を選任しなければならない。

●4. 特定化学物質及び四アルキル鉛等作業主任者 (技能講習修了)

ジクロルベンジジン・アクリルアミド・シアン化水素・硫化水素などの特定化学物質を製造し，または取り扱う作業を行う場合，また，四アルキル鉛等業務にかかわる作業を行う場合に，選任しなければならない。

●5. 石綿作業主任者 (技能講習修了)

石綿もしくは石綿を 0.1 重量パーセントを超えて含有する製剤などを取り扱う場合，または石綿などを試験研究のために製造する業務において，作業者が石綿などの粉じんで汚染されたり，吸入したりしないように作業方法を決め，作業者を指揮して，局所排気装置を点検し，また，保護具の使用状況を監視する職務である。

●6. 有機溶剤作業主任者 (技能講習修了)

屋内作業場またはタンク，船倉，坑などの内部において，トルエン，クロロホルム，アセトンなどの有機溶剤(当該有機溶剤を 5 重量パーセントを超えて含有する混合物を含む)を製造し，取り扱う業務を行う場合，選任しなければならない。

●7. エックス線作業主任者 (免許)

エックス線装置を使用する，またはエックス線の発生装置の検査を行うなどの業務(化学装置の材料の欠陥の検査など)において安全管理を行う。受験資格の制限はないが，18歳未満の者は免許を受けることができない。

●8. ガンマ線透過写真撮影作業主任者 (免許)

作業の内容はエックス線作業主任者とほぼ同じで，エックス線のかわりにガンマ線照射装置から照射されるガンマ線を用いる場合の資格である[2]。受験資格の制限はないが，18歳未満の者は免許を受けることができない。

---

[1]　p. 256 参照。

[2]　鋳造物などの中にある欠陥を探す品質検査を行う際に透過写真撮影で使用される。

B 特定工場における公害防止組織の整備に関する法律で定められている資格

◉1. 公害防止管理者（免許）

　ばい煙発生施設，汚水等排出施設の監視や運転状態の管理測定を行う。排出ガス量または排出水量，および含まれる有害物質により，大気関係第一種～第四種，水質関係第一種～第四種の種別がある。大気関係，水質関係のほかに，騒音・振動関係，一般粉じん関係，特定粉じん関係，ダイオキシン類関係公害防止管理者がある。受験資格の制限はない。なお，そのほかに，公害防止主任管理者の資格もある。

C 消防法で定められている資格

◉1. 丙種危険物取扱者（免許）

　指定された危険物（ガソリン・灯油・重油および動植物油など）の取り扱い作業に必要である。受験資格の制限はない。

◉2. 乙種危険物取扱者（免許）

　第1類から第6類までの六つの資格があるが，第4類（引火性液体）を受験する者が多い。免状に指定された類の危険物の取り扱い作業とその立会いができる。受験資格の制限はない。

◉3. 甲種危険物取扱者（免許）

　第1類から第6類まですべての危険物を取り扱うことができる。乙種のいくつかの類の危険物取扱者免状の交付を受けている者や，乙種免状交付後2年以上の実務経験があれば受験資格が得られるほか，大学などにおいて化学に関する授業科目を一定単位修得した者，化学に関する学科の大学などを卒業することなどによっても，受験資格が与えらえる。

D 高圧ガス保安法で定められている資格

◉1. 高圧ガス製造保安責任者（免許）

　石油化学コンビナート等高圧ガス製造事業所において，製造に係る保安の統括的な業務を行う人に必要な資格で，甲種・乙種・丙種の化学責任者，甲種・乙種の機械責任者がある。このほか，第一種・第二種販売主任者，第一種～第三種冷凍機械責任者もある。受験資格の制限はない。ただし，法定の職務に選任されるためには1年以上の実務経験が必要である。

E 毒物及び劇物取締法で定められている資格

◉1. 毒物劇物取扱責任者（免許）

　工業薬品，農薬，試薬などの社会経済上有用な化学物質のうち毒性（とくに刺激性，腐食性など急性毒性）の強い物質が「毒物及び劇物取締法」で毒物や劇物に指定されている。指定された毒物や劇物の製造・輸入・販売を行う場合などに必要である。高等学校などで化学に関する科目を一定単位修得した者は試験が免除される。

F エネルギーの使用の合理化に関する法律で定められている資格

◉1. エネルギー管理士（免許）

　石油資源を元とした電気・ガス・油などのエネルギーを大量に消費する工場や事業所などで，エネルギー使用量を合理化するために，設備を管理したり，使用方法の監視や改善を指揮する業務を行う。

11章 化学工場の安全と関係法規

一定量以上のエネルギー使用工場または事業場は，エネルギー管理指定工場等（一種，二種）として指定される。そのうちの第一種エネルギー管理指定工場等（事務所，オフィスビルなどを除く製造業等の5業種）は，エネルギーの使用量の区分に応じて，エネルギー管理士免状の交付を受けている者のうちから，1人から4人のエネルギー管理者を選任しなければならない。

以上，化学工業に関する法定資格のおもなものを示したが，職務によりこのほかにも多くの資格がある。

AS樹脂製造プラントを例にして，関係する法令と，プラントを運転するのに必要な資格の例を，表11-4に示す。

▼表11-4　AS樹脂製造プラントの関係法令と資格（例）

		工　程	おもな関係法令	必要な資格の例
物質	アクリロニトリル	原料	特定化学物質等障害予防規則 消防法 毒物及び劇物取締法 化学物質排出把握管理促進法	特定化学物質及び四アルキル鉛等作業主任者 危険物取扱者 毒物劇物取扱責任者
	スチレン	原料	有機溶剤中毒予防規則 消防法 化学物質排出把握管理促進法	有機溶剤作業主任者 危険物取扱者
	溶剤	原料 モノマー混合 重合	有機溶剤中毒予防規則 消防法	有機溶剤作業主任者 危険物取扱者
	重合開始剤	重合	消防法	危険物取扱者
	pH調整薬品	製品調整	毒物及び劇物取締法	毒物劇物取扱責任者
装置	アクリロニトリルタンク	原料	特定化学物質等障害予防規則 消防法 毒物及び劇物取締法 化学物質排出把握管理促進法	特定化学物質及び四アルキル鉛等作業主任者 危険物取扱者 毒物劇物取扱責任者
	スチレンタンク	原料	有機溶剤中毒予防規則 消防法 化学物質排出把握管理促進法	有機溶剤作業主任者 危険物取扱者
	モノマー混合槽 （第二種圧力容器）	モノマー混合	ボイラー及び圧力容器安全規則	
	重合缶 （第一種圧力容器）	重合	ボイラー及び圧力容器安全規則	第一種圧力容器取扱作業主任者
ユーティリティー	冷却水		高圧ガス保安法	冷凍機械責任者
	高圧空気		高圧ガス保安法	高圧ガス製造保安責任者
	窒素ガス	モノマー混合 重合	高圧ガス保安法	高圧ガス製造保安責任者
その他	排水処理		水質汚濁防止法	公害防止管理者
	排ガスなど		大気汚染防止法	公害防止管理者
	敷地全体		消防法	危険物取扱者
	タンク内作業		酸素欠乏症等防止規則	酸素欠乏・硫化水素危険作業主任者

章末問題

1. 新聞やインターネットなどで，化学工場での災害の事例を探してみよ。また，その事例について，話し合いを通して原因とその対策が何であったか調べてみよ。

2. 学校で換気装置の使われている場所を調べてみよ。

3. 化学工場の安全対策としては，どのような災害の防止を考えればよいか。

4. 化学設備の破損の原因にはどのようなことがあるか。

5. 次の文は，フェイルセイフ，フールプルーフ，インターロックのどれにあたるか。
   (1) エレベーターのすべての階の扉が閉まっていないと動き出さない機能
   (2) ボイラーの燃料や給水の水位が一定量以上でないと燃焼できない機能
   (3) オートマチック車で，ブレーキを踏んでいないとエンジンが始動できない機能
   (4) 機械の危険な部分の扉（カバー）が閉じていなかったり，そこに人が近づいたりした場合に，その危険な機械の動作を中止する機能
   (5) ふたが閉まっていないと脱水モードが動かない洗濯機
   (6) ドアが閉じていないと動かない電子レンジ
   (7) ブレーキを踏んでいないとパーキングからドライブポジションに入らない車のギア
   (8) 倒れると自動的にスイッチが切れる電気ストーブ
   (9) 停電のときは閉まったままで止まるガスメーター
   (10) 化学反応が暴走して危険な場合に，圧力弁を開放する安全装置
   (11) 停電の際，化学反応が進まないように冷却水を注入したり，原料の供給を止めたりする安全装置

6. 次の各種の防災設備について説明せよ。

   自動警報装置　　緊急遮断装置　　安全弁

   ガス放出装置　　破裂板　　防爆電気機器

7. 国会，内閣および省庁が制定する法規をそれぞれ何とよぶか。

8. 化学工場の施設・設備に適用されるおもな法規をあげよ。

9. 公害を発生させるおそれのある施設・設備に適用されるおもな法規をあげよ。

10. 次の法律と関係のある資格をあげよ。

    特定工場における公害防止組織の整備に関する法律　　消防法

    高圧ガス保安法　　労働安全衛生法　　毒物及び劇物取締法

11. 次の資格者の職務内容を説明せよ。

    衛生管理者　　酸素欠乏危険作業主任者　　危険物取扱者

    有機溶剤作業主任者　　公害防止管理者　　毒物劇物取扱責任者

12. 次の法律の目的は何か。

　　消防法　　労働安全衛生法　　高圧ガス保安法　　火薬類取締法

　　特定工場における公害防止組織の整備に関する法律　　毒物及び劇物取締法

13. 法規は，しばしば改正あるいは廃止される。その理由を考えよ。

STC KYT活動をしよう

1. p.254 図11-7を利用して，次に従ってKYTをやってみよう。
   (1) 1グループ5名ほどの班をつくり，イラストの絵をみてどんな危険がひそんでいるのか，危険と感じるところを各自2つずつ書き出し，発表してみよう。
   (2) 発表した内容について，なぜ危険なのか，全員で考えてみよう。
   (3) その中で，危険の度合いを考えて，重要なものに○，最も重要なものに◎をつけよう。
   (4) ○，◎をつけたものに事故や災害にならないように対策を考えよう。
   (5) 対策のうち，とくに必要なもの(重点項目)を選ぼう。
   (6) 重点項目に対して，私たちはこうする，「～を～して，～しよう」と目標設定をしよう。
   (7) 指差し呼称をして，「～ヨシ！」と全員で唱和しよう。

2. 次のイラストを使ってKYTをやってみよう。

　　ガラス器具の洗浄　　　　　　試薬の調合　　　　　　　　実験

3. リスクアセスメントの手法を調べてみよう。また，次の(1)～(4)にしたがって，学校内の危険箇所を改善しよう。
   (1) 学校のあらゆる危険性または有害性を洗い出し，特定する。
   (2) (1)による災害(健康障害を含む)の災害の程度およびその災害が発生する可能性の度合いを組み合わせてリスクに点数をつける。
   (3) (2)の見積りに基づくリスクをなくすための優先度を設定して，そのリスクを低減するための措置を検討する。
   (4) (3)のリスク低減措置を実施するとともに，その結果を記録する。

付録 1. 単位換算率表，原子量の概数

(1) 長さ

m	in(インチ)	ft(フィート)
1	39.37	3.281
0.025 4	1	0.083 33
0.304 8	12.00	1

(2) 質量

kg	t(トン)	lb(ポンド)
1	0.001 000	2.205
1 000	1	2 205
0.453 6	4.536×10^{-4}	1

(3) 体積

m^3	ft^3	gal(US)(米ガロン)
1	35.31	264.2
0.028 32	1	7.481
0.003 785	0.133 7	1

1 barrel(US)(米バレル) = 0.159 0 m^3

(4) 密度

kg/m^3, g/L	g/cm^3, kg/L	lb/ft^3
1	0.001 000	0.062 43
1 000	1	62.43
16.02	0.016 02	1

(5) 力

N ($= kg \cdot m/s^2$)	dyn(ダイン)
1	1.000×10^5
1.000×10^{-5}	1

(6) 粘度

Pa·s($= N \cdot s/m^2$ $= kg/(m \cdot s)$)	P(ポアズ)
1	10.00
0.100 0	1
0.001 000	0.010 000

(7) エネルギー・仕事・熱量

J($= N \cdot m$)	kW·h	kcal*
1	2.778×10^{-7}	2.390×10^{-4}
3.600×10^6	1	860.4
4 184	0.001 162	1

1 BTU(英熱量) = 1 055 J = 0.252 2 kcal
*熱化学カロリーの場合。以下の kcal も同様。

(8) 仕事率・工率・動力・電力

W($= J/s$)	kW	kcal/h
1	0.001	0.860 4
1 000	1	860.4
1.162	0.001 162	1

(9) 圧力

Pa ($= N/m^2$)	bar(バール)	atm(気圧)	mmH_2O	mmHg
1	1.000×10^{-5}	9.869×10^{-6}	0.102 0	0.007 501
1.000×10^5	1	0.986 9	1.020×10^4	750.1
1.013×10^5	1.013	1	1.033×10^4	760.0
9.807	9.807×10^{-5}	9.678×10^{-5}	1	0.073 56
133.3	0.001 333	0.001 316	13.60	1

真空技術では，mmHg を Torr(トル)とよぶことがある。

原子量の概数

Ag	Al	Ba	Br	C	Ca	Cl	Cr	Cu	F	Fe	H
107.9	27.0	137.3	79.9	12.0	40.1	35.5	52.0	63.5	19.0	55.8	1.0

Hg	I	K	Mg	Mn	N	Na	O	P	S	Si	Zn
200.6	126.9	39.1	24.3	54.9	14.0	23.0	16.0	31.0	32.1	28.1	65.4

付録2. 量記号，接頭語，ギリシア文字

本書で用いているおもな量記号

量記号	量と単位	量記号	量と単位
A	面積 $[m^2]$	q	熱流量 $[W]$
C	流量係数 $[-]$	R	力 $[N]$，還流比 $[-]$
	気体の溶解度 $[kg/100kg$ 水$]$		熱伝導の抵抗 $[K/W]$
C, c	比熱容量 $[J/(kg \cdot K)]$	r	半径 $[m]$
D	直径，内径，厚さ $[m]$	S	面積・断面積 $[m^2]$
	留出液量 $[mol/h]$		水蒸気量 $[kg/s]$
E	放射エネルギー $[W/m^2]$	T	絶対温度(熱力学温度) $[K]$
	塔効率 $[-]$	t	温度 $[℃]$
F	力 $[N]$,	U	総括伝熱係数 $[W/(m^2 \cdot K)]$
	供給量 $[kg]$, $[kg/s]$, $[mol/s]$	u	速度・流速 $[m/s]$
	エネルギー損失 $[J/kg]$	V	体積 $[m^3]$，流量 $[m^3/s]$
f	管摩擦係数 $[-]$		蒸発量・蒸気量 $[kg]$, $[kg/s]$, $[mol/h]$
g	重力の加速度 $[m/s^2]$	v	速度・周速度 $[m/s]$
H	絶対湿度 $[kg$-水蒸気$/kg$-乾き空気$]$	W	力 $[N]$
	ヘンリー定数($[mol/(m^3 \cdot Pa)]$ など)		仕事・エネルギー $[J/kg]$,
H, h	高さ・深さ $[m]$		含水率 $[kg$-水$/kg$-乾き固体$]$
h	熱伝達係数 $[W/(m^2 \cdot K)]$	w	質量流量 $[kg/s]$
i	湿り空気のもっている熱量 $[kJ/kg$-乾き空気$]$	x, y	濃度 $[\%]$，モル分率 $[-]$
k	熱伝導率 $[W/(m \cdot K)]$	Z	基準面からの高さ $[m]$
L	液量 $[kg]$, $[kg/s]$, $[mol/s]$,		遠心効果 $[-]$
	動力 $[W]$	α	比揮発度 $[-]$
L, l	長さ・厚さ $[m]$	ε	放射率 $[-]$
M	マノメーターの読み $[m]$	η	効率 $[-]$
	分子量 $[-]$	θ	角度 $[°]$，時間 $[s]$
m	質量 $[kg]$	λ	蒸発潜熱 $[J/kg]$
N	段数・個数 $[-]$	μ	粘度 $[Pa \cdot s]$
n	回転速度 $[min^{-1}]$, $[s^{-1}]$	ρ	密度 $[kg/m^3]$
P	圧力・全圧 $[Pa]$	σ	標準偏差 $[-]$
p	分圧 $[Pa]$	φ	相対湿度 $[\%]$
Q	熱量 $[J]$，熱損失 $[W]$	ω	角速度 $[rad/s]$

単位の接頭語

名称	記号	大きさ
ペ タ(peta)	P	10^{15}
テ ラ(tera)	T	10^{12}
ギ ガ(giga)	G	10^9
メ ガ(mega)	M	10^6
キ ロ(kilo)	k	10^3
ヘ ク ト(hecto)	h	10^2
デ カ(deca)	da	10
デ シ(deci)	d	10^{-1}
セン チ(centi)	c	10^{-2}
ミ リ(milli)	m	10^{-3}
マイクロ(micro)	μ	10^{-6}
ナ ノ(nano)	n	10^{-9}
ピ コ(pico)	p	10^{-12}
フェムト(femto)	f	10^{-15}

ギリシア文字

大文字	小文字	よび方	大文字	小文字	よび方
A	α	アルファ	N	ν	ニュー
B	β	ベータ	Ξ	ξ	クサイ
Γ	γ	ガンマ	O	o	オミクロン
Δ	δ	デルタ	Π	π	パイ
E	ε	エプシロン	P	ρ	ロー
Z	ζ	ジータ	Σ	σ	シグマ
H	η	イータ	T	τ	タウ
Θ	ϑ, θ	シータ	Y	υ	ユプシロン
I	ι	イオタ	Φ	φ, ϕ	ファイ
K	$\varkappa, \kappa$	カッパ	X	χ	カイ
Λ	λ	ラムダ	Ψ	ψ	プサイ
M	μ	ミュー	Ω	ω	オメガ

付録3. 湿度図表（t-H図表）

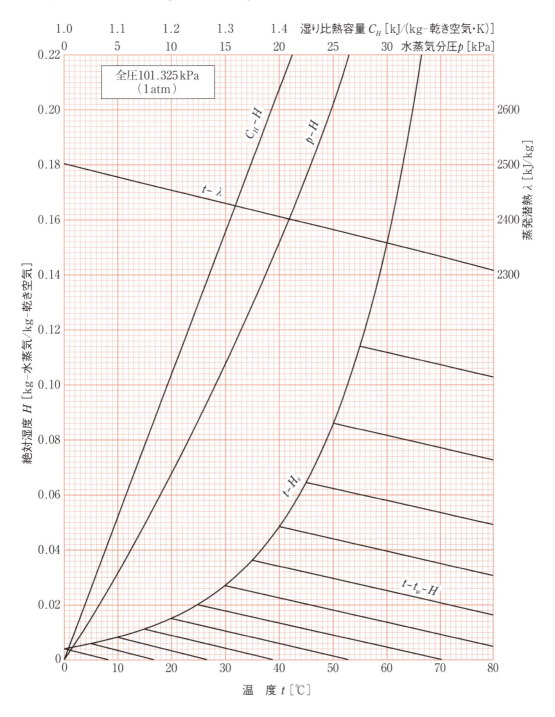

付録 4. 液体の粘度 (101.3 kPa)

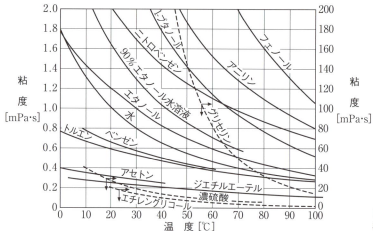

1 mPa·s = 10^{-3} Pa·s である。
破線の物質は右側の目盛で読む。

付録 5. 気体の粘度 (101.3 kPa)

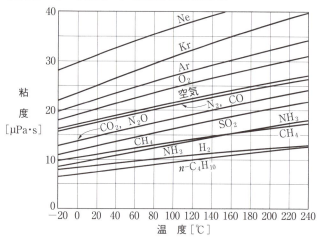

1 μPa·s = 10^{-6} Pa·s である。

付録 6. 飽和水蒸気表

飽和温度 [℃]	圧力 [kPa]	エンタルピー [kJ/kg]	蒸発潜熱 [kJ/kg]	飽和温度 [℃]	圧力 [kPa]	エンタルピー [kJ/kg]	蒸発潜熱 [kJ/kg]	飽和温度 [℃]	圧力 [kPa]	エンタルピー [kJ/kg]	蒸発潜熱 [kJ/kg]
0	0.611	2 501	2 501	100	101.4	2 676	2 256	131.2	280	2 722	2 170
5	0.873	2 510	2 489	102.3	110	2 679	2 250	133.5	300	2 725	2 163
10	1.23	2 519	2 477	104.8	120	2 683	2 244	135.0	313	2 727	2 159
15	1.71	2 528	2 465	105.0	121	2 683	2 243	140.0	362	2 733	2 144
20	2.34	2 537	2 454	107.1	130	2 687	2 238	143.6	400	2 738	2 133
25	3.17	2 547	2 442	109.3	140	2 690	2 232	145.0	416	2 740	2 129
30	4.25	2 556	2 430	110.0	143	2 691	2 230	150.0	476	2 746	2 114
35	5.63	2 565	2 418	111.4	150	2 693	2 226	151.8	500	2 748	2 108
40	7.38	2 574	2 406	113.3	160	2 696	2 221	155	543	2 752	2 098
45	9.59	2 582	2 394	115.0	169	2 699	2 216	160	618	2 757	2 082
50	12.4	2 591	2 382	115.2	170	2 699	2 216	165	701	2 763	2 065
55	15.8	2 600	2 370	116.9	180	2 701	2 211	170	792	2 768	2 049
60	19.9	2 609	2 358	118.6	190	2 704	2 206	175	892	2 773	2 032
65	25.0	2 618	2 345	120.0	199	2 706	2 202	180	1 003	2 777	2 014
70	31.2	2 626	2 333	120.2	200	2 706	2 202	185	1 123	2 781	1 996
75	38.6	2 635	2 321	123.3	220	2 711	2 193	190	1 255	2 785	1 978
80	47.4	2 643	2 308	125.0	232	2 713	2 188	195	1 399	2 789	1 959
85	57.9	2 651	2 295	126.1	240	2 715	2 185	200	1 555	2 792	1 940
90	70.2	2 660	2 283	128.7	260	2 718	2 177				
95	84.6	2 668	2 270	130.0	270	2 720	2 174				

(「1999 日本機械学会蒸気表」から抜すいし，数値を有効数字 3〜4 けたに丸めた。)

付録 7. 配管用炭素鋼鋼管

呼び径 A	呼び径 B	外径 [mm]	厚さ [mm]	内径① [mm]	ソケットを含まない単位質量 [kg/m]	長さ
6	1/8	10.5	2.0	6.5	0.419	
8	1/4	13.8	2.3	9.2	0.652	
10	3/8	17.3	2.3	12.7	0.851	
15	1/2	21.7	2.8	16.1	1.31	
20	3/4	27.2	2.8	21.6	1.68	
25	1	34.0	3.2	27.6	2.43	
32	1 1/4	42.7	3.5	35.7	3.38	
40	1 1/2	48.6	3.5	41.6	3.89	
50	2	60.5	3.8	52.9	5.31	
65	2 1/2	76.3	4.2	67.9	7.47	
80	3	89.1	4.2	80.7	8.79	5 500 mm 以上
90	3 1/2	101.6	4.2	93.2	10.1	
100	4	114.3	4.5	105.3	12.2	
125	5	139.8	4.5	130.8	15.0	
150	6	165.2	5.0	155.2	19.8	
175	7	190.7	5.3	180.1	24.2	
200	8	216.3	5.8	204.7	30.1	
225	9	241.8	6.2	229.4	36.0	
250	10	267.4	6.6	254.2	42.4	
300	12	318.5	6.9	304.7	53.0	
350	14	355.6	7.9	339.8	67.7	
400	16	406.4	7.9	390.6	77.6	
450	18	457.2	7.9	441.4	87.5	
500	20	508.0	7.9	492.2	97.4	

備考 1. 呼び径は，A および B のいずれかを用いる。A による場合には A，B による場合には B の符号を，それぞれの数字のあとにつけて区分する。

2. 質量の数値は，1 cm³ の鋼を 7.85 g とし，次の式によって計算し，JIS Z 8401（数値の丸めかた）によって有効数字を 3 けたに丸める。

$$W = 0.024\,66\,t(D - t)$$

W：管の単位質量 [kg/m]
t：管の厚さ [mm]
D：管の外径 [mm]

3. 長さについては，注文者は，必要に応じて 3 600 mm 以上の長さを指定してもよい。

（JIS G 3452 による）

① 内径は JIS の表に記載されていないが，便宜上記載した。

付録 8. 消防法により規制されている危険物の分類

類	品 名
第1類 酸化性固体	1. 塩素酸塩類 2. 過塩素酸塩類 3. 無機過酸化物 4. 亜塩素酸塩類 5. 臭素酸塩類 6. 硝酸塩類 7. ヨウ素酸塩類 8. 過マンガン酸塩類 9. 重クロム酸塩類 10. その他のもので政令が定めるもの 11. 前各号に掲げるもののいずれかを含有するもの
第2類 可燃性固体	1. 硫化リン 2. 赤リン 3. 硫黄 4. 鉄粉 5. 金属粉 6. マグネシウム 7. その他のもので政令で定めるもの 8. 前各号に掲げるもののいずれかを含有するもの 9. 引火性固体
第3類 自然発火性物質及び禁水性物質	1. カリウム 2. ナトリウム

類	品 名
第3類 自然発火性物質及び禁水性物質	3. アルキルアルミニウム 4. アルキルリチウム 5. 黄リン 6. アルカリ金属（カリウムおよびナトリウムを除く）およびアルカリ土類金属 7. 有機金属化合物（アルキルアルミニウムおよびアルキルリチウムを除く） 8. 金属の水素化物 9. 金属のリン化物 10. カルシウムまたはアルミニウムの炭化物 11. その他のもので政令で定めるもの 12. 前各号に掲げるもののいずれかを含有するもの
第4類 引火性液体	1. 特殊引火物（ジエチルエーテル，二硫化炭素等） 2. 第一石油類（ガソリン，ベンゼン，トルエン等） 3. アルコール類（メタノール，エタノール等） 4. 第二石油類（灯油，軽油，キシレン，氷酢酸等）

類	品 名
第4類 引火性液体	5. 第三石油類（重油，クレオソート油，アニリン等） 6. 第四石油類（ギヤー油，タービン油，可塑剤等） 7. 動植物油類
第5類 自己反応性物質	1. 有機過酸化物 2. 硝酸エステル類 3. ニトロ化合物 4. ニトロソ化合物 5. アゾ化合物 6. ジアゾ化合物 7. ヒドラジンの誘導体 8. ヒドロキシルアミン 9. ヒドロキシルアミン塩類 10. その他のもので政令で定めるもの 11. 前各号に掲げるもののいずれかを含有するもの
第6類 酸化性液体	1. 過塩素酸 2. 過酸化水素 3. 硝酸 4. その他のもので政令で定めるもの 5. 前各号に掲げるもののいずれかを含有するもの

付録9. AS樹脂製造プラントのフローシートと必要な資格の例

（表11-4を参照）

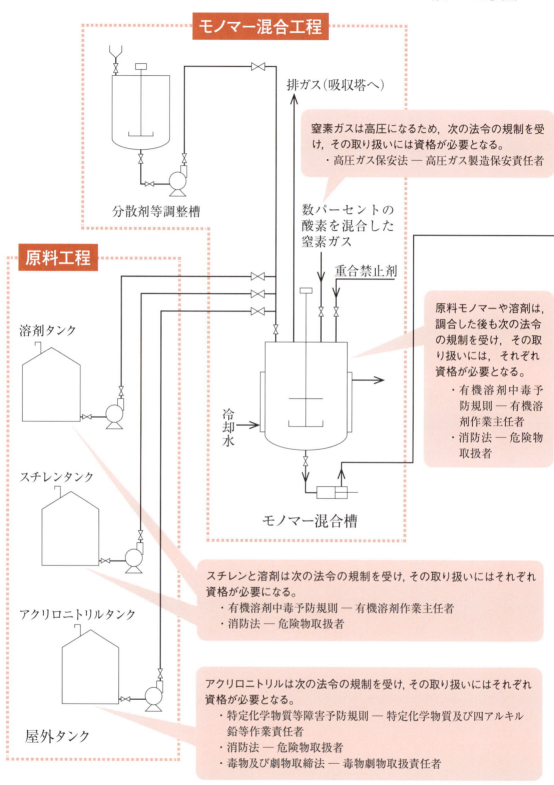

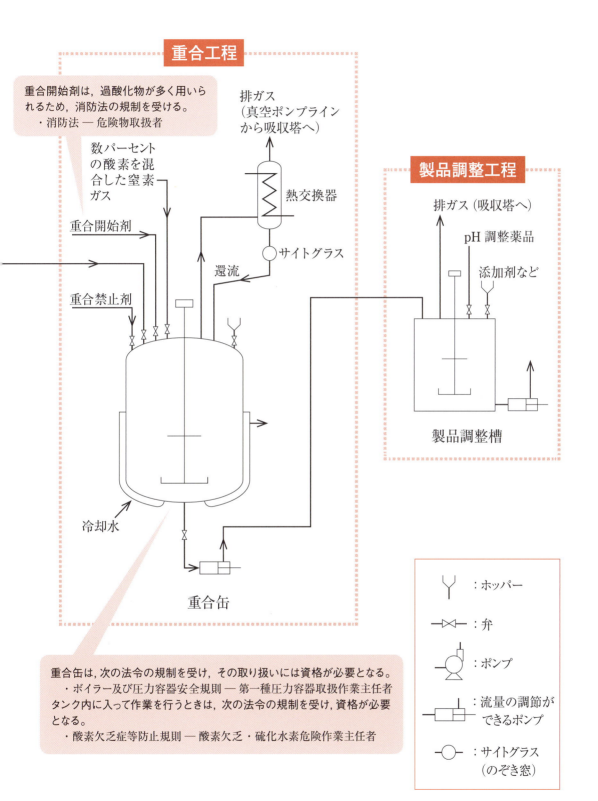

付録 289

ANSWER

問題解答

2章

問 1 (1) $0.125\,5\,m^2$　(2) $0.518\,m^3$　(3) $10.6\,m/s$
(4) $5.73\,km/h$　(5) $2\,880\,m^3/h$　(6) $174\,kL/d$
(7) $1.55\,kg/s$　(8) $871\,kg/m^3$

問 2 (1) $6\,000\,s$　(2) $2\,h\,25\,min\,20\,s$
(3) $5 \times 10^{-2}\,m^3$　(4) $60.0\,m/s$
(5) $1.0 \times 10^5\,kPa$　(6) $540\,m^3/h$
(7) $1.78\,g/cm^3$　(8) $2.15\,L/s$

問 3 $86.1\,km/h$

問 4 $0.150\,L/s$, $0.540\,m^3/h$

問 5 $0.167\,nm$　**問 6** $5.3\,g$

問 7 $1.1\,Tm/h$, 500 秒後　**問 8** $12\,N$

問 9 (1) 4けた　(2) 3けた　(3) 5けた　(4) 3けた
(5) 4けた

問 10 (1) 1.44×10^2　(2) 9.75×10^{-2}
(3) 9.81×10^2　(4) 3.40×10^4
(5) 5.08×10^7　(6) 9.76×10^{-4}

問 11 (1) $13.2\,kg$　(2) $4.03\,m$　(3) 999.5　(4) 31.3

問 14 原液 $1\,250\,kg$, 蒸発水分 $750\,kg$

問 15 $18\,kg$　**問 16** $6.45\,kg$, $85.2\,\%$

問 17 エタノール $5.0\,\%$, メタノール $2.5\,\%$,
水 $92.5\,\%$

問 18 $133\,kg$

問 19 濃硫酸 $337\,kg$, 濃硝酸 $314\,kg$,
廃液 $349\,kg$

問 20 $5.16\,t/h$　**問 21** $5\,060\,kg/h$, $2.5\,\%$

問 22 CO_2 $59.6\,vol\%$, N_2 $29.9\,vol\%$,
水蒸気 $10.5\,vol\%$

問 23 CO_2 $110\,kg$, O_2 $120\,kg$

問 24 C $2.0\,kg$, O_2 $18.1\,kg$

問 25 SO_2 $20\,t$, O_2 $10\,t$

問 27 C $1.99\,kg$, O_2 $18.1\,kg$, $241\,\%$

問 28 H_2SO_4, $67.2\,\%$, $6.93\,kg$

問 30 (1) $11.4\,kg$　(2) $68.3\,kg$

章末問題

1 原液供給量 $1\,250\,kg$, 蒸発水分量 $750\,kg$

2 $75\,kg$

3 脂肪含有率 $49.0\,\%$, 回収率 $81.7\,\%$

4 エタノール $91.0\,\%$, 水 $9.0\,\%$,
回収率 $88.3\,\%$

5 エタノール $29.0\,mol\%$, $50.2\,\%$,
メタノール $3.1\,mol\%$, $3.7\,\%$,
水 $67.9\,mol\%$, $46.1\,\%$,
原液供給量 $2\,500\,kg/h$

6 $20.4\,kg$

7 O_2 $5.7\,vol\%$, N_2 $75.7\,vol\%$,
CO_2 $10.2\,vol\%$, H_2O $8.4\,vol\%$

8 N_2 $22.6\,vol\%$, H_2 $67.3\,vol\%$,
Ar $0.3\,vol\%$, NH_3 $9.8\,vol\%$

9 $154\,kg$, $24\,\%$

10 (1) SO_2 $11.2\,vol\%$, O_2 $8.1\,vol\%$,
N_2 $80.7\,vol\%$　(3) 過剰率 $44\,\%$,
限定反応物の転化率 $91.5\,\%$

3章

問 1 球形貯槽 $6.8\,m$, $145\,m^2$
湿式ガスホルダー $10.8\,m$, $550\,m^2$

問 2 $40.2\,m^3$　**問 4** $5.11 \times 10^{-3}\,m^2$

問 5 $1.63\,m/s$　**問 6** $0.053\,8\,m^3/min$

問 7 $1.42\,m/s$　**問 8** $125\,A$ 鋼管, $18.6\,m/s$

問 9 $7.52\,t/h$　**問 10** $106\,kg/h$

問 11 $1.8\,m/s$

問 12 それぞれ $\frac{1}{4}$, $\frac{1}{9}$, 4倍となる。

問 13 $9.90\,m/s$, $4.67\,m^3/min$

問 14 $307\,J/kg$　**問 15** $206\,J/kg$

問 17 乱流　**問 18** 層流

問 19 $20.4\,J/kg$　**問 20** $377\,J/kg$

問 21 $1.02 \times 10^5\,Pa$　**問 22** $5.05 \times 10^4\,Pa$

問 23 $0.72\,kW$　**問 24** $150\,Pa$

問 25 $0.012\,7\,m^3/s$　**問 26** $18.1\,m/s$

問 27 $1.8 \times 10^{-4}\,m^3/s$

問 28 $1.36\,m^3/h$, $0.172\,m/s$

章末問題

1 $3.66 \times 10^{-4}\,m^2$, $1.00 \times 10^{-3}\,m^2$

2 $0.330\,m^3/min$　**3** $49.1\,m^3/h$

4 $11.5\,m/s$　**5** $1.30\,m/s$

6 $1.66\,m/s$　**7** $80\,A$ 鋼管, $1.09\,m/s$

8 $90\,A$ 鋼管　**9** $448\,kg/min$

10 $0.785\,m/s$　**11** $0.78\,m/s$, $1.7\,m^3/h$

12 (1) $0.315\,m/s$ 以上　(2) $4.20\,m/s$ 以上

13 $0.91\,m/s$, $1.47\,m/s$

14 $14.2\,m/s$, $18.7\,m^3/h$

15 $800\,J/kg$　**16** 乱流

17 530　**18** $1\,600\,J/kg$, $1.44 \times 10^6\,Pa$

19 $2.11\,kW$　**20** $0.241\,kW$

21 $18.7\,kW$　**22** $19.8\,m/s$

4章

問1 920 kJ   **問2** 2.5 kJ/(kg·K)
問3 25 900 kJ   **問4** 10 K
問5 2 720 kJ/kg   **問6** 2 710 kJ/kg
問7 2 440 kJ/kg   **問8** 35 ℃
問10 750 W   **問11** 79 W
問13 2.11 m^2

章末問題
1. (1) 6 490 W (2) 649 ℃
2. 300 W
3. 103 ℃
4. 0.61 %，2 090 W/(m^2·K)

5章

問1 0.12 kg/s，0.08 kg/s
問4 76.5 kg/h   **問5** 0.796 kg/s
問6 90 m^2 **問7** 1.6 m
問9 0.015 2 kg-水蒸気/kg-乾き空気
問11 1.04 kJ/(kg-乾き空気・K)，
　　　81.2 kJ/kg-乾き空気
問15 24.2 ℃   **問17** 37.5 kg
問18 1.29 kg-水/kg-乾き固体，
　　　0.084 kg-水/kg-乾き固体，
　　　1.21 kg-水/kg-乾き固体

章末問題
1. 0.874 kg/s
3. 2.33 kg/s，149 m^2
4. 57.3 m^2
5. 0.018 8 kg-水蒸気/kg-乾き空気
6. 1.019 kJ/(kg-乾き空気・K)
7. 0.014 7 kg-水蒸気/kg-乾き空気
10. 4 410 kg/h
11. 7.26 × 10^5 kJ/h
12. 1 140 m^3/h

6章

問15 0.53   **問19** 9.24 mg，6.47 mL
問26 44 %   **問27** 75 %
問28 68 %

章末問題
3. (1) 0.120，(2) 76 mol %，91 %
5. 1.9 × 10^{-5} kg/(100 kg-水・kPa)
6. 0.20 %
7. 66 %

7章

問6 35°
問7 36°
問10 3.9 × 10^{-5} m/s
問12 0.10 mm
問15 1.26 × 10^4
問16 6.36 m^3，9.20 m^3
問17 81.6 cm，56.3
問18 2.17 × 10^3 Pa，221 mmH$_2$O

章末問題
1. 2.22 × 10^3 m^2/kg
2. 9.26 × 10^{-3} cm/s
3. 1.52 × 10^{-2} m/s

9章

問1 (1) 202 kPa (2) 42 kPa (3) 48 kPa

10章

問4 50.0，1.99
問5 455 個，27 個

11章

問4 4 人
問7 1.67，0.22

INDEX
さくいん

あ

ISO 規格 …………………236
I 動作 …………………227
圧縮機 …………………128
圧力計……………………48, 214
圧力降下……………………68
圧力損失……………………68
後処理………………………14
泡立ち……………………101
安全靴 …………………258
安全弁 …………………267
安全帽 …………………258
安息角 …………………178

い

イオン交換 …………………168
イオン交換樹脂 …………168
イオン交換膜 …………168
異種金属接触腐食……263
石綿作業主任者 ………278
一般計量士 ……………277
陰イオン交換樹脂 ……168
陰イオン交換膜 ………168
引火防止装置 …………269
インターロック ………261

う

運転基準 ………………234
運転標準書 ……………236

え

衛生管理者 ……………277
液位 ……………………215
液位計 …………………215
液液抽出 ………………160
液液平衡関係 …………162
液相線 …………………135
液体抽出 ………………160
エコノマイザー ………122
SI………………………21, 236
SQC ……………………237
エックス線作業主任者
…………………………278
x-R 管理図 ……………242
x-y 曲線 ………………136
x-y 線図 ………………136
エネルギー管理士 ……279
エネルギー収支…………30
エネルギーの使用の合理化
に関する法律 ………276
LCL ……………………241
遠心効果 ………………188
遠心沈降 ………………188
遠心沈降機 ……………188

遠心分離 ………………188
遠心ポンプ………………44
遠心力 …………………188
エンタルピー……………82
円筒横形貯槽……………47
エントレインメント …101

お

往復ポンプ………………45
押出し流れ ……………199
オスマー型平衡蒸留器
…………………………136
乙種危険物取扱者 ……279
オーバル歯車式流量計
…………………………216
オフセット ……………226
オリフィス流量計………70
オンオフ動作 …………225
温水ボイラー …………124
温度計 …………………212
温度-組成線図…………135

か

回収線 …………………146
回収部 …………………143
階段作図 ………………147
回転ポンプ………………45
外部熱交換式 …………202
回分式 ……………………8
回分蒸留 ………………141
回分操作…………………27
開放形安全弁 …………267
外乱 ……………………224
化学吸収 ………………158
化学工学…………………18
化学工業…………………6
化学設備 ………………262
化学プラント……………12
化学プロセス……………12
架橋現象 ………………190
拡散形バーナー ………125
かくはん機………………43
かくはん槽型バイオリアク
ター …………………207
過剰空気 ………………126
過剰反応物………………35
過剰率……………………35
ガス管……………………51
ガス吸収 ………………153
ガスクロマトグラフ法
…………………………219
ガス検知器 ……………270
ガスタンク………………46
ガス放出装置 …………268
ガスホルダー……………46

加熱缶 …………………141
過熱器 …………………122
過熱蒸気…………………82
過熱水蒸気………………82
過熱度……………………82
下方管理限界 …………241
火薬類取締法 …………276
カランドリア …………100
乾き空気 ………………109
乾球温度 ………………112
環境基本法 ……………273
環境計量士 ……………276
乾式ガスホルダー………46
乾式分級 ………………186
乾湿球湿度計 …………112
乾湿計 …………………112
乾食 ……………………263
含水率 …………………119
完全混合流れ …………199
乾燥 ……………………117
乾燥器 …………………117
乾燥速度 ………………120
乾燥特性曲線 …………120
管摩擦係数………………66
ガンマ線透過写真撮影作業
主任者 ………………278
管理図 …………………241
管理図法 ………………242
還流 ……………………140
還流比 …………………140
乾量基準 ………………110

き

気液平衡関係 …………135
機械 ……………………14
機械エネルギー収支……30
機器 ……………………14
基準接点 ………………213
気相触媒反応装置 ……204
気相線 …………………135
気体分離膜 ……………170
気泡塔 …………………157
逆浸透 …………………169, 170
逆浸透膜 ………………170
球形貯槽…………………47
吸収 ……………………153
吸収式冷凍機 …………129
吸着 ……………………167
吸着剤 …………………167
吸着操作 ………………167
QC ……………………237
凝縮器 ………101, 128, 142
強制対流…………………79
強度率 …………………252
共沸混合物 ……………150

共沸蒸留 ………………151
共沸点 …………………150
境膜………………………95
境膜伝熱係数……………95
局部腐食 ………………263
記録調節計 ……………221
緊急遮断装置 …………266
近似値……………………25

く

空気過剰係数 …………126
空気調和 ………………109
空気比 …………………126
空気予熱器 ……………122
空調 ……………………109
空塔速度 ………………194
管 ………………………51
管継手……………………51

け

計数値 …………………242
計装 ……………………211
計測 ……………………210
計量士 …………………276
計量値 …………………242
計量法 …………………276
劇物 ……………………275
ケーク …………………189
ゲージ圧 ………………214
ケーシング………………44
KYT ……………………253
減圧蒸留 ………………152
限界含水率 ……………121
限外沪過 ………………169, 170
限外沪過膜 ……………170
検査 ……………………238
減湿 ……………………114
限定反応物………………35
顕熱………………………80
減率乾燥期間 …………121
減率乾燥第1段 ………121
減率乾燥第2段 ………121
原料 ……………………12
原料段 …………………143

こ

コイル式熱交換器………85
高圧ガス製造保安責任者
…………………………279
高圧ガス保安法 ………274
降液管 …………………100
公害防止管理者 ………279
公害防止統括者 ………276
甲種危険物取扱者 ……279
孔食 ……………………263

合成ゼオライト ………167
工程管理 ……………233
酵母 …………………206
効用数 ………………108
効率………………………69
向流………………………84
固液抽出 ……………160
国際単位系………21, 236
黒体………………………96
黒度………………………97
固体抽出 ……………160
コック…………………51
固定化 ………………206
固定層 ………………194
固定層触媒反応装置 …204
コーティング…………42
混合 …………………182
混合機 ………………183
混合凝縮器 …………101
コンビナート …………7

さ

差圧伝送器 …………219
災害 …………………250
サイクロン …………192
最高共沸混合物 ……150
最小還流比 …………149
最小理論段数 ………149
最低共沸混合物 ……150
三角図 ………………162
酸欠 …………………256
3シグマ法 …………242
酸素欠乏 ……………256
酸素欠乏危険作業 …256
酸素欠乏危険作業主任者
　　　　　　　　………278
酸素欠乏・硫化水素危険作
　業主任者 …………278
300運動 ……………253
サンプリング ………238
サンプル ……………238
残留率 ………………176
残留率曲線 …………176

し

軸動力…………………69
シーケンス制御 ……224
試験用ふるい ………176
事故 …………………250
自己熱交換式 ………202
指示調節計 …………221
JIS………………………236
シース熱電対 ………213
自然対流………………79
湿球温度 ……………112

シックナー …………187
湿式ガスホルダー………46
湿式ガスメーター ……216
湿式分級 ……………186
湿食 …………………263
湿度 …………………109
湿度計 ………………111
湿度図表 ……………113
湿度線図 ……………113
湿量基準 ……………110
質量流量………………53
自動警報装置 ………265
自動制御 ………210, 223
湿りエンタルピー …111
湿り空気 ……………109
湿り比熱容量 ………110
ジャケット式熱交換器…85
じゃま板 ……………101
自由含水率 …………119
十字流…………………84
集じん ………………191
終速度 ………………185
充てん層型バイオリアク
　ター ………………207
充てん塔 ……………142
重力単位系……………23
受注生産 ……………232
手動制御 ……………223
手動リセット ………226
シューハート管理図 …242
主要製造設備 …………9
消火栓 ………………270
蒸気 …………………122
蒸気圧曲線 …………103
蒸気圧縮式冷凍機 ……127
常時変動 ……………235
蒸発 …………………100
蒸発器 ………………128
蒸発装置 ……………100
蒸発濃縮 ……………100
上方管理限界 ………241
消防法 ………………274
蒸留 …………………134
蒸留装置 ……………142
触媒 …………………204
試料 …………………238
真空 ……………………49
真空計 …………………48
真空蒸発 ……………101
真空蒸留 ……………152
真空ポンプ……………49
信号 …………………219
浸出 …………………160
真の値…………………24
信頼性 ………………261

す

水管ボイラー ………124
水蒸気 ………………122
水蒸気蒸留 …………152
数値 ……………………20
数値の丸め……………25
スクラバー …………193
スケール …………101, 126
スチーム ……………122
スチームカーテン …270
ステップ数 …………147
ステファン-ボルツマン定
　数………………………97
ステファン-ボルツマンの
　法則……………………97
ストークス径 ………185
ストークスの抵抗法則
　　　　　　　　………185
ストリッピング ……156
スプレー塔 …………157
スラリー ……………189

せ

静圧……………………71
正規分布 ……………241
制御 …………………210
制御量 ………………223
生産管理 ……………232
生産計画 ……………232
生産工程 ……………233
製造プロセス…………12
生体触媒 ……………206
製品…………………………12
成分計 ………………218
成分物質収支…………29
精密沪過 ……………169
積分動作 ……………227
石油コンビナート等災害防
　止法 ………………276
せき流量計 …………216
接触方式 ……………212
絶対圧 ………………214
絶対湿度 ……………109
セミバッチ操作 ……200
ゼロ災運動 …………253
遷移流……………………65
センサー ……………220
全数検査 ……………239
潜熱……………………80
全物質収支……………29
全面腐食 ……………263

そ

総圧……………………71

槽型反応装置 ………198
総括伝熱係数……………92
総合的品質管理 ……237
操作線 ………………145
操作部 ………………221
操作量 ………………223
増湿 …………………114
相対湿度 ……………109
装置………………………14
装置工業………………14
層流……………………64
測温接点 ……………212
測定値……………………25
組織法 ………………276
損害 …………………250

た

対応線 ………………163
対数平均値………………90
体積流量………………53
ダイヤフラム ………219
タイライン …………163
対流………………………79
滞留時間 ……………201
多回抽出 ……………161
多管式熱交換器…………85
多孔板塔 ……………142
多重効用蒸発 ………108
ダスト ………………191
多段断熱式 …………203
脱離 …………………167
段 ……………………141
単位……………………20
単位操作………………12
単位の換算……………23
段間隔 ………………150
タンク…………………42
単蒸留 ………………139
単抽出 ………………161
段塔 …………………141
断熱式 ………………203

ち

チャネリング ………158
抽出 …………………160
抽出蒸留 ……………151
中心線 ………………241
調整因子 ……………235
調節計 ………………221
調節弁 ………………222
超臨界抽出 …………166
超臨界流体 …………166
直列槽型反応装置 ……200
貯槽…………………………42
沈降 …………………184

さくいん **293**

INDEX
さくいん

沈降速度 ……………184
沈降分析法 …………175
沈殿濃縮 ……………187

つ
通過率 ………………176
通過率曲線 …………176

て
定圧比熱容量…………81
定圧沪過 ……………190
TQM…………………237
DCS…………………211
定常状態………………27
定常流…………………58
定速沪過 ……………190
D動作 ………………227
定容比熱容量…………81
定率(恒率)乾燥期間 …121
鉄管…………………51
デューリング線図 ……103
転化率…………………35
電気集じん器 ………193
電気透析 ……………168
点食…………………263
電磁流量計 …………217
伝送 …………………219
伝送器 ………………219
伝導…………………78
伝導伝熱………………78
伝熱…………………78
伝熱速度………………89
伝熱面積………………84

と
動圧…………………71
統計的品質管理 ………237
塔効率 ………………148
透析 …………………169
動力…………………68
特殊化学設備 ………265
特殊ボイラー ………125
特殊ポンプ…………45
特定化学物質及び四アルキ
　ル鉛等作業主任者 …278
特定工場における公害防止
　組織の整備に関する法律
　……………………276
特定毒物 ……………275
毒物 …………………275
毒物及び劇物取締法 …275
毒物劇物取扱責任者 …279
度数率 ………………251
ドラム ………………124
トレー ………………142

ドレン ………………100

な
流れのエネルギー損失…61
ナノ沪過 ……………169

に
二位置動作 …………225
二重管式熱交換器 ……84
日本産業規格 ………236

ぬ
抜取検査 ……………239
ぬれ壁塔 ……………157

ね
熱貫流係数……………92
熱交換器……………84
熱式質量流量計 ……217
熱収支………………30
熱電温度計 …………213
熱伝達………………89
熱伝達係数……………95
熱電対 ………………212
熱伝導…………………78
熱伝導率………………78
熱媒…………………82
熱媒体…………………82
熱放射…………………79
熱容量…………………80
熱流束…………………89
熱流量…………………89
燃焼室………………122
燃焼装置……………122
粘性率…………………64
粘度…………………64

の
濃縮線 ………………145
濃縮部 ………………143

は
灰色体…………………97
バイオリアクター ……206
配管…………………51
配管用炭素鋼鋼管………51
ハインリッヒの1：29：300
　の法則……………253
バグフィルター ………193
バックアップ ………261
バッチ式……………8
バッチ蒸留 …………141
バッチ操作…………27, 198
バーナー ……………125
羽根車…………………43

バブルキャップ塔 ……142
バルブ…………………51
バルブ塔 ……………142
破裂板 ………………267
反応完結度……………35
反応吸収 ……………158
反応操作………………12
反応装置 ……………198
反応率…………………35

ひ
PID動作 ……………227
PI動作 ………………227
比揮発度 ……………137
比重…………………57
ヒストグラム ……176, 240
ピストン流れ ………199
非接触方式 …………212
非定常状態……………27
PD動作 ……………227
P動作 ………………226
ピトー管………………71
ヒートポンプ ………130
比熱…………………80
比熱容量………………80
比表面積 ……………180
微分動作 ……………227
ヒヤリ・ハット活動 …253
標準 …………………236
標準化 ………………236
標準形蒸発缶 ………100
標準作業 ……………236
標準ふるい …………176
標準偏差 ……………241
表面凝縮器 …………101
ひれ…………………85
比例積分動作 ………227
比例帯 ………………226
比例動作 ……………226
品質 …………………237
品質管理 ……………237
品質特性 ……………238
品質特性値 …………238
頻度分布 ……………176
頻度分布曲線 ………176

ふ
ファニングの式…………66
フィードバック ……224
フィードバック制御 …224
フェイルセイフ ……261
不活性成分……………35
不完全混合流れ ……199
吹出し ………………126
腐食 …………………263

付属装置 ……………123
付属品 ………………123
付帯設備………………9
物質 …………………6
物質収支………………28
物体 …………………6
沸点上昇 ……………103
沸点上昇度 …………103
沸点-組成線図 ………135
物理吸収 ……………158
フラッディング ……158
プラント………………12
フーリエの法則…………90
ふるい ………………176
ふるい上 ……………176
ふるい下 ……………176
ふるい分析法 ……175, 176
ブルドン管…………48
フールプルーフ ……261
フレアスタック ……268
プレイトポイント …163
プレート式熱交換器……85
フローシート ………15
プロセス………………12
プロセス工業…………12
プロセス制御 ………223
プロセスフローシート…15
プロセス変量 ………210
ブローダウン ………116
ブロック図 …………224
フローミキサー ……162
分級 …………………186
粉砕 …………………180
粉砕機 ………………181
分子ふるい …………167
分縮 …………………139
粉じん ………………191
粉体 …………………174

へ
平均粒径 ……………178
平均流速………………53
平衡含水率 …………119
平衡線 ………………136
丙種危険物取扱者 …279
閉塞 …………………179
並流…………………84
ベルヌーイの定理……61
ヘルメット …………258
ベローズ形安全弁 …267
弁…………………51
変換 …………………219
偏差 …………………224
偏析 …………………179
ベント ………………100

ベントスタック ………268
ヘンリー定数 …………153
ヘンリーの法則 ……153

ほ

ボイラー …………122
ボイラー技士 …………277
ボイラー効率 …………126
ボイラー本体 …………122
放散 …………156
放射伝熱…………79
放射率…………97
防食 弁 …………264
膨張弁 …………128
飽和温度…………82
飽和湿度 …………110
飽和水蒸気…………82
飽和水蒸気圧…………82
保温…………92
保護管 …………213
保護具 …………258
捕集器 …………101
母集団 …………238
補償導線 …………213
ホッパー…………179
保冷…………92
ポンプ …………42, 44

ま

前処理…………14
膜 …………169
膜型バイオリアクター
…………207
膜分離 …………169
マッケーブ-シール法…147
マノメーター…………48
丸ボイラー …………123

み

ミキサーセトラー ……162
見込生産 …………232
密閉形安全弁 …………267

め

メジアン径 …………178

も

モジュール …………169
モード径 …………178
モル熱容量…………80

や

ヤードポンド法…………23

ゆ

有機溶剤作業主任者 …278
有効数字…………25
UCL …………241
ユーティリティー…………17

よ

陽イオン交換樹脂 …168
陽イオン交換膜 ………168
溶解度…………153
溶解度曲線 …………163
容積式ポンプ…………45
容積式流量計 …………216
予混合形バーナー ……125
予熱器 …………142

ら

ライニング…………42
ラウールの法則 ………137
ランダムサンプリング
…………239
ランダムサンプル ……239
乱流…………64

り

リスクアセスメント …253
理想段 …………147
リボイラー …………142
粒径 …………175
粒径分布 …………175
流速…………53
流体…………42
流体境膜…………95
流体輸送機…………60
流動化…………195
流動層…………195
流動層触媒反応装置 …205
流量…………53
流量計…………70
流量係数…………70
量…………20
量記号…………31
リリーフ弁 …………267
理論空気量 …………126
理論段数 …………147
理論動力…………68

る

ルースの定圧沪過方程式
…………190
ループ …………224

れ

冷却塔 …………115

冷水塔 …………115
冷凍 …………127
冷凍機 …………127
冷凍サイクル …………128
レイノルズ数…………64
冷媒 …………127
連続かくはん槽型反応装置
…………200
連続式 …………8
連続蒸留 …………141
連続操作…………27, 199
連続の式…………58

ろ

労働安全衛生法 …………273
労働災害 …………250
沪液 …………189
沪過 …………189
沪過助剤 …………190
沪材 …………189
ロータメーター …………216
ロット …………238
ローディング …………158
露点 …………111
露点湿度計 …………111

さくいん **295**

●本書の関連データが web サイトからダウンロードできます。
本書を検索してご利用ください。

■監修

小菅人慈　元リファインホールディングス株式会社

■協力

松田圭悟　山形大学大学院理工学研究科准教授

■執筆

石川雅彦

岡田　治

粢島秀介

清水浩一

鈴木千明

鈴木長寿

豊前太平

森安　勝

吉本　治

写真提供・協力──㈱IHI 汎用ボイラ，㈱石井鐵工所，出光興産㈱，㈱井上香料製造所，ENEOS ㈱，空調技研工業㈱，サントリーホールディングス㈱，㈱重松製作所，新日本レイキ㈱，住友化学㈱，住友重機械工業㈱，大日製紙㈱，超臨界技術センター㈱，筒井理化学器械㈱，東亞合成㈱，東ソー㈱，東北自然エネルギー㈱，東洋紡㈱，トヨタ自動車九州㈱，ナイカイ塩業㈱，日産自動車㈱，㈱日阪製作所，㈱ブイテックス，福岡地区水道企業団海水淡水化センター，武州ガス㈱，三井化学㈱，三菱マテリアル㈱，UBE ㈱，横河電機㈱

●表紙デザイン──難波邦夫
●本文基本デザイン──エッジ・デザインオフィス

First Stageシリーズ

新訂化学工学概論

2024 年 9 月 20 日　初版第 1 刷発行

●著作者　　小菅人慈
　　　　　　ほか 9 名（別記）
●発行者　　小田良次
●印刷所　　大日本法令印刷株式会社

無断複写・転載を禁ず

●発行所　　実教出版株式会社
〒102-8377
東京都千代田区五番町 5 番地
電話［営　業］(03)3238-7765
　　［企画開発］(03)3238-7751
　　［総　務］(03)3238-7700
https://www.jikkyo.co.jp/

© H. Kosuge

ISBN　978-4-407-36473-6　C3053

Printed in Japan